全国地层多重划分对比研究

(20)

东北区区域地层

主　　编：王友勤
副 主 编：苏养正　刘尔义
技术顾问：许 以 衡

中国地质大学出版社

内 容 简 介

这本专著是在吉林、黑龙江、内蒙古三省(区)“地层多重划分对比研究”成果基础上，又参阅了大量的地质科技文献编写而成的。书中运用活动论观点，根据现代地层学、沉积学的理论和方法，以具有全国和大区意义的岩石地层单位为内容，从区域地层的概念出发，对中国东北区从前寒武纪至第三纪各地质历史时期地层发育特征及其与地壳演化关系，进行了全面地、系统地总结和深入地讨论。全书约25万字，插图45张，插表12张。书后附有详细的英文摘要和东北区岩石地层名称录。

本书可供从事区域地质调查、矿产勘查、地质科研、地质教学和国民经济建设有关部门广大地质工作者参考利用。

图书在版编目(CIP)数据

东北区区域地层/王友勤，苏养正，刘尔义主编．—武汉：中国地质大学出版社，1997.12(2008.7重印)

(全国地层多重划分对比研究；20)

ISBN 978-7-5625-1276-9

Ⅰ．东…

Ⅱ．①王…②苏…③刘…

Ⅲ．地层学-东北地区

Ⅳ．P535.23

中国版本图书馆CIP数据核字(2008)第111585号

东北区区域地层　　王友勤　苏养正　刘尔义　主　编

责任编辑：褚松和　　责任校对：杨　霖

出版发行：中国地质大学出版社(武汉市洪山区鲁磨路388号)　　邮编：430074

电话：(027)67883511　　传真：67883580　　E-mail：cbb @ cug.edu.cn

经　销：全国新华书店　　http://www.cugp.cn

开本：787毫米×1092毫米　1/16　　字数：307千字　印张：12

版次：1997年12月第1版　　印次：2008年7月第2次印刷

印刷：武汉教文印刷厂　　印数：501—1000册

ISBN 978-7-5625-1276-9　　定价：36.00元

序

100多年来，地层学始终是地质学的重要基础学科的支柱，甚至还可以说是基础中的基础，它为近代地质学的建立和发展发挥了十分重要的作用。随着板块构造学说的提出和发展，地质科学正经历着一场深刻的变革，古老的地层学和其他分支学科一样还面临着满足社会不断进步与发展的物质需要和解决人类的重大环境问题等双重任务的挑战。为了迎接这一挑战，依靠现代科技进步及各学科之间相互渗透，地层学的研究范围将不断扩大，研究途径更为宽广，研究方法日趋多样化，并萌发出许多新的思路和学术思想，产生出许多分支学科，如生态地层学、磁性地层学、地震地层学、化学地层学、定量地层学、事件地层学、气候地层学、构造地层学和月球地层学等等，它们的综合又导致了“综合地层学”和“全球地层学”概念的提出。所有这一切，标志着地层学研究向高度综合化方向发展。

我国的地层学和与其密切相关的古生物学早在本世纪前期的创立阶段，就涌现出一批杰出的地层古生物学家和先驱，他们的研究成果奠定了我国地层学的基础。但是大规模的进展，还是从1949年以后，尤其是随着全国中小比例尺区域地质调查的有计划开展，以及若干重大科学计划的执行而发展起来的。正像我国著名的地质学家尹赞勋先生在第一届全国地层会议上所讲：“区域地质调查成果的最大受益者就是地层古生物学。”1959年召开的中国第一届全国地层会议，总结了建国十年来所获的新资料，制定了中国第一份地层规范（草案），标志着我国地层学和地层工作进入了一个新的阶段。过了20年，地层学在国内的发展经历了几乎十年停滞以后，于1979年召开了中国第二届全国地层会议，会议在某种程度上吸收学习了国际地层学研究的新成果，还讨论制定了《中国地层指南及中国地层指南说明书》，为推动地层学在中国的发展，缩小同国际地层学研究水平的差距奠定了良好基础。这次会议以后所进行的一系列工作，包括应用地层单位的多重性概念所进行的地层划分对比研究、区域地层格架及地层模型的研究，现代地层学与沉积学相结合所进行的盆地分析以及1：5万区域地质填图方法的改进与完善等，都成为我国地层学进一步发展的强大推动力。为此，地质矿产部组织了一项“全国地层多重划分对比研究（清理）”的系统工程，在30个省、直辖市、自治区（含台湾省，不含上海市）范围内，自下而上由省（市、区）、大区和全国设立三个层次的课题，在现代地层学和沉积学理论指导下，对以往所建立的地层单位进行研究（清理），追溯地层单位创名的沿革，重新厘定单位含义、层型类型与特征、区域延伸与对比，消除同物异名，查清同名异物，在大范围内建立若干断代岩石地层单位的时空格架、编制符合现代地层学含义的新一代区域地层序列表，并与地层多重划分对比研究工作同步开展了省（市、区）和全国两级地层数据库的研建，对巩固地层多重划分对比研究（清理）成果，为地层学的科学化、系统化和现代化发展打下了良好基础。这项研究工作在部、省（市、区）各级领导的支持关怀下，全体研究人员经过5年的艰苦努力已圆满地完成了任务，高兴地看到许多成果已陆续要出版了。这项工作涉及的范围之广、参加的单位及人员之多、文件的时间跨度之长，以及现代科学理论与计算机技术的应用等各方面，都可以说是在我国地层学工作不断发展中具有里程碑意义的。这项研究中不同层次成果的出版问世，不仅对区域地质调查、地质图件的编测、区域矿产普查与勘查、地质科研和教学等方面都具有现实的指导作用和实用价值，而且对我国地层学的发展和科学化、系统化将起到积极的促进作用。

首次组织实施这样一项规模空前的全国性的研究工作，尽管全体参与人员付出了极大的辛勤劳动，全国项目办和各大区办进行了大量卓有成效和细致的组织协调工作，取得了巨大的成绩，但由于种种原因，难免会有疏漏甚至失误之处。即使这样，该系列研究是认识地层学真理长河中的一个相对真理的阶段，其成果仍不失其宝贵的科学意义和巨大的实用价值。我相信经过广大地质工作者的使用与检验，在修订再版时，其内容将会更加完美。在此祝贺这一系列地层研究成果的公开出版，它必将发挥出巨大社会经济效益，为地质科学的发展做出新的贡献。

程裕淇

前　言

地层学在地质科学中是一门奠基性的基础学科，是基础地质的基础。自从19世纪初由W史密斯奠定的基本原理和方法以来的一个半世纪中，地层学是地质科学中最活跃的一个分支学科，对现代地质学的建立和发展产生了深刻的影响，作出了不可磨灭的贡献，特别是在20世纪60年代由于板块构造学说兴起引发的一场“地学革命”，其表现更为显著。随着板块构造学的确立，沉积学和古生态学的发展，地球历史和生物演化中的灾变论思想的复兴和地质事件概念的建立，使地层学的分支学科，如时间地层学、生态地层学、地震地层学、同位素地层学、气候地层学、磁性地层学、定量地层学和构造地层学等像雨后春笋般地蓬勃发展，这种情况必然对地层学、生物地层和沉积地层等的传统理论认识和方法提出了严峻的挑战。经过20年的论战，充分体现当代国际地质科学先进思想的《国际地层指南》（英文版）于1976年见诸于世，之后在不到20年的时间里又于1979、1987、1993年连续三次进行了修改补充，陆续补充了《磁性地层极性单位》、《不整合界限地层单位》，以及把岩浆岩与变质岩等作为广义地层学范畴纳入地层指南而又补充编写了《火成岩和变质岩岩体的地层划分与命名》等内容。

国际地层学上述重大变革，对我国地学界产生了强烈冲击，十年动乱形成的政治禁锢被打开，迎来了科学的春天，先进的科学思潮像潮水般涌来，于是在1979年第二届全国地层会议上通过并于1981年公开出版了《中国地层指南及中国地层指南说明书》，其中阐述了地层多重划分概念。于1983年按地层多重划分概念和岩石地层单位填图在安徽区调队进行了首次试点。1985年《贵州省区域地质志》中地层部分吸取了地层多重划分概念进行撰写。1986年地质矿产部设立了“七五”重点科技攻关项目——“1∶5万区调中填图方法研究项目”，把以岩石地层单位填图，多重地层划分对比，识别基本地层层序等现代地层学和现代沉积学相结合的内容列为沉积岩区区调填图方法研究课题，从此拉开了新一轮1∶5万区调填图的序幕，由试点的贵州、安徽和陕西三省逐步推向全国。

1∶5万区调填图方法研究试点中遇到的最大问题是如何按照现代地层学的理论和方法来对待与处理按传统理论和方法所建立的地层单位？如果维持长期沿用的按传统理论建立的地层单位，虽然很省事，但是又如何体现现代地层学和现代沉积学相结合的理论与方法呢？这样就谈不上紧跟世界潮流，迎接这一场由板块构造学说兴起所带来的“地学革命”。如果要坚持这一技术领域的革命性变革，就要下决心花费很大力气克服人力、财力和技术性等方面的重重困难，对长期沿用的不规范化的地层单位进行彻底的清理。经过反复研究比较，我们认识到科学技术的变革也和社会经济改革的潮流一样是不可逆转的，只有坚持改革才能前进，不进则退，否则就将被历史所淘汰，别无选择。在这一关键时刻，地质矿产部和原地矿部直管局领导作出了正确决策，从1991年开始，从地勘经费中设立一项重大基础地质研究项目——全国地层多重划分对比研究项目，简称全国地层清理项目，开始了一场地层学改革的系统工程，在全国范围内由下而上地按照现代地层学的理论和方法对原有的地层单位重新明确其定义、划分对比标准、延伸范围及各类地层单位的相互关系，与此同时研建全国地层数据库，巩固地层清理成果，推动我国地层学研究和地层单位管理的规范化和现代化，指导当前和今后一个时期1∶5万、1∶25万等区调填图等，提高我国地层学研究水平。1991年地质矿产部原直管局将地层清理作为部指令性任务以地直发(1991)005号文和1992年以地直发(1992)014号文下发了《地矿部全国地层多重划分对比（清理）研究项目第一次工作会议纪要》，明确了各省（市、自治区）地质矿产局（厅）清理研究任务，并于1993年2月补办了专项地勘科技项目合同（编号直科专92-1），并明确这一任务分别设立部、大区和省（市、自治区）三级领导小组，实行三级管理。

部级成立全国项目领导小组

组长	李廷栋	地质矿产部副总工程师
副组长	叶天竺	地质矿产部原直管局副局长
	赵　逊	中国地质科学院副院长

成立全国地层清理项目办公室，受领导小组委托对全国地层清理工作进行技术业务指导和协调以及经常性业务组织管理工作，并设立在中国地质科学院区域地质调查处（简称区调处）。

项目办公室主任	陈克强	区调处处长，教授级高级工程师
副主任	高振家	区调处总工，教授级高级工程师
	简人初	区调处高级工程师
专家	张守信	中国科学院地质研究所研究员
	魏家庸	贵州省地质矿产局区调院教授级高级工程师
成员	姜　义	区调处工程师
	李　忠	会计师
	周统顺	中国地质科学院地质研究所研究员

大区一级成立大区领导小组，由大区内各省（市、自治区）局级领导成员和地科院沈阳、天津、西安、宜昌、成都、南京六个地质矿产研究所各推荐一名专家组成。领导小组对本大区地层清理工作进行组织、指导、协调、仲裁并承担研究的职责。下设大区办公室，负责大区地层清理的技术业务指导和经常性业务技术管理工作。在全国项目办直接领导下，成立全国地层数据库研建小组，由福建区调队和部区调处承担，负责全国和省（市、自治区）二级地层数据库软件开发研制。

各省（市、自治区）成立省级领导小组，以省（市、自治区）局总工或副总工为组长，有区调主管及有关处室负责人组成，在专业区调队（所、院）等单位成立地层清理小组，具体负责地层清理工作，同时成立省级地层数据库录入小组，按照全国地层数据库研建小组研制的软件及时将本省清理的成果进行数据录入，并检验软件运行情况，及时反馈意见，不断改进和优化软件。在全国地层清理的三个级次的项目中，省级项目是基础，因此要求各省（市、自治区）地层清理工作必须实行室内清理与野外核查相结合，清理工作与区调填图相结合，清理与研究相结合，地层清理与地层数据库建立相结合，“生产”单位与科研教学单位相结合，并强调地层清理人员要用现代地层学和现代沉积学的理论武装起来，彻底打破传统观点，统一标准内容，严格要求，高标准地完成这一历史使命。实践的结果，凡是按上述五个相结合去做的效果都比较好，不仅出了好成果，而且通过地层清理培养锻炼了一支科学技术队伍，从总体上把我国区调水平提高到一个新台阶。

三年多以来，参加全国地层清理工作的人员总数达400多人，总计查阅文献约24 000份，野外核查剖面约16 472.6 km，新测剖面70余条约300 km，清理原有地层单位有12 880个，通过清查保留的地层单位约4721个（还有省与省之间重复的），占总数36.6%，建议停止使用或废弃的单位有8159个（为同物异名或非岩石地层单位等），占总数63.4%，清查中通过实测剖面新建地层单位134个。与此同时研制了地层单位的查询、检索、命名和研究对比功能的数据库，通过各省（市、自治区）数据录入小组将12 880个地层单位（每个单位5张数据卡片）和10 000多条各类层型剖面全部录入，首次建立起全国30个（不含上海市）省（市、自治区）基础地层数据库，为全国地层数据库全面建成奠定了坚实的基础。从1994年7月—11月，分七个片对30个省（市、自治区）地层清理成果报告及数据库的数据录入进行了评审验收，到1994年底可以说基本上完成了省一级地层清理任务。1995—1996年将全面完成大区和总项目的清理研究任务。由此可见，这次全国地层清理工作无论是参加人数之多，涉及面之广，新方法新技术的应用以及理论指导的高度和研究的深度都可以堪称中国地层学研究的第三个里程碑。这一系统工程所完成的成果，不仅是这次直接参加清理的400多人的成果，而且亦应该归功于全国地层工作者、区域地质调查者、地层学科研与教学人员以及为地层工作做过贡献的普查勘探人员。全国地层清理成果的公开出版，必将对提高我国地层学研究水平，统一岩石地层划分和命名指导区调填图，加强地层单位的管理以及地质勘察和科研教学等方面发挥重要的作用。

鉴于本次地层清理工作和地层数据库的研建是过去从未进行过的一项研究性很强的系统工程，涉及的范围很广，时间跨度长达100多年，参加该项工作的人员多达300～400人，由于时间短，经费有限，人员水平不一，文献资料掌握程度等种种主客观原因，尽管所有人员都尽了最大努力，但是在本书中少数地层单位的名称、出处、命名人和命名时间等不可避免地存在一些问题。本书中地层单位名称出现的“岩群”、“岩组”等名词，是根据1990年公开出版的程裕淇主编的《中国地质图（1：500万）及说明书》所阐述的定义。为了考虑不同观点的读者使用，本书对有“岩群”、“岩组”的地层单位，均暂以（岩）群、（岩）组处理。如鞍山（岩）群、迁西（岩）群。总之，本书中存在的错漏及不足之处，衷心地欢迎广大读者提出宝贵意见，以便今后不断改正和补充。

在30个省（市、自治区）地层清理系统成果即将公开出版之际，我代表全国地层清理项目办公室向参加30个省（市、自治区）地层清理、数据库研建和数据录入的同志所付出的辛勤劳动表示衷心的感谢和亲切的慰问。在全国地层清理项目立项过程中，原直管局王新华、黄崇轲副局长给予了大力支持，原直管局局长兼财务司司长现地矿部副部长陈洲其在项目论证会上作了立项论证报告，在人、财、物方面给予过很大支持；全国地层委员会副主任程裕淇院士一直对地层清理工作给予极大的关心和支持，并在立项论证会上作了重要讲话；中国地质大学教授、全国地层委员会地层分类命名小组组长王鸿祯院士是本项目的顾问，在地层清理的指导思想、方法步骤及许多重大技术问题上给予了具体的指导和帮助；中国地质大学教授杨遵仪院士对这项工作热情关心并给以指导；中国地质科学院院长、部总工程师陈毓川研究员参加了第三次全国地层清理工作会议并作了重要指示与鼓励性讲话；部科技司姜作勤高工，计算中心郧宽廉、陈传霖，信息院赵精满，地科院刘心铸等专家对地层数据库设计进行评审，为研建地层数据库提出许多有意义的建议。中国科学院地质研究所，南京古生物研究所，中国地质科学院地质研究所，天津、沈阳、南京、宜昌、成都和西安地质矿产研究所，南京大学，西北大学，中国地质大学，长春地质学院，西安地质学院等单位的知名专家、教授和学者，各省（市、自治区）地矿局领导、总工程师、区调主管、质量检查员和区调队、地研所、综合大队等单位的区域地质学家共600余人次参加了各省（市、自治区）地层清理研究成果和六个大区区域地层成果报告的评审和鉴定验收，给予了友善的帮助；各省（市、自治区）地矿局（厅）、区调队（所、院）等各级领导给予地层清理工作在人、财、物方面的大力支持。可以肯定，没有以上各有关单位和部门的领导和众多的专家教授对地层清理工作多方面的关心和支持，这项工作是难以完成的。在30个省（市、自治区）地层清理成果评审过程中一直到成果出版之前，中国地质大学出版社，特别是以褚松和副社长和刘粤湘编辑为组长的全国地层多重划分对比研究报告编辑出版组为本套书编辑出版付出了极大的辛苦劳动，使这一套系统成果能够如此快地、规范化地出版了！在全国项目办设在区调处的几年中，除了参加项目办的成员外，区调处的陈兆棉、其和日格、田玉莹、魏书章、刘凤仁多次承担地层清理会议的会务工作，赵洪伟和于庆文同志除了承担会议事务还为会议打印文稿，于庆文同志还协助绘制地层区划图及文稿复印等工作。

在此，向上面提到的单位和所有同志一并表示我们最诚挚的谢意，并希望继续得到他们的关心和支持。

全国地层清理项目办公室（陈克强执笔）

目 录

第一章 绪 论……………………………………………………………………(1)
第二章 地层区划与地层序列…………………………………………………(5)
第一节 指导思想与划分原则……………………………………………(5)
一、概念与指导思想………………………………………………………(5)
二、层型正确地延伸是地层区划的主要原则……………………………(5)
三、构造因素的正确运用…………………………………………………(6)
四、灵活与实用的原则……………………………………………………(6)
第二节 中国东北区地层区划的说明……………………………………(7)
一、关于地层大区…………………………………………………………(7)
二、地层区的划分…………………………………………………………(7)
第三章 前寒武纪 ……………………………………………………………(13)
第一节 佳木斯地区 ………………………………………………………(14)
一、晚太古代麻山古陆的组成及其特征 …………………………………(14)
二、早、中元古代陆内裂谷沉积——兴东群、黑龙江群、东风山群 …………(15)
三、晚元古代张广才岭群（兼论一面坡群、马家街群、黄松群、塔东群） …(16)
第二节 大兴安岭地区 ……………………………………………………(17)
一、太古宙（?）加格达奇-扎兰屯古陆的组成 ……………………………(17)
二、早、中元古代裂谷沉积——兴华渡口群、新开岭群 …………………(18)
三、晚元古代早期被动陆缘沉积 …………………………………………(19)
四、晚元古代末期（>584Ma）活动大陆边缘沉积 …………………………(20)
第三节 内蒙古草原地区 …………………………………………………(21)
一、早元古代（?）被动陆缘沉积——宝音图群……………………………(21)
二、中元古代裂谷沉积——温都尔庙群 …………………………………(22)
三、晚元古代被动陆缘沉积——爱力格庙组 ……………………………(22)
四、关于白乃庙群问题 ……………………………………………………(23)
五、白云鄂博群的争论 ……………………………………………………(24)
第四章 寒武纪—早三叠世 …………………………………………………(27)
第一节 兴安地层区 ………………………………………………………(28)
一、早寒武世可能的被动陆缘沉积地层 …………………………………(28)
二、奥陶纪岛弧和弧后盆地的地层 ………………………………………(29)
三、岛弧期后抬升的志留纪地层 …………………………………………(33)
四、泥盆纪—石炭纪裂陷槽地层组合 ……………………………………(35)

五、乌兰浩特-哈尔滨地层分区的早石炭世早期地层 …………………… (40)
第二节 松花江地层区 …………………………………………… (40)
一、早寒武世晚期的局限海沉积 …………………………………… (40)
二、中奥陶世裂陷火山-沉积岩组合 ………………………………… (42)
三、晚古生代裂陷槽的火山-沉积岩系 ……………………………… (42)
四、晚石炭世—早二叠世湖沼沉积 ………………………………… (44)
第三节 延边地层区 …………………………………………… (45)
一、原地系统的石炭纪地层 ……………………………………… (45)
二、在后期地层中的石炭纪岩块 …………………………………… (45)
第四节 内蒙古草原地层区 ……………………………………… (46)
一、可能的早期裂谷岩系和被动陆缘沉积 ………………………… (46)
二、奥陶纪岛弧和弧后沉积地层 …………………………………… (47)
三、加积楔 …………………………………………………… (50)
四、志留纪地层 ……………………………………………… (50)
五、晚志留世末期—早泥盆世早期的磨拉石——西别河组 ………… (51)
六、泥盆纪和石炭纪裂陷槽火山—沉积岩系列 ……………………… (52)
七、晚泥盆世晚期—早石炭世地层 ………………………………… (57)
第五节 二叠纪和早三叠世地层 …………………………………… (57)
一、早二叠世裂陷槽火山-沉积岩系列 ……………………………… (58)
二、晚二叠世—早三叠世的地层特征 ……………………………… (64)
第六节 古生物问题和生物地层学 ………………………………… (67)
一、有争议或疑问的古生物问题 …………………………………… (68)
二、生物地层学 ……………………………………………… (70)
第五章 中、晚三叠世—白垩纪 …………………………………… (76)
第一节 大兴安岭-燕山地层分区 ………………………………… (76)
一、早、中侏罗世含煤地层 ……………………………………… (76)
二、中、晚侏罗世中基性火山岩地层——塔木兰沟组 ……………… (79)
三、中侏罗世红层——土城子组 …………………………………… (81)
四、晚侏罗世中酸性火山岩地层——兴安岭群 ……………………… (81)
五、早白垩世火山-沉积含煤地层——热河群 ………………………… (83)
六、晚白垩世杂色层沉积——二连组 ……………………………… (85)
第二节 松辽地层分区 ………………………………………… (85)
一、早白垩世中晚期—晚白垩世含油气盆地沉积——松花江群 ……… (85)
二、晚白垩世湖相地层——嘉荫群 ………………………………… (89)
第三节 张广才岭-南楼山地层分区 ……………………………… (91)
一、晚三叠世—中侏罗世继承性内陆盆地堆积 ……………………… (91)
二、早、中侏罗世南楼山火山-沉积岩系 …………………………… (92)
三、晚侏罗世斯通博理型火山堆积——帽儿山组 …………………… (93)
四、早白垩世火山-沉积含煤地层 ………………………………… (93)
第四节 延吉-鸡西-饶河地层分区 ……………………………… (96)

一、中、晚三叠世海相地层 …………………………………………………………(96)
二、陆内坳陷火山-沉积岩系——南双鸭山组、大秃山组…………………………(98)
三、晚三叠世继承性裂陷火山-沉积岩系……………………………………………(99)
四、早侏罗世海陆交互相沉积——凯北群……………………………………………(100)
五、中侏罗世—早白垩世海陆交互相含煤地层——龙爪沟群………………………(101)
六、早白垩世早期陆相含煤地层——鸡西群…………………………………………(103)
七、早白垩世火山岩地层——东山组、泉水村组、皮克山组………………………(105)
八、早白垩世陆相含油地层——延吉群………………………………………………(106)
九、晚白垩世火山岩地层………………………………………………………………(107)
第五节 生物群特征简述…………………………………………………………………(108)
一、中、晚三叠世主要生物群简述……………………………………………………(108)
二、侏罗纪生物群………………………………………………………………………(109)
三、白垩纪生物群………………………………………………………………………(110)
第六章 第三纪……………………………………………………………………………(114)
第一节 大兴安岭-燕山地层分区 ………………………………………………………(114)
一、二连盆地第三纪地层序列…………………………………………………………(114)
二、大兴安岭北部晚第三纪地层………………………………………………………(116)
三、辽西地区晚第三纪地层——老梁底组……………………………………………(116)
第二节 松辽地层分区……………………………………………………………………(116)
一、古新世基性火山岩——富峰山组…………………………………………………(116)
二、始新世—上新世湖沼沉积…………………………………………………………(117)
第三节 张广才岭-南楼山地层分区 ……………………………………………………(118)
一、依兰-三江断陷盆地的沉积 ………………………………………………………(118)
二、舒兰断陷盆地的沉积………………………………………………………………(118)
第四节 延吉-鸡西-饶河地层分区………………………………………………………(119)
一、敦化-密山断陷盆地的沉积 ………………………………………………………(119)
二、梅河-桦甸断陷盆地的地层层序 …………………………………………………(120)
三、珲春盆地、东宁盆地的地层层序…………………………………………………(121)
第五节 盆地分析…………………………………………………………………………(121)
第七章 地层发育与地壳演化……………………………………………………………(124)
第一节 前寒武纪地壳的演化……………………………………………………………(124)
第二节 古生代地层发育与演化…………………………………………………………(126)
一、洋—陆演化阶段——大陆边缘的侧向增生………………………………………(127)
二、地壳固化成熟阶段…………………………………………………………………(131)
三、古生物地理性质的演化……………………………………………………………(137)
四、小结…………………………………………………………………………………(139)
第三节 中、新生代地层发育与地壳演化………………………………………………(141)
一、造山运动的阶段性…………………………………………………………………(143)
二、中、晚三叠世的海陆沉积体系的统一性…………………………………………(143)
三、早、中侏罗世含煤盆地的形成……………………………………………………(144)

四、中侏罗世晚期的红层沉积…………………………………………………………………(145)
五、晚侏罗世—早白垩世大陆火山喷发与煤系地层的形成…………………………………(145)
六、早白垩世晚期全球海侵事件……………………………………………………………(146)
七、晚白垩世的红色建造……………………………………………………………………(147)
八、第三纪的地层发育特征…………………………………………………………………(148)
第八章　结束语………………………………………………………………………………(149)
一、主要成绩和新认识………………………………………………………………………(149)
二、存在的问题………………………………………………………………………………(150)
三、今后工作建议……………………………………………………………………………(151)
参考文献………………………………………………………………………………………(152)
附　录　东北区采用的岩石地层单位………………………………………………………(155)
英文摘要………………………………………………………………………………………(167)

Contents

Chapter 1 Introduction ······ (1)
Chapter 2 Stratigraphi Regionalization and Stratigraphic Sequences ······ (5)
2.1 Principle of stratigraphic regionalization ······ (5)
2.2 Expasition of stratigraphic regionalization of Northeast China ······ (7)
Chapter 3 Precambrian ······ (13)
3.1 Jiamusi area ······ (14)
3.1.1 Composition and characters of Late Archean Mashan old land ······ (14)
3.1.2 Deposits in Early—Middle Proterozoic intracontinental rift—Xingdong, Heilongjiang and Dongfengshan Groups ······ (15)
3.1.3 Late Proterozoic Zhangguangcailing Group (Yimianpo, Majiajie, Huangsong and Tadong Groups) ······ (16)
3.2 Da Hingganling area ······ (17)
3.2.1 Composition of Archean (?) Jiagedaqi-Zhalantun old land ······ (17)
3.2.2 Deposits in Early—Middle Proterozoic rift—Xinghuadukou and Xinkailing Groups ······ (18)
3.2.3 Deposits of early Late Proterozoic passive continental margin ······ (19)
3.2.4 Deposits of latest Late Proterozoic (>584 Ma) active continental margin ······ (20)
3.3 Nei Mongol grassland area ······ (21)
3.3.1 Deposits of Early Proterozoic (?) passive continental margin —Baoyintu Group ······ (21)
3.3.2 Deposits of Middle Proterozoic rift—Ondorsum Group ······ (22)
3.3.3 Deposits of Late Proterozoic passive continental margin—Eligsum Formation ······ (22)
3.3.4 About Beinaimiao Group ······ (23)
3.3.5 Discussion of Bayanobo Group ······ (24)
Chapter 4 Cambrian—Early Triassic ······ (27)
4.1 Hinggan Stratigraphic Region ······ (28)
4.1.1 Early Cambrian Sedimental beds of possible passive continental margin ······ (28)
4.1.2 Strata of Ordovician island arc and arc-rear basin ······ (29)
4.1.3 Silurian strata in the uplift of postisland arc stage ······ (33)
4.1.4 Stratigraphic association of Devonian and Carboniferous fault-trough basins ······ (35)

4.1.5 Early Early Carboniferous strata of Ulanhot—Harbin Stratigraphic Area .... (40)
4.2 Songhuajiang Stratigraphic Region .... (40)
4.2.1 Deposits of late Early Cambrian limited sea .... (40)
4.2.2 Middle Ordovician faulted volcanic-sedimentary rock association .... (42)
4.2.3 Volcanic-sedimentary rock series of Late Paleozoic fault-trough basins .... (42)
4.2.4 Late Carboniferous-Early Permian limnognic deposits .... (44)
4.3 Yanbian Stratigraphic Region .... (45)
4.3.1 Autochthonous Carboniferous strata .... (45)
4.3.2 Carboniferous rock blocks in later beds .... (45)
4.4 Nei Mongol grassland Stratigraphic Region .... (46)
4.4.1 Rock series of possible earlier rift and deposits of passive continental margin .... (46)
4.4.2 Ordovician sedimentary stratigraphy of island arc and arc-rear basin .... (47)
4.4.3 Accretionary wedge .... (50)
4.4.4 Silurian strata .... (50)
4.4.5 The end of Silurian—early Early Devonian molasse—Xibiehe Formation .... (51)
4.4.6 Volcani-sedimentary rock series of Devonian and Carboniferous fault-trough basins .... (52)
4.4.7 Late Late Devonian—Early Carboniferous strata .... (57)
4.5 Permian and Early Triassic strata .... (57)
4.5.1 Volcanic-sedimentary rock series of Early Permian fault-trough basins .... (58)
4.5.2 Characteristics of Late Permian—Early Triassic strata .... (64)
4.6 Paleontological problems and biostratigraphy .... (67)
4.6.1 Questionable faunas .... (68)
4.6.2 Biostratigraphy .... (70)
Chapter 5 Mid—Late Triassic—Cretaceous .... (76)
5.1 Da Hinggan Ling—Yanshan Stratigraphic Area .... (76)
5.1.1 Early—Middle Jurassic coal-bearing strata .... (76)
5.1.2 Mid—Late Jurassic intermediate-basic volcanic rocks—Tamulangou formation .... (79)
5.1.3 Middle Jurassic red beds—Tuchengzi Formation .... (81)
5.1.4 Late Jurassic intermediate-acidic volcanic rocks—Hingganling Group .... (81)
5.1.5 Early Cretaceous volcanic-sedimentary coal-bearing strata—Rehe Group .... (83)

5.1.6 Late Cretaceous varicolored deposits—Eren Formation ………… (85)
5.2 Songliao Stratigraphic Area ………………………………………… (85)
5.2.1 Middle-late Early Cretaceous—Late Cretaceous deposits of oil-gas-bearing basin—Songhuajiang Group ……………………………… (85)
5.2.2 Late Cretaceous lake facies deposits—Jiaying Group ……………… (89)
5.3 Zhangguangcailing-Nanloushan stratigraphic Area ……………………… (91)
5.3.1 Deposits of Late Triassic—Middle Jurassic inherited land basin ……………………………………………………………………… (91)
5.3.2 Early—Middle Jurassic Nanloushan volcanic-sedimentary rock series ……………………………………………………………………… (92)
5.3.3 Late Jurassic Strombolian-type volcanic accumulation—Maoershan Formation …………………………………………………………… (93)
5.3.4 Early Cretaceous volcanic-sedimentary coal-bearing strata ……… (93)
5.4 Yanji-Jixi-Raohe Stratigraphic Area ……………………………… (96)
5.4.1 Mid—Late Triassic marine beds ………………………………… (96)
5.4.2 Volcanic-sedimentary rock series of intracontinental depression—Nanshuangyashan and Datushan Formations ……………………… (98)
5.4.3 Late Triassic inherited faulted volcanic-sedimentary rock series ……………………………………………………………………… (99)
5.4.4 Early Jurassic paralic deposits—Kaibei Group ………………… (100)
5.4.5 Middle Jurassic—Early Cretaceous paralic coal-bearing strata—Longzhuagou Group ……………………………………………… (101)
5.4.6 Early Early Cretaceous land coal-bearing strata—Jixi Group …… (103)
5.4.7 Early Cretaceous volcanic rocks—Dongshan, Quanshuicun and Pikeshan Formations ……………………………………………… (105)
5.4.8 Early Cretaceous land oil-bearing strata—Yanji Group ………… (106)
5.4.9 Late Cretaceous volcanic rocks ………………………………… (107)
5.5 Brief characteristics of biota ……………………………………… (108)
5.5.1 Mid—Lata Triassic biota ………………………………………… (108)
5.5.2 Jurassic biota …………………………………………………… (109)
5.5.3 Cretaceous biota ………………………………………………… (110)
Chapter 6 Tertiary ……………………………………………………… (114)
6.1 Da Hinggan Ling-Yanshan Stratigraphic Area ……………………… (114)
6.1.1 Tertiary stratigraphic sequence of Eren basin ………………… (114)
6.1.2 Late Tertiary strata in the northern Da Hinggan Ling range …… (116)
6.1.3 Late Tertiary strata in west Liaoning—Laoliangdi Formation … (116)
6.2 Songliao Stratigraphic Area ……………………………………… (116)
6.2.1 Paleocene basic volcanic rocks—Fufengshan Formation ………… (116)
6.2.2 Eocene—Pliocene limnognic deposits …………………………… (117)
6.3 Zhangguangcailing-Nanloushan Stratigraphic Area ………………… (118)

6.3.1 Deposits of Yilan-Sanjiang faulted basin …………………………… (118)
6.3.2 Deposits of Shulan faulted basin …………………………………………… (118)
6.4 YanJi-Jixi-Raohe Stratigraphic Area …………………………………………… (119)
6.4.1 Deposits of Dunhua-Mishan faulted basin ………………………………… (119)
6.4.2 Stratigraphic sequence of Meihe-Huadian faulted basin ………… (120)
6.4.3 Stratigraphic squence of Hunchun and Dongning basins ………… (121)
6.5 Analysis of basins …………………………………………………………………… (121)
Chapter 7 Stratigraphical development and crust evolution ………………………… (124)
7.1 Precambrian crust evolution ………………………………………………………… (124)
7.2 Paleozoic stratigraphical development and evolution ………………… (126)
7.2.1 Ocean-continental stage—lateral accretion of continent margin ……… …………………………………………………………………………………………… (127)
7.2.2 Consolidating and muturing stage of crust ……………………………… (131)
7.2.3 Evolution of biogeographic character ……………………………………… (137)
7.2.4 Summary ……………………………………………………………………………… (139)
7.3 Mesozoic and Cenozoic stratigraphical development and crust evolution …… …………………………………………………………………………………………… (141)
7.3.1 Stages of orogeny ……………………………………………………………… (143)
7.3.2 Unifomity of Mid—Late Triassic marine and land sedimentation ……… …………………………………………………………………………………………… (143)
7.3.3 Formation of Early—Middle Jurassic coal-bearing basins ……… (144)
7.3.4 Late Middle Jurassic red bed deposits ………………………………… (145)
7.3.5 Late Jurassic—Early Cretaceous continental volcanity and formation of coal strata …………………………………………………………………… (145)
7.3.6 Global transgression event in late Early Cretaceous ……………… (146)
7.3.7 Late Cretaceous red formation …………………………………………… (147)
7.3.8 Characters of Tertiary stratigraphical development ……………… (148)
Chapter 8 Conclusion ……………………………………………………………………… (149)
8.1 Main progress and new knowledges ………………………………………… (149)
8.2 Problems …………………………………………………………………………………… (150)
8.3 Propositions for further study ……………………………………………… (151)
References ………………………………………………………………………………… (152)
Appendix Adoptive nomenclature of lithostratigraphic units of Northeast China …… (155)
English Summary ………………………………………………………………………… (167)

第一章

绪 论

作为地质学古老的基础学科之一的地层学，是属于自然史的范畴。地层是人类研究赖以生存的地球表层的海陆变迁、沉积环境、地壳变动的物质基础。因此，如何对地层进行划分对比是摆在地质学家面前一个十分复杂的问题。1669 年丹麦人斯坦诺（N Steno）提出的地层学三个基本原理（原始水平原理、原始侧向原理、叠覆原理）是以岩石对比代替时间对比作为理论基础；1815 年英国人史密斯（W Smith）提出并运用“化石对比原理”建立地层系统，实质是用时间对比代替岩石对比。尽管 1894 年德国人瓦尔特（J Walter）在总结前人和自己工作成果的基础上提出了“相对比定律”，并引人地层划分对比，为岩石地层的侧向加积和普遍穿时奠定了理论基础。然而，长期以来以“岩石的时间顺序研究”为内容的统一地层划分理论仍然统治着地层学界。本世纪 30 年代赫德伯格（H D Hedburg ）首次提出岩石、生物和时间三重地层划分的概念，使地层学向多重划分迈出了新的步伐。在其后的几十年里，随着地球科学的发展，特别是沉积学和古生物地理学等学科的发展，地层的多种属性愈来愈被人们所认识。现代地层学在与传统地层学的争论中不断发展起来。

1976 年《国际地层指南》（英文版）的出版及 1981 年《中国地层指南及中国地层指南说明书》的颁发，标志着世界和中国地层学进入了一个崭新的发展阶段。地层学的发展在一定意义上是与地质制图紧密相关的，地质图是表达地质信息的最佳方式。用什么样的方式去真实反映地层这个客观实体，在很大程度上由地层学的理论和研究方法决定。进入本世纪 80 年代以来，我国在认真贯彻《国际地层指南》和《中国地层指南及中国地层指南说明书》上做了大量工作，其中试点并推行的沉积岩区 1∶5 万填图方法取得的成果，并总结出“以现代地层学、沉积学理论为指导，以岩石地层单位为基本填图单位，从基本层序观察人手，逐步建立区域地层格架和地层模型”的方法体系就是一个例证。沉积岩区填图新方法的实践，使现代地层学和沉积学的一些基本理论为广大地质工作者所接受并用于实践，地层多重划分的理论与方法深人人心，这就为全国地层多重划分对比研究创造了有利条件。认识的提高，观念的转变目的是服务于正在开展的 1∶5 万填图工作，解决长期以来统一地层划分理论给我国地层学研究带来的各种问题。因此，地质矿产部在“八五”期间开展全国地层多重划分对比研究（即地层清理）就是一项功在千秋的里程碑式的工作。

《东北区区域地层》一书是地质矿产部“八五”期间重大基础地质研究项目“全国地层多重划分对比研究”的组成部分。中国东北区涉及的范围：南以华北地台北缘断裂为界，西为贺兰山、鄂尔多斯西缘断裂的北延部分。西部、北部和东部分别与蒙古、俄罗斯和朝鲜三国毗邻 。地理坐标大致介于东经 107°—135°，北纬 42°—53°之间。行政区划包括黑龙江省全境、内蒙古自治区（以下简称内蒙古）和吉林省的绝大部分、辽宁省北部局部地区。总面积约180 万

km^2。本书以内蒙古、黑龙江、吉林三省（区）地层多重划分对比研究成果为基础，以Ⅱ、Ⅲ级地层区划为重点，以具有全国和大区意义的岩石地层单位正、副层型及次层型（参考剖面）为主要内容，从区域地层角度出发，总结了各地质历史时期沉积作用的时空演化关系。目的在于提高东北区的地层研究程度，为我国区域地层学的发展、为区域地质调查、资源勘查和环境评价等国民经济建设服务。

东北区既是研究程度比较低的边远地区，又是复杂的造山带。地层清理工作的原则是宜粗不宜细，少而精和因地制宜。岩石地层单位的清理范围从晚太古代至第三纪，清理的重点是古生代和中生代地层，对岩石地层单位的正层型、副层型、选层型、新层型与次层型进行对比研究，选出具有大区意义的次层型。以地质年代单位的“纪”和Ⅱ、Ⅲ级地层区划为纲，进行大区的清理，每个地层分区提出可供选择的次层型，跨省（区）际的地层单位各省都有次层型剖面时，大区研究组应详细比较，分析剖面精度、岩石地层单位的含义、划分标准、沿走向的延展情况，剖面上生物、测年资料及其它特征，根据标准，择优选出大区的次层型。根据东北区岩石地层单位、生物地层单位和年代地层单位之间的相互关系，提出跨省（区）的岩石地层单位对比表，生物带研究重点是建立各生物带所依据的参考剖面，明确生物带在这些剖面中的准确层位和地层标志。

指导思想和研究的基本思路，是以现代地层学、沉积学理论为指导，以岩石地层单位为基础，从基本层序分析入手，采用地层多重划分方法，建立区域地层格架和地层模型；认真学习和正确运用《国际地层指南》和《中国地层指南及中国地层指南说明书》，掌握地层多重划分概念、原则、方法和要求，严格按照地层工作程序办事，随时注意克服统一地层划分观点的影响；强调地层的沉积是以侧向加积为主，地层的叠覆是在侧向加积过程中形成的，岩石地层单位是普遍穿时的；组是岩石地层单位的基本单位，划分组不以时间解释为依据，但应查明该实体从开始到结束的总的时限。只有组的含义清楚了，才能并组为群。

以活动论构造观，阐明区内地层分布的时空规律及其形成机制，不仅对大地构造学而且对地层学本身的发展都有着理论和实际意义。地层学应运用板块构造学一些新概念，使其提高和发展，相反也只有借助地层研究的提高，才能更准确地揭示大陆板块演化史。按板块构造观点，地球上的沉积作用主要发生在大陆边缘，其次是大洋和大陆内部。古生代本区处于中朝和西伯利亚两个古板块之间，古亚洲洋在拉张、汇聚演化过程中，大陆边缘和大洋内部的沉积是极其复杂的，既有主动大陆边缘的沟-弧-盆系，也有被动大陆边缘之稳定型沉积。因此，在研究对比大陆边缘沉积盆地时，一定要注意盆地的时空变化。可以想象，不论是陆缘盆地的沉积，还是板块的俯冲、碰撞，都有一个长期发展过程，发生的时间会因地而异，反映造山运动的不等时性；根据地壳成熟度的概念，地壳的演化是从原始地壳一拉张型过渡壳一洋壳一挤压型过渡壳一陆壳，最后以大规模的花岗岩化而成熟，钾化是成熟地壳的最终结果；中生代以来库拉板块的消亡和太平洋板块的活动，对本区一系列北东向大陆拉分盆地和火山岩浆带的形成有着深远的影响。一般认为松辽盆地以东为内带，大兴安岭为外带。因此，在研究中、新生代地层和地层分区时一定要注意这种时空格架。

东北区地层对比研究工作是在全国项目领导小组和全国项目办公室的领导下进行的，根据全国总体设计成立了东北大区领导小组。大区领导小组和项目办公室人员组成是：

组　　长：叶天竺（吉林省地质矿产局原总工程师，1992年调出）

　　　　　许以衡（吉林省地质矿产局副局长兼总工程师）

常务副组长：王友勤（吉林省地质矿产局，高级工程师）

副　组　长：苏 养 正（沈阳地质矿产研究所，研究员）

刘 尔 义（吉林区域地质调查所，高级工程师）

成　　　员：邵 和 明（内蒙古地质矿产局，副总工程师）

金 三 岩（黑龙江省地质矿产局，副总工程师）

米 家 榕（长春地质学院，教授）

项目办公室成员：刘尔义（兼办公室主任）、朱乃文、赵衍华、刘学良

几年来在大区领导小组的领导下，通过大区办公室和各省（区）项目研究人员辛勤工作，东北大区圆满完成了地层对比研究工作。迄今，大区召开了四次工作会议，布置和参加有关省的地层工作会议、研讨会四次，组织野外考查三次，行程 3 000 km。据不完全统计，全区共核查剖面 50 条，查出地层名称 1 400 个，各省（区）共选用了 530 个，大区选用了 275 个。1994 年 7 月 29 日—8 月 6 日在有全国项目办公室成员的参加，由大区组织对内蒙古自治区、黑龙江省、吉林省地层多重划分对比研究报告进行了评审，评审结果均被评为“优秀”。回顾三年来的工作，主要作法是：

1. 组织落实。

1992 年 3 月地质矿产部全国地层多重划分对比研究第一次工作会议期间，调整了大区领导小组和成立了大区项目办公室。1992 年 5 月召开了东北区第一次工作会议，这次会议贯彻了全国会议精神，落实了大区的组织机构，听取了各省（区）的汇报，讨论了东北大区的工作设计和各省（区）的工作安排，对大区掌握全局，熟悉情况，加强联系，开展大区的工作创造了极为有利的条件。在组织研究成员方面，我们坚持发挥组长单位与专家作用相结合的作法。这是基于：①组长单位自身就有对比研究任务，易于摸索经验、指导面上的工作；②大量的资料在省局对比研究的实际工作由各省（区）进行，便于沟通、交流。所以，东北大区研究成员基本是以领导小组为核心的技术负责制。组长由常务副组长王友勤高级工程师担任，古生代组由苏养正研究员负责，中、新生代组由刘尔义高级工程师负责。研究工作在统一安排下，分头负责组织实施。

2. 以设计为依据，尽力作好指导工作。

全国总体设计和大区设计是对比研究工作的依据，也是检验对比研究工作的标准。因此，经常性的学习和领会设计精神，明确上级的各种要求，结合大区的实际认真贯彻执行是指导大区工作的主要手段。开好工作会议，组织必要的现场考查是做好指导工作的必经之路。我们开过的几次大区工作会议，大区办公室与各省都事先做好充分资料准备。大区首先拿出方案，尽量把全区的情况介绍给大家，使大家逐步了解邻省的工作情况，做到相互了解、互相学习，促进对比研究。必要的野外考查工作，对指导对比研究工作尤为重要，大区组织到内蒙古考察，对古生代、中生代火山岩的清理均起到了积极作用和良好效果。

3. 原则的灵活运用，加速对比研究的进程。

在处理粗与细的问题，我们着眼于总结东北区的特色。对古生代和中生代进行较深入的研究，对那些深变质的孤立零星的老地层（块）只作粗略的对比研究。按群（岩群）、组（岩组）进行划分，能合则合，不强行拉通。野外核查，坚持少而精。重点考查内蒙古地区的古生代、中生代和吉林省的中生代地层。

4. 与 1：5 万区调、科研单位紧密配合。

用 1：5 万区调成果来检验对比研究，用对比研究成果来指导 1：5 万区调。

关于地层名称的处理。在近一个世纪的地质调查研究中，东北大区的地层名称既多又错

综复杂。既有新中国成立前、后之分，又有不同比例尺、不同单位之别，并且多数是地方性年代地层单位的同物异名，有时组、阶不分，或以组代阶。地层名称的知名度多数不高。地层划分对比中多以时间对比代替岩石对比，许多组的正层型不标准。此外，大部分组名是在1965年图幅清理以前建立的。60年代后期至今开展的1：20万、1：5万区调所建立的组名大部分将被废弃。基于上述，我们强调以协调为主，尽量减少仲裁。在大区协调过程中，大区主动提出方案，并加以详细说明，结合各省（区）的方案组织大家讨论。在讨论时，既要坚持原则，又要灵活掌握，因势利导，当机立断，在求同存异的基础上搞好协调工作。

仲裁是一项复杂的工作，统一分区、拉通地层名称本身就是一个仲裁过程。根据先优先、后知名度的原则，通过查摆资料，尊重事实，顾全大局，使大部分争议得到妥善处理。限于水平和权威性，仲裁不可能没有问题，有问题还可通过今后的工作加以纠正。大区在协调、仲裁过程中，一定要留有余地，对那些确实与大区方案中有明显差异的地层单位，并具有地方特色的地层，应允许划分小区，并建立正式或非正式的岩石地层单位。

回顾两年多的工作历程，东北大区的人员都有一种“亡羊补牢，未为迟也”的感觉。如果条件允许，我们还有许多工作要做，而且会比现在做的更好一些。

《东北区区域地层》一书汇集了曾在本区工作过的几代中、外地质学家，特别是内蒙古自治区、吉林省、黑龙江省广大区调工作者辛勤劳动的成果。参加本项工作人员有：叶天竺、许以衡、王友勤、苏养正、刘尔义、潘启宇、邵和明、徐衍强、金三岩、朱乃文、刘效良、王光、赵衍华、李文国、李庆富、姜万德、曲关生、李东津等。主要执笔人是王友勤（第一章、第二章、第三章、第七章、第八章）、苏养正（第二章、第四章、第七章、第八章）、刘尔义（第二章、第五章、第六章、第七章、）。全书由王友勤统稿，许以衡副局长审阅了全书。在成书过程中，得到了全国项目办公室的热情帮助、指导和东北三省（区）领导小组和课题组的大力支持，在付印出版之前，由全国项目办陈克强、高振家和魏家庸会同出版社刘粤湘等，对全书进行了阅审，在此表示谢意。由于作者水平所限，在书中还存在不少问题，敬请读者不吝指教。

第二章

地层区划与地层序列

第一节　指导思想与划分原则

如何进行地层区划，或进行不同级别的地层区划分，看似简单，实际上是一项科学性、实用性很强的高层次的综合研究工作。在开展全国地层多重划分对比研究过程中，地层区划研究贯穿这一过程始终。我国一些著名地质学家，如黄汲清（1962）、王鸿祯（1978）等都论述过中国地层区划问题。在 1994 年 3 月全国地层多重划分对比研究项目第三次会议上，程裕淇、王鸿祯两院士发言中也谈了这个问题，1994 年 7 月全国项目办公室专门开会研究全国地层区划并形成了会议纪要。由此可见，理论上先进、划分上合理、生产上实用的地层区划方案，对于生产实践和科学研究具有重要指导意义。

基于上述，结合中国东北区区域地层最新研究成果，来探讨有关本区地层区划的一些问题是十分必要的。

一、概念与指导思想

人们为了便于生产实践和科学研究，在地球表面上的某一部分，根据地层总体发育特征，建立地层序列及其划分标准，通常是由层型来完成的，这应理解为地层区划的概念。

地层区划是地层学的研究范畴，是为研究地层服务的。随着地层学在理论上的发展、更新，其划分的原则和依据应该是不同的。

传统地层学是以时间标志进行地层统一划分，反映在地层区划上也受其影响和束缚，最易采用统一地层分区，建立全国乃至全球的标准，对岩石（岩石组合与岩相）的各地差异未予以足够的重视。

现代地层学认为，地层具有多种属性，地层是可以多重划分的，尤以岩石地层的物质属性居第一位，它是可以直接追索的客观实体。在全国地层区划纪要中，特别强调了地层区划工作必须以岩石地层对比研究成果为依据。因此，应该把那些具有相似成因或属性相同，时空紧密相连的岩石地层单位组合在一起，真实地、客观地反映岩石地层单位的时空关系，才能使地层区划真实、合理、客观、实用。

二、层型正确地延伸是地层区划的主要原则

正确地建立地层区划等级，在很大程度上取决于地层正确地对比。地层对比实际上是对

已建立的岩石地层次序在空间上可延伸程度的检验，或者说是一个已经命名的岩石地层单位，从其命名地点向外延伸的问题，也就是解决正层型与参考剖面的关系问题。以多重划分作为理论基础的区域地层学，在解决地层对比时强调以岩石地层对比为主的多重对比，突出岩石地层单位在对比中的作用，突出岩石地层总体特征的一致和位置的相当。具体讲，就是以地层序列中岩石地层单位的层型、生物地层单位的生物带和年代地层单位的时间间隔在延伸过程中的属性和位置的相当，反映在一定范围内（地域内）物理的、化学的和生物的总体统一性。或者说把属性相同或相近的，空间相连的岩石地层单位有规律地组合在一起。简言之，就是用层型进行分区，用分区检验层型，这是区划工作中应遵循的主要原则。

三、构造因素的正确运用

地质学家早已注意到了影响沉积环境和沉积作用的构造因素，人们常把沉积和相组合与大地构造背景联系起来。大地构造研究的领域虽然是多学科的，诸如地壳变动及运动学机制、岩浆活动的表现形式和变质作用强弱等，但其构造运动时间划分，建造特征的表述，是建立在岩石地层特征及其间的接触关系上。因此，说到底是以岩石地层的时空分布特征为依据的。

实践证明，用以往的大地构造单元作为地层区划的基础，是人们认识上的一种走失，是沉积作用与大地构造环境关系的倒置。这不仅是诸多理论问题不完善，更多的是对地层资料的积累和运用的差别。因此，还必须从现实主义原理出发，运用已经清理过的地层资料，从地层学本身研究入手，去揭示沉积作用发生的并可以用现代概念予以表述的古地理环境的再造，探讨其地质构造背景，划分出不同级别的地层区。

全国项目办公室关于不同级别的地层区划原则，是以大陆板块构造为基础。但大陆板块的研究目前还存在不少问题，特别是全国地层大区一级的划分在理论上还有待深入研究。更小级别的构造单位的划分更是意见纷纭，从而更小级别的地层区划亦出现多种方案，使人们无所适从。相反，只有从真正意义的小级别的地层区研究入手，才能较好地解决构造单元的划分。所以，还是按岩石地层对比研究的结果，真实地、客观地进行分区，才能指导区域地层的研究和为大地构造背景分析提供可靠的依据。

四、灵活与实用的原则

既然地层区划的目的是为生产和科研服务，那么地层区的划分就应当有一定的灵活性和实用性。

灵活性。考虑到中国地域辽阔，地层发育千差万别，研究程度高低不一，不同级别的地层区的大小、多少也因地而异。岩石地层单位的相互穿插、延伸亦限定在一定范围内。因此，应允许各省（区）在全国统一区划的基础上，保存自己的差异，这有利于互相补充，使地层区划工作的精度不断提高。

实用性。主要考虑到各省（区）是这次地层多重划分对比研究的主力军，是大量实际资料的占有者。因此，地层区划必须用于各省（区）的生产实践，况且地层区划方案的修改也取决于基层工作的进展。

第二节　中国东北区地层区划的说明

根据上述原则，在东北区地层多重划分对比研究第四次工作会议上，对东北区地层区划方案进行了充分地讨论，并提出如下方案（附地层区划图）和说明。

一、关于地层大区

全国区划方案中，东北区分属四个地层大区：北疆-兴安地层大区、张广才岭-完达山地层大区、兴凯地层大区和华北地层大区。上列之大区，其划分原则和边界走向，尚须进一步研究。

第一，这种大区的划分仅涉及古生代以前的大陆板块，对中、新生代并不适用。

第二，对于古生代而言，即使按各种不同的大地构造方案，也不符合实际。按板块观点，李春昱领导的北方板块项目和何国琦负责的国家自然科学基金项目“兴蒙一北疆古生代岩石圈演化”涉及的范围，均包括了吉、黑东部地区。就近年运用活动论研究本区的成果看，古蒙古洋、古亚洲洋在晚元古代一早寒武世同时开始发生、发展。古蒙古洋的地域主要在蒙古和俄罗斯，东北地区则正位于古亚洲洋地域之内，即王鸿祯（1978）的陆间区。因此，其地层发育总体特征和时空演化与华北或西伯利亚陆台截然不同。根据地层对比研究的结果，中国东北区理应是一个大区，即北疆-兴安地层大区。这个地层大区的东段南界是“华北地台”的北缘深断裂，北部边界在俄罗斯境内贝加尔湖北部，东界是日本海。考虑到全国地层区划统一性，我们在大区一级仍维持全国项目办公室的划分意见。

关于贺根山蛇绿岩带及其延伸，更是一个值得研究的问题。其蛇绿岩剖面不典型，关系不清楚。上部是泥盆纪岩层，下部的超镁铁岩岩体分异明显，而且分布仅见于贺根山。其具体走向更是模糊，作为大区的界线实为不宜，现在的界线与其重合，仅是一种巧合。

第三，中、新生代地层区划。就中国东部而言，从西太平洋的活动大陆边缘到中国大陆形成了鲜明的以NE向火山喷发区（带）和大型内陆盆相间的地层发育特征，就是通常所说的滨太平洋活动带或构造域。有人自东而西划分出内带、过渡带和外带。因此，我们使用了滨太平洋地层区一词，以反映其总体特征。

二、地层区的划分

地层区的岩石地层具有成因联系，序列较完整，时间阶段性明显。“群”或多个“组”级单位可以延伸，反映出生物特征、沉积环境和构造控制因素及古地理的差异，边界可以追索，性质可多种多样，也可是不确定的相变线，并且注意不整合界定单位的运用。

（一）古生代岩石地层区划（图2-1、表2-1）

1. 兴安地层区（I_2）

北界到蒙古和俄罗斯边界；南界西起二连浩特，沿锡林浩特中间地块北界，向东延至长春、吉林一线，止于敦密断裂；东界为松辽盆地东缘。区内早古生代为大陆边缘沉积区，有寒武纪一志留纪的火山-沉积地层。晚古生代为陆表海与陆相盆地沉积区，有泥盆纪、石炭纪、

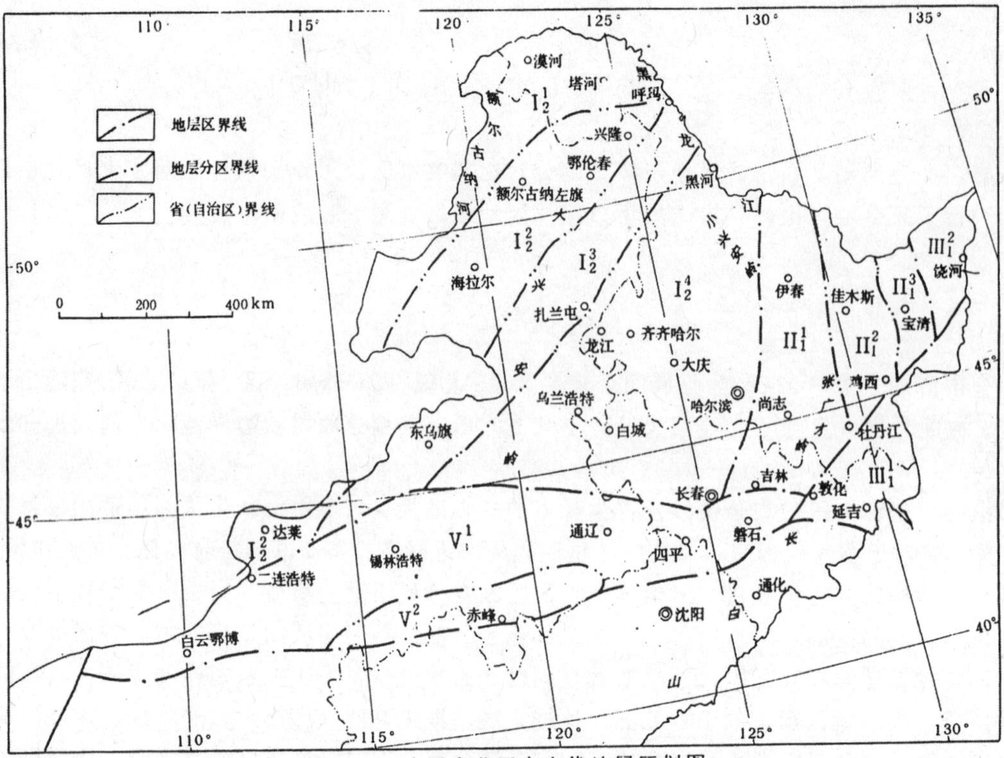

图 2-1 中国东北区古生代地层区划图

Fig. 2-1 Paleozoic stratigraphic regionalization of Northeast China

I_2 兴安地层区：I_2^1 额尔古纳地层分区，I_2^2 达莱-兴隆地层分区，I_2^3 东乌-呼玛地层分区；I_2^4 乌兰浩特-哈尔滨地层分区；II_1 松花江地层区：II_1^1 伊春-尚志地层分区，II_1^2 佳木斯地层分区，II_1^3 密山-宝清地层分区；III_1 延边地层区：III_1^1 东宁-汪清地层分区，III_1^2 饶河地层分区；V_3 内蒙古草原地层区：V_3^1 锡林浩特-磐石地层分区，V_3^2 赤峰地层分区

二叠纪和早三叠世的火山-沉积地层。兴安地层区包括以下几个地层分区：

额尔古纳地层分区（I_2^1）

西北界为额尔古纳河和黑龙江，南界为达莱-兴隆地层分区，呈NE向展布。区内元古宙地层发育，仅有零星的古生代沉积。

达莱-兴隆地层分区（I_2^2）

西北与额尔古纳地层分区相邻，东南界为东乌珠穆沁旗—呼玛一线，展布为NE向。区内寒武纪、奥陶纪以陆源碎屑沉积为特征，晚石炭世为陆相。缺失志留纪沉积。泥盆纪至早石炭世为海相火山-沉积地层。

东乌-呼玛地层分区（I_2^3）

北与达莱-兴隆地层分区相邻；南以晚石炭世海、陆相变线为界。奥陶纪岛弧火山沉积发育，多宝山铜矿发育在此带。志留纪为正常碎屑沉积，早中泥盆世为海相火山-沉积地层。中一晚泥盆世开始，主要发育陆相地层。

乌兰浩特-哈尔滨地层分区（I_2^4）

北界为东乌-呼玛地层分区，然后，转东经北逊克向南至五常；南界由西乌旗北向东至长春南。见元古宙地层之上有零星的早石炭世海相地层，缺乏前石炭纪的古生代沉积，晚石炭世—二叠纪陆相地层发育。

表 2-1 中国东北区古生代岩石地层单位序列表

Table 2-1 Sequence of Paleozoic lithostratigraphic units in Northeastern China

地层区		兴安地层区（I_2）				内蒙古草原地层区（V_3）			松花江地层区（II_1）			延边地层区（III_1）	
地层分区		额尔古纳分区（I_2^1）	达莱－兴隆分区（I_2^2）	东乌－呼玛分区（I_2^3）	乌－哈分区*（I_2^4）	锡林浩特－磐石分区（V_3^1）	V	赤峰分区（V_3^2）	伊春－尚志分区（II_1^1）	佳木斯分区（II_1^2）	密山－宝清分区（II_1^3）	东宁－汪清分区（III_1^1）	饶河分区（III_1^2）
T	T_1				老龙头组		家屯组		?			?	
P	P_2				林西组	林西组	杨家沟组	染房地组	红山组		城山组、二龙山组	山谷旗组、滩前组、亮子川组	中生代地层中含的石炭纪、二叠纪岩块
	P_1				包特格组	哲斯组、大石寨组	范家屯组、大河深组、寿山沟组	于家北沟组、额里图组、三面井组	土门岭组、玉泉石灰岩		珍子山组	庙岭组、红叶桥组、平阳镇组	
C	C_2		宝力高庙组	宝力高庙组		本巴图组（6、7）、阿木山组	8、石嘴子组、磨盘山组	酒局子组、白家店组、家道沟组	杨木岗组、唐家屯组		珍子山组	天宝山组	
	C_1	红水泉组	莫尔根河组、红水泉组	查尔格拉河组、花达气组	洪湖吐河组	色日巴彦敖包组	10、9、通气沟组	朝吐沟组			北兴组		
D	D_3		1、大民山组	小河里河组、3、根里河组							七里卡山组、老秃顶子组		
	D_2		哈诺敖包组	根里河组、4、霍龙门段			王家街组		福兴屯组		黑台组		
	D_1	泥鳅河组	乌奴尔灰岩、泥鳅河组	泥鳅河组				前坤头沟组	宏川组、黑龙宫组				
S	S_3			卧都河组		西别河组	西别河组	西别河组					
	S_2			八十里小河组		徐尼乌苏组	弯月组、石缝组	12、晒勿苏组、杏树洼组					
	S_1			黄花沟组			桃山组						
O	O_3	伊勒呼里山群	2、南阳河组	爱辉组、裸河组		包尔汉图群	11、下二台群						
	O_2	伊勒呼里山群		多宝山组		塔林宫群	呼兰群	?	尚志群				
	O_1	伊勒呼里山群	乌宾敖包组、大伊希康河组、5、黄斑脊山组、库纳森河组	铜山组			呼兰群	明安山组					
∈	$∈_3$					白云鄂博群		锦山组					
	$∈_1$		兴隆群	苏中组					西林群	西林群			

* 东北区古生代的所有序列表中地层单位只表示时空位置，单位间接触关系有关问题详见正文。

*乌兰浩特－哈尔滨分区

1.安格尔乌拉组；2.安娘娘桥组；3.塔尔巴格特组；4.腰桑南组；5.关乌河石灰岩；6.查干诺尔火山岩；7.格根敖包组；8.窝瓜地组；9.鹿圈屯组；10.余富屯组；11.放牛沟火山岩；12.八当山火山岩

2. 松花江地层区（$Ⅱ_1$）

这个地层区包括佳木斯地块及其两侧地区。西界为乌兰浩特-哈尔滨地层分区的东界；南界为敦密断裂；东界为跃进山断裂。本区以佳木斯晚太古代—早元古代地壳为陆核，与其北部的布列亚地块共同构成一个中间地块，其两侧的古生代地层均为陆表海—陆相的火山-沉积。该地层区自西向东划分为伊春-尚志地层分区、佳木斯地层分区、宝清-密山地层分区。

伊春-尚志地层分区（$Ⅱ_1^1$）

东界为牡丹江-嘉荫（佳木斯隆起西界）断裂；南界与锡林浩特-磐石地层分区相邻；西界为乌兰浩特-哈尔滨地层分区的东界。区内出露有早寒武世碳酸盐岩沉积地层、中奥陶世和早泥盆世的海相火山-沉积地层、晚石炭世陆相火山-沉积地层。

佳木斯地层分区（$Ⅱ_1^2$）

位于敦密断裂以北，东界由黑台向北经七里卡山、兰花顶子、友谊、萝北东至黑龙江边。为前寒武纪的基底隆起区。

密山-宝清地层分区（$Ⅱ_1^3$）

东界为那丹哈达岭西缘跃进山断裂。泥盆纪—早石炭世海陆交互相的火山-沉积地层不整合在加里东花岗岩之上。晚石炭世—二叠纪为陆相地层。

3. 延边地层区（$Ⅲ_1$）

位于敦密断裂、跃进山断裂以东地区，隔乌苏里江与俄罗斯锡霍特-阿林地区相邻；南界与华北大区分界尚不清楚。出露地层有前古生代的变质岩系、石炭纪—二叠纪地层。

东宁-汪清地层分区（$Ⅲ_1^1$）

敦密断裂为其北界与西界。晚石炭世浅海陆源碎屑岩和保存于晚二叠世砾岩之中的灰岩岩块为其特征，早二叠世为海相火山-沉积地层。

饶河地层分区（$Ⅲ_1^2$）

以跃进山断裂为西界，南界为敦密断裂。出露地层以中生代地层中的石炭纪、二叠纪岩块为其代表。

4. 内蒙古草原地层区（$Ⅴ_3$）

古生界发育齐全。与兴安、松花江地层区比较，区别是该区晚石炭世以海相沉积为主。

锡林浩特-磐石地层分区（$Ⅴ_3^1$）

北界为兴安地层区的南界，其南界以四子王旗—克什克腾旗—西拉木伦河与赤峰地层分区为界。发育寒武纪—志留纪的火山-沉积地层，晚古生代陆表海火山-沉积地层广泛发育。

赤峰地层分区（$Ⅴ_3^2$）

为东北区最南部一个地层分区。与前一地层分区基本一致，唯晚石炭世有一部分陆相地层

5. 关于二叠纪地层区划的说明

本区二叠纪地层通过对比研究，其与石炭纪地层的分布格局不同。组一级的延伸常穿越地层区和地层分区界线。岩性组合在全区具有统一性，早二叠世以海相沉积为主，晚二叠世—早三叠世基本上为陆相地层，反映的是地层大区的特征。

（二）中、新生代地层区划（图2－2、表2－2）

滨太平洋地层区（5）

在古生代褶皱带的基础上，由于拉张、挤压的作用交替进行，自西而东形成大兴安岭火山岩喷发带、松辽凹陷区、长白山火山-沉积带，自东向西称内带、过渡带、外带。根据火山

活动规律、沉积盆地的演变、岩石组合特征及古生物等特征，划分如下4个地层分区。

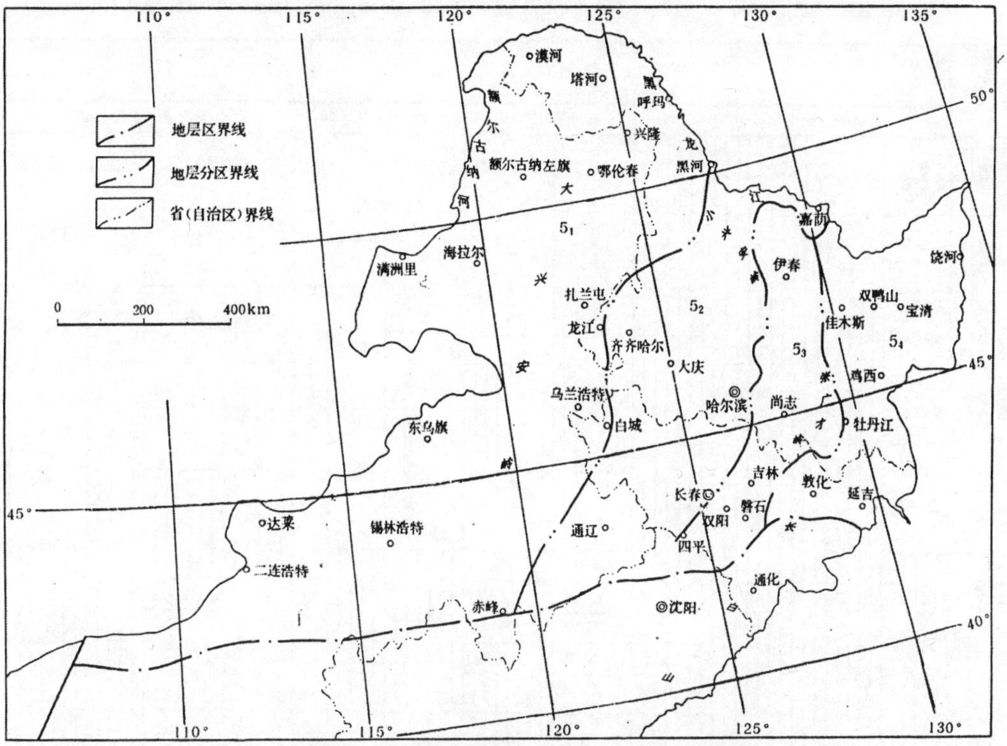

图2-2　中国东北区中、新生代地层区划图

Fig. 2-2　Mesozoic, Cenozoic stratigraphic regionalization of Northeast China

5. 滨太平洋地层区；5_1. 大兴安岭-燕山地层分区；5_2. 松辽地层分区；5_3. 张广才岭-南楼山地层分区；5_4. 延吉-鸡西-饶河地层分区

大兴安岭-燕山地层分区（5_1）

西界为中蒙边界；东界为松辽盆地的西缘；向南延伸至辽西燕山一带。大兴安岭的火山岩带由晚侏罗世至早白垩世火山岩组成。其下、上有两套含煤地层，整体呈近NNE走向。始新世—上新世为一套河湖相沉积。

松辽地层分区（5_2）

东界为松辽盆地的东缘，向北被小兴安岭阻隔，在伊春至嘉荫一线可以与俄罗斯境内的结雅盆地相连，为白垩纪的大型陆相沉积盆地。始新世—上新世为松辽平原型湖相沉积。

张广才岭-南楼山地层分区（5_3）

西界为松辽盆地的东缘；东界在牡丹江-嘉荫断裂；南止敦密断裂。地层发育由西而东为两种类型：西部为火山岩与沉积岩互层，地层发育较为齐全，晚三叠世为大酱缸组碎屑岩夹煤层，早白垩世为中酸性火山岩，其上、下有两层煤系地层；东部为早侏罗世南楼山组火山岩组成的火山喷发带。古新世—中新世于依兰-舒兰断陷、敦密断陷内砂页岩夹煤层。

延吉-鸡西-饶河地层分区（5_3）

位于牡丹江断裂以东，南界延至华北地台北缘；东界为中、俄边境。中、晚三叠世以海相沉积为特征，侏罗纪—早白垩世为海陆交互相—陆相沉积型盆地，以含煤、油页岩为特征，其间有两次火山喷发活动；晚白垩世以红色沉积为主；早第三纪于珲春和东宁盆地沉积含煤地层。晚第三纪为砂砾岩及高位玄武岩。

表 2-2 中国东北区中、新生代岩石地层单位序列表

Table 2-2 Sequence of Mesozoic, Cenozoic lithostratigraphic units in Northeast China

地质年代				太平洋地层区 (5)			
代	纪	世	代号	大兴安岭－燕山地层分区 (5_1)	松辽地层分区 (5_2)	张广才岭－南楼山分区 (5_3)	延吉－鸡西－饶河地层分区 (5_4)
新生代	新第三纪	上新世	N_2	宝格达乌拉组；五叉沟组	泰康组；西山玄武岩	大罗密玄武岩	船底山组；宁安玄武岩
新生代	新第三纪	中新世	N_1	通古尔组；呼查山组；老梁底组	大安组；孙吴组	水曲柳组；富锦组	土门子组；下亮子组
新生代	老第三纪	渐新世	E_3	呼尔井组；乌兰戈楚组	依安组	达连河组；宝泉岭组	梅河组；桦甸组；珲春组；黄花组；虎林组
新生代	老第三纪	始新世	E_2	沙拉木伦组；伊尔丁曼哈组；阿山头组	富峰山组	舒兰群：吉舒组、棒槌沟组、缸窑组	
新生代	老第三纪	古新世	E_1	脑木根组	乌云组		
中生代	白垩纪	晚白垩世	K_2	二连组；孙家湾组	松花江群：明水组、四方台组、嫩江组、姚家组、青山口组、泉头组、登娄库组；嘉荫群：富饶组、鱼亮子组、太平林场组、永安村组		松木河组；延吉群：龙井组、大拉子组、猴石沟组；大塔山林场组
中生代	白垩纪	早白垩世	K_1	热河群：伊敏组、大磨拐河组、甘河组、九峰山组、龙江组；阜新组；九佛堂组；义县组		泉头组；登娄库组；营城组；沙河子组；火石岭组；金家屯组；长安组；安民组；久大组；德仁组；沟淇河组；建兴组；宁远村组；板子房组；帽儿山组	泉水村组／东山组；皮克山组；穆棱组；鸡西群：城子河组、屯田营组、滴道组；曙光组；东安镇组；龙爪沟群
中生代	侏罗纪	晚侏罗世	J_3	兴安岭群：白音高老组、玛尼吐组、满克头鄂博组；塔木兰沟组；额木尔河群：开库康组			龙爪沟群：朝阳组、红星城组、七虎林河组
中生代	侏罗纪	中侏罗世	J_2	土城子组；塔木兰沟组；新民组；万宝组；额木尔河群：漠河组、二十二站组、绣峰组；土城子组；塔木兰沟组；万宝组		太阳岭组；太安屯组	裴德组；南大塔山组
中生代	侏罗纪	早侏罗世	J_1	红旗组		板石顶子组；玉兴屯组；南楼山组；二浪河组	凯北群：白鹤山组、大架山组
中生代	三叠纪	晚三叠世	T_3			大酱缸组	大兴沟群：天桥岭组、马鹿沟组、托盘沟组；罗圈站组；南村组；大秃山组；南双鸭山组；完达山群：永福桥组、大岭桥组、大佳河组
中生代	三叠纪	中三叠世	T_2				
中生代	三叠纪	早三叠世	T_1				

第三章

前寒武纪

前寒武纪是一个最为漫长的地质历史时期，其地壳演化也是国内外各地质学科研究的重大课题，长期以来地质学家对此予以了极大的关注。特别是近十年来，我国运用新理论和新的填图方法对前寒武纪变质地质学的研究取得了很大进展。对前寒武纪地质构造及其演化的研究取得成果尤为突出。

众所周知，前寒武纪的变质岩系（包括变质深成侵入体）是不同成因类型的原岩在地壳演化过程中，经多期变形、变质作用改造的产物，其发生、发展与大地构造环境的演化有着密切的关系。尽管人们对早前寒武纪原始地壳的物质组成、物理性状及存在形式等问题还在探索，但是太古宙古陆核的存在并以其为克拉通的生长点，通过古陆的分裂、碰撞、粘结、边缘加积及底板垫托等作用，使其不断垂向加厚和横向增生，这应视为前寒武纪大陆板块形成的基本规律。

表 3-1 中国东北区前寒武纪岩石地层序列表

Table 3-1 Sequence of Precambrian lithostratigraphic units in Northeast China

时代	华北地台北缘	内蒙古草原地区	大兴安岭地区：额尔古纳	大兴安岭地区：大兴安岭东坡	大兴安岭地区：嫩江	佳木斯地区：伊春－海林	佳木斯地区：佳木斯	佳木斯地区：东宁－汪清
寒武纪		锦山组	苏中组	苏中组	西林群	西林群		
晚元古代		爱力格庙组；温都尔庙群：哈尔哈达组	额尔古纳河群；佳疙瘩组	倭勒根群；大网子组；吉祥沟组；落马湖群	北宽河组；嘎拉山组；铁帽山组	一面坡群＝＝塔东群；张广才岭群：新兴组、红光组、正沟组	马家街群	黄松群：阎王殿组、杨木组
中元古代	查尔泰山群；白云鄂博群	温都尔庙群：桑达来呼都格组；白乃庙群				东风山群	黑龙江群：湖南营组、山咀子组、鸡冠山组、老沟组、金满屯组、太平沟组	
早元古代	二道凹群；色尔腾山群	宝音图群（含白音都西群）		兴华渡口群：兴安桥组、兴华村组	播里根沟组；北师河组；新开岭群		兴东群	
晚太古代				兴华渡口群：TTG			麻山群：表壳岩、TTG	

中国东北区的前寒武纪地层是以大小不等的微板块（地块）零星出露于北疆－兴蒙－吉黑造山带中，原本复杂的地质体又遭受历次造山带运动的改造而更加复杂化，使其本来面貌在很大程度上被掩盖起来，加之露头不好研究起来格外困难。根据这次各省（区）初步对比研究的结果可以看出，本区前寒武纪地层与华北地区相比既有共性，又有明显的差异。晚太古代一早元古代地层与之相似；中、晚元古代则不像华北以稳定性陆表海沉积为主，而是以大量的火山岩和火山-沉积岩为特征的活动性沉积，并经强烈变形、变质改造，因此划分对比颇为困难。为了集中说明问题，现按佳木斯地区、大兴安岭地区和内蒙古草原地区分述如下（表 3－1）。

第一节 佳木斯地区

以佳木斯地块为核心，范围涉及黑龙江省东部和吉林省的东北部（图 3－1）。其前寒武纪地层发育比较齐全。岩石地层单位有：黑龙江省的晚太古代麻山群；早、中元古代兴东群、黑龙江群和东风山群；晚元古代张广才岭群、一面坡群、马家街群、黄松群以及吉林省的塔东群。对这些群一级的岩石地层单位的组成及其相互关系和时代隶属历来分歧较大。刘静兰（1988、1991）、张贻侠（1988）、黑龙江省地矿局（1993）、赵德志（1991）等相继提出各种方案。参阅上述资料结合作者的野外调查，就其组成和相互关系讨论如下：

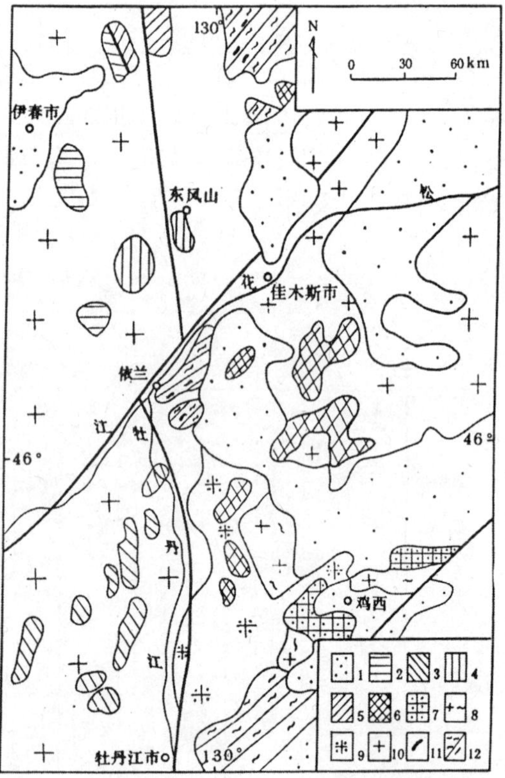

图 3－1 佳木斯地块地质略图

Fig. 3－1 Sketch map of geology of Jiamusi massif

1. 中生界；2. 古生界；3. 张广才岭群；4. 东风山群；5. 黑龙江群；6. 兴东群；7. 麻山群；8. 花岗片麻岩（TTG）；9. 元古宙花岗岩；10. 古生代以后花岗岩；11. 前寒武纪超基性岩；12. 韧性剪切带/断裂

一、晚太古代麻山古陆的组成及其特征

鸡西市的麻山地区，出露一套“含紫苏辉石麻粒岩的变质程度达到麻粒岩相—高角闪岩相的变质岩系”（黑龙江省地矿局，1993）即麻山群的新定义，内容限于原麻山群西麻山组，相当于刘静兰解体麻山群的高级区。实际上，原西麻山组由两部分组成，即变质的深成侵入体（TTG）和表壳岩。变质的深成侵入体是以花岗片麻岩的形式出现的，原岩类型为英云闪长岩、奥长花岗岩、花岗闪长岩，表壳岩相当于原西麻山组中、上部，其以大小不等的包体存在于花岗片麻岩中，岩石类型包括：斜长角闪岩、石榴矽线黑云片岩、石榴矽线堇青片麻岩、透辉斜长变粒岩、紫苏透辉麻粒岩、镁质大理岩、石榴透辉磁铁石英岩等。变质相为麻粒岩相。上述组合被太古宙晚期的斑状石榴钾长花岗岩渐变侵入，岩体中除表壳岩的残留体外，在麻山车站以北，见大量的片麻状花岗

岩（英云闪长岩、花岗闪长岩）的捕虏体，岩石化学资料表明，石榴钾长花岗岩富铝、富钾，各种参数具壳源和深熔的特点，反映其可能是早期的花岗片麻岩和表壳岩经深熔改造而成。还应指出，在上述的岩石中尚有超基性、基性岩同构造产出，说明有基性岩事件的存在。麻山群经历了多期变形，早期为花岗片麻岩构成的NE向穹窿，晚期是EW向的近直立的大型挤压褶皱，伴有一系列的逆冲推覆和韧性剪切，彻底置换前几期的构造，使地质体平行化。西麻山车站取自表壳岩中紫苏透辉斜长麻粒岩的紫苏辉石单矿物Ar－Ar年龄值为2 539 Ma。即使考虑后期干扰，也能说明表壳岩的年龄大于这个数据。确定麻山群的时代为晚太古代还是可信的。

综合上述，将西麻山组解体为变质深成侵入体和表壳岩与国内特别是华北的龙岗古陆的高级区是相似的。晚太古代晚期的斑状石榴钾长花岗岩的就位，标志着古陆核的成熟。

二、早、中元古代陆内裂谷沉积——兴东群、黑龙江群、东风山群

随着地球动力条件的演化和岩石圈的逐步加厚，地幔对流的方式从多中心向裂谷带逐渐集中。如果说太古宙克拉通是以垂向加厚为主，那么元古宙则逐步向以水平运动为主的构造运动方式发展。人们在总结元古宙构造活动带的模式时，都以水平运动为主。诸如刚性克拉通之间的横冲、以克拉通为生长点的火山-沉积岩的弧系构造、活动陆缘俯冲增生、陆内裂谷坳陷带等，基本上是以岩石圈的伸展机制为理论基础。

本区早、中元古代以黑龙江群为代表的变质地层围绕着麻山古陆的西侧，于嘉荫一萝北、桦南、牡丹江、林口等地断续出露，具有SN向展布的线状活动带的特征。其物质组成和就位方式可概括如下：

①兴东群是一套富铝含石墨的变粒岩夹镁质碳酸盐岩，相当于孔兹岩系的组合。磷灰石Pb－Pb年龄值2 275 Ma，时代为早元古代，与吉林南部的集安群、辽宁的宽甸群、山东的荆山群大致可比，为早元古代裂谷发育早期沉积。

②黑龙江群按变形后的产状，自下而上划分为太平沟组、金满屯组、老沟组、鸡冠山组、山咀子组和湖南营组。黑龙江省地矿局（1993）将山咀子组以下称下亚群，湖南营组加上新建的周家屯组和向阳村组为上亚群，这与刘静兰（1991）解体黑龙江群后大体一致。综观各组岩石类型比较简单，主要为各种绿泥片岩、白云钠长片岩、绢云石英片岩。引人注意的是：下部太平沟组蓝闪片岩、金满屯组含的大量的蛇纹辉石橄榄岩块、老沟组的大理岩是构造凸镜体（张兴洲，1991）及鸡冠山组绿片岩中夹有磁铁石英岩和赤铁角闪石英片岩。经刘静兰研究，上述各类片岩主要是经强烈塑性变形的各种绿泥糜棱岩、钠长糜棱岩和长英质糜棱岩，以叠加绿片岩相的动力退变质为主，为大型韧性剪切带的产物。因此，黑龙江群主体部分是构造地层体。

恢复其原岩，黑龙江群主要由三部分组成：下部为超镁铁岩，以依兰地区太平沟组和金满屯组中超基性-基性岩的构造侵位为例（图3－2）；中部为镁铁质火山岩，原岩为拉斑玄武岩，夹条带磁铁矿、英安岩、细碧质英安岩、硅质页岩等；上部是由杂砂岩、泥岩等组成的沉积岩系。反映出地幔物质加入的蛇绿岩套特征，或者说裂谷型绿岩盆地的沉积。黑龙江群主要发育时代应为中元古代，嘉荫和穆棱两地的钠长片岩的Sm－Nd全岩等时年龄值和锆石U－Pb等时年龄值分别为1 146 Ma和922 Ma；近年在钠长糜棱岩和斜长角闪岩中获得的Pb－Pb年龄值为2 122 Ma和1 962 Ma，这些数值显然是变质年龄。考虑其含铁绿岩建造等特征，

其形成可能在早元古代即开始，而于晚元古代早期结束。

③东风山群，是一个无组的群，出露于鹤岗市的东风山和伊春市新青一带。在东风山矿区层序（鲁德石，1991）为：下部含矿组为硅质页岩、泥质板岩和薄层结晶灰岩，夹一层磁铁石英岩；中部是厚层结晶灰岩夹数层碳质板岩；上部为深灰色的泥质板岩；顶部有一层变质的含砾石英砂岩和砂砾岩。在伊春新青地区的东风山群（原兴东组）主要是石英砂岩、泥质粉砂岩和灰岩互层，由于热变质以角岩、片岩和大理岩的形式出现。总之东风山群是一套具由深水相向浅水相过渡的特征。其顶部含砾石英砂岩和砂砾岩为陆架的边缘楔，标志可能存在一个暴露面。考虑到东风山群分布区西侧有早寒武世沉积，因此，其与早寒武世之间可能存在一个间断面。东风山群获得的全岩 Rb-Sr 等时年龄值 797±43 Ma，这反映变质年龄。侵入东风山群的花岗岩锆石 U-Pb 年龄为 844±4.5 Ma，其时限应为中元古代晚期，东风山群代表了早—中元古代裂谷发育晚期阶段的产物。

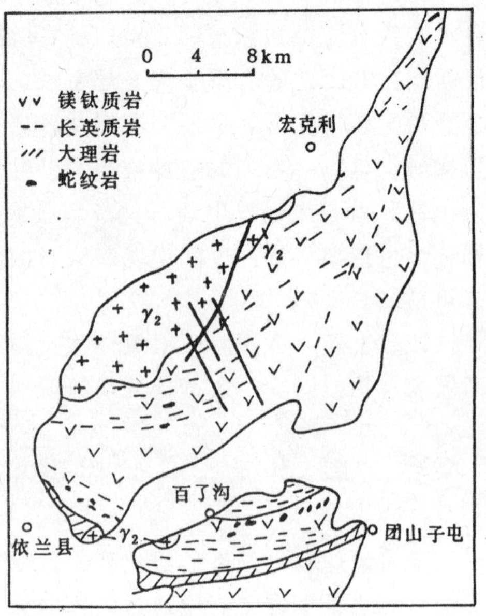

图 3-2 依兰地区蛇绿岩体分布图
（据刘静兰，1992）

Fig. 3-2 Distribution of ophiolite bodies in Yilan district

上述各群的变质与变形作用特征为：变质相以角闪岩相为主，在韧性变形带中，普遍退变为绿片岩相。由于后期干扰，变质作用在各地不均一。以黑龙江群为特征的变形作用是韧性剪切，从依兰等见到 A 型褶皱和拉伸线理以及蓝闪石、多硅白云母、红帘石与糜棱岩共生，表明是深部构造相的产物。主要变形期在 954 Ma 和 194 Ma。

总之，早—中元古代构造运动是伸展机制作用下，以水平运动的板内裂谷模式为主要特征，后期以韧性变形改造为主。

三、晚元古代张广才岭群（兼论一面坡群、马家街群、黄松群、塔东群）

围绕着佳木斯地块的西侧，牡丹江断裂以西的伊春-尚志地层分区，南侧敦密断裂以南的东宁-汪清地层分区和佳木斯地块的萝北地区出露一套浅变质的火山-沉积岩系。分别被命名张广才岭群、一面坡群、黄松群和马家街群（黑龙江省地质矿产局，1993）。上述各群级岩石地层以张广才岭群最具有代表性。

张广才岭群主要分布于牡丹江市以西的海林县，沿张广才岭主峰出露，向南可延入吉林省境内塔东地区（称塔东群）。自下而上划分为：正沟组、红光组、新兴组。

正沟组，下部为片理化流纹岩，上部为流纹岩与石英绢云片岩、石榴堇青千枚板岩、黑色千枚岩互层产出，局部夹有大理岩，为一套海相中酸性火山岩夹碎屑岩、碳酸盐岩沉积。本组顶底不清。

红光组，最大特点是一套绿色岩系，下部以灰绿色绿帘阳起石化变安山玄武岩及凝灰岩，上部为灰绿色及灰黑色变泥质粉砂质板岩、千枚岩夹安山质凝灰岩、流纹凝灰岩及碳质千枚岩薄层。该组北延常出现斜长角闪岩、变粒岩、片麻岩、气孔状安山岩和透闪石大理岩，受到强烈的韧性变形而出现糜棱岩，野外则表现为不同色调的条纹状、条痕状的混合岩。

新兴组，正层型在海林县新兴林场，岩性比较单一，以正常的砂泥质岩石为主，变质后则为黑色、灰绿色变质粉砂岩、千枚岩、二云石英片岩、石英岩，夹少量大理岩和变粒岩，与下伏的红光组呈整合接触关系。在新兴林场一带的泥质粉砂岩中采到 *Leiopsophosphaera*（光面球藻）化石，并被 Rb－Sr 等时年龄 670 Ma 的二长花岗岩侵人。

张广才岭群在区域上，向南延入吉林省的塔东，吉林的塔东群以含大型磁铁矿床（同时含磷、钒）而著称。主要岩石类型下部为透辉斜长变粒岩、角闪斜长变片麻岩、角闪石岩、斜长角闪岩夹大理岩及磁铁角闪岩，上部为大理岩、二云石英片岩和红柱石黑云石英片岩。原岩为中基性火山岩（低钾玄武岩和钙碱性玄武岩）、火山沉积碎屑岩和沉积铁矿及泥质岩石，总体可以与红光组和新兴组对比；向东南见于东宁等地的黄松群，其下部阎王殿组与新兴组基本类似，下部的杨木组则以长英质碎屑岩为主，火山物质少于红光组；萝北的马家街群仅相当新兴组。

一面坡群是一个有争议的地层单位。根据黑龙江省的对比研究结果，其仅剩下固安屯一个组。在张广才岭东坡海林西南岔林场被划为一面坡群的参考剖面中，含微古植物 *Trematosphaeridium*，*Zonosphaeridium*，*Brocholaminalia*，*Asperatopsophosphaera* 和 *Trachysphaeridium* 的一套黑色粉砂岩，实际上应是新兴组的一部分。张广才岭以西的一面坡群与早二叠世杨木岗组和晚二叠世的林西组、红山组、杨家沟组岩石组合相似。这些地层常见有晚二叠世化石。因此五常、尚志等地的一面坡群是一个无组的群，应当废弃。总之张广才岭群为一套在陆壳上发展起来的火山被动陆缘沉积。

第二节　大兴安岭地区

本区前寒武纪岩石集中出露三个地区（图 3－3）。一是大兴安岭西坡沿额尔古纳河东岸，断续出露的佳疙瘩组、额尔古纳河群（宁奇生等，1959），二者在右安格列河左岸为连续沉积；二是大兴安岭东坡，北起黑龙江省的呼玛、新林、塔源南延越过伊勒呼里山至内蒙古的松岭、鄂伦春自治县加格达奇、扎兰屯一线，这里前人相继建立的群级地层单位有兴华渡口群（徐烈，1960）、落马湖群（姜春潮，1956）、倭勒根群（仲伟成，1962）；三是小兴安岭西北的嫩江、德都、黑河等地（乌兰浩特-哈尔滨地层分区），出露的主要为新开岭群（赵贵山，1958）。对上述这些群级单位的划分对比各家意见不一，对比研究以后也不统一。本书综合前人资料对大兴安岭及其邻区前寒武纪地壳的组成及演化作如下讨论。

一、太古宙（?）加格达奇-扎兰屯古陆的组成

从达莱-兴隆地层分区的呼玛向南经塔源—新林—加格达奇—扎兰屯，断续出露一套深变质岩，内蒙古与黑龙江省过去称之兴华渡口群。就现有资料分析，兴华渡口群是可以解体的，一部分是以花岗质岩石为主，另一部分为变质岩层。前者是太古宙的 TTG 组合，后者是早—中元古代的兴华渡口群。这里重点介绍前者，后者将在后面叙述。

根据内蒙古鄂伦春自治县三十五公里南山剖面和大古里河西山剖面资料，两条剖面的下部分别称“三十五公里组”和“兴华村组”，组成二者的主要岩石类型为混合花岗岩和均质混合岩，占出露厚度（5 000 m）的 85%。有些混合岩化斜长片麻岩实际上也是花岗质岩石。其

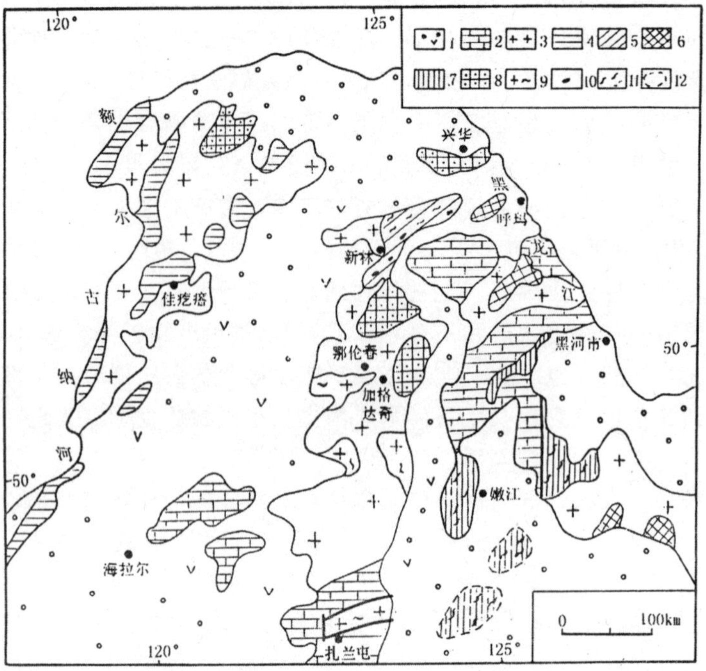

图 3-3　大兴安岭地区前寒武纪地质略图

Fig. 3-3　Sketch map of Precambrian geology of Da Hinggan Ling area

1. 中、新生界；2. 古生界；3. 晚期花岗岩；4. 额尔古纳河群与佳疙瘩组（Pt_2-Pt_3）；5. 倭勒根群（Pt_3）；6. 落马湖群（Pt_2-Pt_3）；7. 新开岭群（Pt_2）；8. 兴华渡口群上部（Pt_1-Pt_2）；9. 兴华渡口群下部（TTG）（Ar_3-Pt_1?）；10. 蛇绿岩；11. 韧性剪切带；12. 推断地质界线

余的 15%是以包体存在的表壳岩，主要是斜长角闪岩、绿泥斜长变粒岩、变粒岩、浅粒岩。花岗质岩石虽然未细分，但从《内蒙古自治区区域地质志》的总结看，混合花岗岩有一部分是英云闪长岩，有一部分是二长花岗岩，有的是钾长花岗岩（钾质均质混合岩），另外有些灰色斜长片麻岩可能是奥长花岗岩。混合花岗岩和均质混合岩及其他各种形式的混合岩，主要存在于内蒙古乃至华北和俄罗斯西伯利亚阿尔丹太古宙地体中。1979 年《黑龙江省地层表》将这套花岗质岩石并入兴华渡口群，《内蒙古自治区区域地质志》也沿用，同时都置于早元古代早期。从上述资料可以认为，这套花岗质岩石是大兴安岭地区最古老的岩石，就是说在加格达奇—扎兰屯存在一个太古宙的古陆核。由于缺少测年资料和研究程度所限，不能作更深入的讨论，待今后进一步研究。

二、早、中元古代裂谷沉积——兴华渡口群、新开岭群

兴华渡口群与新开岭群可能是围绕加格达奇—扎兰屯陆核的裂谷沉积。1989 年《黑龙江省区域地质志》仅将兴华渡口群限定在变质岩层范围内，自下而上命名为兴华村组和兴安桥组。兴华渡口群下部的兴华村组为斜长角闪岩、钠长绿泥片岩及片麻岩和变粒岩夹层；新开岭群下部的北师河组以角闪质为主的各种片岩、片麻岩，并有条纹、条带状的各种混合岩出现，反映强变形带的特征，并伴有大量深成岩浆的参与。新开岭群上部的播里根沟组由绿泥

片岩、石英片岩和变酸性火山岩组成，与北师河组为连续沉积。因此，新开岭群与兴华渡口群下部的兴华村组均反映了裂谷发育早期的特征。兴华渡口群上部兴安桥组则以透辉、透闪大理岩、石墨大理岩夹少量片岩、片麻岩为特征，南延到内蒙古的松岭、鄂伦春自治县则以各种角闪斜长片麻岩、变粒岩、绢云石英片岩夹大理岩为主，为裂谷发育晚期陆源碎屑-碳酸盐岩建造。普遍遭受角闪岩相的中压相系的区域动力热流变质作用，变质单元为加格达奇—扎兰屯变质岩带。

兴华渡口群的下部斜长角闪岩 Sm－Nd 全岩等时线年龄为 1 225 Ma、1 157 Ma。这组年龄值虽然能较好的反映源区的年龄。但不能不考虑变质作用影响有重新均一化的可能。与国内（华北）一些 U－Pb 测年数据比较，一般能小 300 Ma。因此作者倾向兴华渡口群的时代为早元古代晚期至中元古代早期。

三、晚元古代早期被动陆缘沉积

从国内一些地区的研究资料看，早—中元古代是太古宙克拉通裂解的时期，形成一些规模大小不等的裂谷。内部充填了火山-沉积岩系，并伴有“S”型花岗岩的侵位，地壳又趋于稳定。

本区在早、中元古代克拉通的基础上发展起来的晚元古代早期被动陆缘沉积，使业已形成的大陆侧向增生。落马湖群下部嘎拉山组、倭勒根群下部的吉祥沟组和额尔古纳河组（群）与佳疙瘩组就是这一时期的沉积产物。

大兴安岭东坡的落马湖群下部铁帽山组主要是含石榴石、矽线石、十字石二云斜长变粒岩夹大理岩。斜长石的大量存在反映具深海特征，可能来自早、中元古代的裂谷火山岩的再剥蚀。

嘎拉山组岩性与前者大体相似，其最大特点是岩石中石英含量增加，在呼玛县三卡地区的剖面（正层型）上近 1 500 m 厚的岩层中，除上部一层 43 m 厚的斜长变粒岩夹层外，余者全是含石榴石、十字石二云石英片岩。其他参考剖面也类似。反映向上变浅、粒度变粗的高水位、近物源区的滨海—潮上沉积环境。

大兴安岭西坡的佳疙瘩组下部以绢云黑云石英片岩夹石英岩为主，也属滨海的长石石英砂岩、石英砂岩、粉砂岩的陆源碎屑岩，上部则粒度变细，出现砂岩与泥质粉砂岩互层，有时夹有流纹质凝灰岩和大理岩夹层，为向上变细的海侵层序；倭勒根群的下部（吉祥沟组）与上述完全可以对比；额尔古纳河组（群）是佳疙瘩组的连续沉积，以厚层白云质大理岩为主，夹绢云石英片岩，为佳疙瘩组上部的碳酸盐台地堆积，可能是吉祥沟组侧向变化的产物。综上所述，本区晚元古代早期是以被动陆缘沉积为主，火山沉积很少，使业已存在的加格达奇—扎兰屯克拉通横向增生。这与华北地台晚元古代的盖层沉积有着明显的差异，与西亚—阿拉伯地区泛非期有相似之处。从已获得的年龄和岩浆事件资料可知，本期最大的年龄是佳疙瘩组全岩 Rb－Sr 等时线年龄 1 061.1 Ma。额尔古纳地区的安格尔河右岸 950 Ma 的花岗岩反映了一期岩浆侵入活动。佳疙瘩组的微古植物 *Leiosphaeridia* 和吉祥沟组中产的 *Teophipolia* cf. *lacerata*，*Leiosphaeridia*，*Bavlinella*，*Polythrichoides lineatus*，*Trachysphaeridium*，*Synsphaeridium* 证明沉积延至晚元古代中期，但不会至早寒武世。

晚元古代早期遭受了绿片岩相区域低温动力变质作用，以额尔古纳变质地带为代表。

四、晚元古代末期（>584 Ma）活动大陆边缘沉积

倭勒根群上部的大网子组（含新林蛇绿岩）和落马湖群上部的北宽河组是其代表。

大网子组出露于大兴安岭主峰的东侧，加格达奇古陆的西侧。沿倭勒根河和大乌苏河流域分布，经新林地区、塔源进入鄂伦春自治县。在塔源、新林一带厚度达 2 000 m，其中 600 m 为具杏仁构造的基性熔岩，500 m 为变角斑岩夹英安岩；在呼玛韩家围子则主要为细碧角斑岩夹一薄层硅质页岩和粗玄岩。从区域上看，这套地层下部为细碧角斑岩建造，中部为石英砂岩，上部为细碧角斑岩含火山质凝灰砂岩、板岩及碳酸盐岩组成的类复理石建造。总厚达5 000 m。塔源南取自上部地层中 K－Ar 全岩等时年龄 570 Ma（变质年龄）。原岩细碧岩（玄武岩）为裂谷拉斑玄武岩，角斑岩、英安岩为钙碱性火山岩，具双模式特征。沉积建造特征具有裂谷或局限洋盆沉积特征。

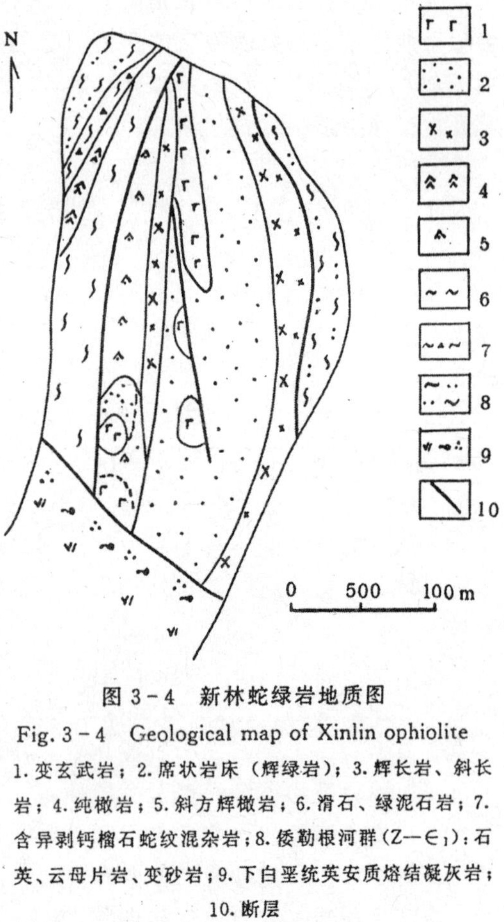

图 3－4　新林蛇绿岩地质图

Fig. 3－4　Geological map of Xinlin ophiolite

1. 变玄武岩；2. 席状岩床（辉绿岩）；3. 辉长岩、斜长岩；4. 纯橄岩；5. 斜方辉橄岩；6. 滑石、绿泥石岩；7. 含异剥钙榴石蛇纹混杂岩；8. 倭勒根河群（Z—$\in_1$）：石英、云母片岩、变砂岩；9. 下白垩统英安质熔结凝灰岩；10. 断层

根据李瑞山（1991）对新林蛇绿岩的研究（图 3－4），其就位于上述地层中，主要由上地幔和大洋壳两部分组成。上地幔岩残余分三部分：①变橄榄岩；②黑墙式冷侵位接触带；③含异剥钙榴岩块、剪切蛇纹岩为基质的混杂岩（代表变橄榄岩底部的构造面）。古洋壳部分由层状堆积岩（下部超镁质堆积辉石岩及橄榄辉石岩；上部为层状辉长岩）、席状岩床（辉绿岩、细粒辉长岩、斜长花岗岩），变玄武岩为最上一个单元。蛇绿岩类型为洋脊型或特提斯型。

关于这套蛇绿岩的就位方式，据《内蒙古自治区区域地质志》所载认为是古俯冲带（沿头道桥-鄂伦春自治县深断裂）。研究资料表明，NE 向分布的蛇绿岩带位于构造带的中部（中带）（图 3－5），其西北侧（北带）为糜棱岩和千糜岩组成的韧性剪切带。中部（中带）的蛇绿岩带被一系列逆冲断层分开。南带以泥质为基质的混杂堆积，其中有大理岩、火山岩、橄榄辉石岩块。

从总结中可以看出，大网子组（含新林蛇绿岩）反映本区晚元古代具有活动陆缘的性质。但并没有由于俯冲带而形成弧后沉积。推断在早期古陆上，由于拆离，地壳再次拉开、减薄、地幔物质侵位，形成上述堆积。后期（>570 Ma）由于基底上冲（韧性变型）推覆使蛇绿岩重新就位。

北宽河组与前者是同期产物，为古陆东北缘的裂陷—深海沉积，早期伴有钙碱性火山活动。经 584 Ma 一次热事件的变质作用增生至古陆上。

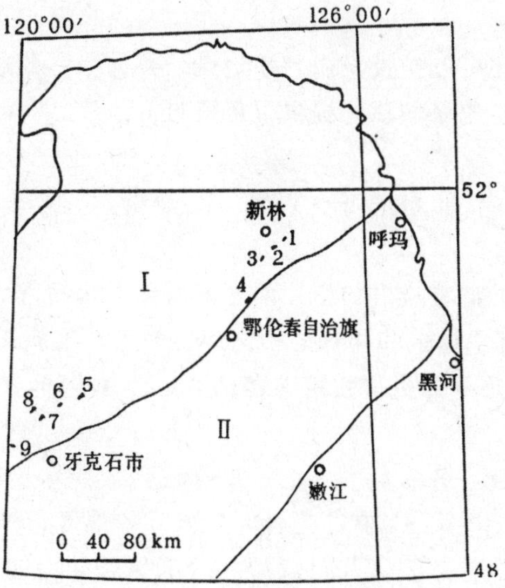

图 3-5 大兴安岭北部蛇绿岩分布图

Fig. 3-5 Distribution of ophiolites in the northern Da Hinggan Ling range

Ⅰ. 震旦—早寒武世陆缘带；Ⅱ. 奥陶纪陆缘带（黑实体为蛇绿岩）

第三节 内蒙古草原地区

前寒武纪变质岩系断续出露于内蒙古中部古生代地槽中，构成宝音图隆起和锡林浩特-爱力格庙中间地块。成为华北板块与西伯利亚板块之间大大小小的中间地块（微板块）重要组成部分。这些中间地块的物质组成、地壳演化对兴蒙造山带的发展演化具有举足轻重的作用，使华北板块和西伯利亚板块之间造山带的演化更加复杂化。据现有资料，岩石地层单位主要有宝音图群、爱力格庙组和有争议的白音都西群、白云鄂博群、白乃庙组、温都尔庙群。总体看，造山带内变质地层变形复杂，沉积类型与华北克拉通的中、晚元古代盖层易于区分。就主要岩石地层单位及有关问题讨论如下：

一、早元古代（?）被动陆缘沉积——宝音图群

宝音图群出露于内蒙古草原西部的乌拉特中旗宝音图，草原东部的锡林浩特（内蒙古自治区地质矿产局称锡林浩特杂岩）、西乌旗、霍林格勒及林西南部。该群的主要岩性是：下部为灰白、灰褐色石英片岩与石英岩；中部是灰绿、灰黑、灰色的含石榴石、十字石、石墨的各种二云石英片岩、碳质板岩与千枚岩；上部为含石榴石二云片岩、大理岩与片岩互层，偶夹石英岩。厚 7 600 m。顶、底不清。该群为一套富铝含碳的陆源碎屑-碳酸盐岩建造，为浅海陆架的沉积环境。火山活动微弱。变质作用为中压相系型区域动力热液变质作用，变质单元为温都尔庙-锡林浩特变质地带。宝音图群与大兴安岭地区的兴华渡口群、佳木斯地区的兴东群可以对比。时代应为早元古代。

长春地质学院陈琪等（1992）于白乃庙矿区北部“白乃庙组”之下建立的白音都西群实际上是宝音图群的一部分。由一些中级变质的矽线石、石榴黑云斜长片麻岩、各种片岩、花

岗片麻岩及“混合岩”组成，变形、变质强烈。在白乃庙地区出现上述岩性并不奇怪，说明锡林浩特中间地块的范围还可以扩大至白乃庙地区，并为温都尔庙群、白乃庙组与宝音图群组成的早、中元古代的中间地块的演化提供了新资料。

二、中元古代裂谷沉积——温都尔庙群

温都尔庙群出露于锡林浩特杂岩的南北两侧。以苏尼特右旗、苏尼特左旗、阿巴哈纳尔旗出露较多。由于其特殊沉积建造和特殊的构造部位为广大地质工作者所瞩目，自 1976 年至 90 年代初期人们一直认为是早古生代的蛇绿岩。并以此为基础，讨论华北板块北缘的地壳演化。

关于温都尔庙群的划分，各家基本上是一致的，下部为桑达来呼都格组，上部为哈尔哈达组。这两个组在各地是有差异的，在苏尼特左旗朱日和地区，两个组的岩石组合基本一致，均由灰绿色具气孔杏仁构造的拉斑玄武岩（绿片岩）夹碳酸盐岩和含铁石英岩凸镜体组成。两个组的区别是桑达来呼都格组底部有辉长、辉绿岩层，有的地方能见到榴辉岩和奥长花岗岩；上部的哈尔哈达组以绢云石英片岩、绿泥石英片岩、火山碎屑岩为主，有时夹大理岩、蓝闪片岩和赤铁矿凸镜体，并且底部出现千糜岩。区域延展后，与上述剖面的差别是，桑达来呼都格组以安山岩类、大理岩、绢云石英片岩为主，基性熔岩减少或消失；上部的哈尔哈达组则以二云石英片岩占绝对优势，夹石英岩和铁矿凸镜体。在阿巴旗、锡林格勒等地出现黑云石英片岩、浅粒岩、绢云石英片岩夹含铁石英岩。

火山岩岩石化学资料表明，温都尔庙群并非典型的蛇绿岩套。火山岩岩石化学成分 MgO 低，CaO、Na_2O 高，综合各种图解反映是钙碱性玄武岩—岛弧玄武岩和大洋底板拉斑玄武岩的混生，不具大洋中脊玄武岩的特征。其上部则是成熟度不高的石英岩、石英砂岩及火山碎屑岩，石英岩多呈凸镜体，这与大洋硅质岩的差异是显而易见的。

温都尔庙群的时限目前争议较大，以前曾有过 509±40 Ma（绿片岩全岩 Rb－Sr 等时线），445.3 Ma（蓝闪石 Ar－Ar 法测定），以 K－Ar 法测年则变化更大。1993 年北京大学在苏左旗进行 1∶5 万区调时，采自绿片岩为主的组合样 Sm－Nd 年龄值 1 511.28 Ma，以硅质岩为主的组合样 Sm－Nd 年龄值 825±158 Ma。因此，内蒙古自治区地层多重划分对比研究组将温都尔庙群置于中元古代还是比较客观的。

总结上述认为，中元古代克拉通伸展拆离，裂谷发育时期地幔柱热点上侵，局部出现类蛇绿岩，裂谷扩大堆积深海浊积岩。晚元古代可能是拉伸机制，高峰挤压在 535 Ma 左右，韧性剪切发育，出现糜棱岩和高压变质矿物蓝闪石、多硅白云母、榴辉岩（?）。这些用洋壳俯冲难以解释，只能是陆内俯冲（A 型）。值得注意的是，锡林浩特中间地块长近千公里，宽不过百公里，其两侧均有温都尔庙群相伴并有其他时代地层拼贴，这说明以宝音图群为核的古陆是一个生长点，温都尔庙群是裂谷横向增生的产物。后来的地层体有的是古生代地槽堆积，有的是外来地体的拼贴。

三、晚元古代被动陆缘沉积——爱力格庙组

出露局限、顶底不全，仅见于二连浩特市西南约 100 km 的爱力格庙。在近 1 350 m 厚的地层剖面上，60％为大理岩与结晶灰岩，其余则为变流纹岩与大理岩、变石英砂岩、粉砂岩

与大理岩互层，岩性很单一，为一套浅海陆源—碳酸盐台地相沉积，与额尔古纳河组相似，均为晚元古代早期被动大陆边缘沉积。其与温都尔庙群共同参与并完成了本区前寒武纪地壳的演化。

四、关于白乃庙群问题

白乃庙群（组）仅见于苏尼特右旗南 60 km 的白乃庙。1975 年内蒙古区调一队修订了白乃庙组（108 队，1960）为白乃庙群，并自下而上划分为：变质砂岩、千枚岩段（S_3bn_1）、石英岩段（S_3bn_2）、结晶灰岩段（S_3bn_3）、石英岩段（S_3bn_4）、片岩段（S_3bn_5）。确定其时代为晚志留世。后来的生产、科研均以上述剖面为基础进行研究（表 3－2）。目前主要分歧意见仍

表 3－2　白乃庙群划分沿革表

Table 3-2　Historical division of Bainaimiao Group

<table>
<tr><th colspan="2">内蒙区调一队（1975）</th><th>103队（1983）</th><th>胡晓（1990）</th><th>内蒙古地矿局（1991）</th><th>仇甘林（1992）</th><th>唐克等（1992）</th><th>内蒙古地矿局（1996）</th></tr>
<tr><td rowspan="5">上志留统白乃庙群</td><td>片岩段（S_3bn_5）</td><td rowspan="3">上志留统白乃庙群</td><td rowspan="3">上志留统西别河组</td><td rowspan="4">上志留统西别河组</td><td rowspan="3">白云鄂博群（Pt_2）</td><td rowspan="3">西别河组（S_3）</td><td rowspan="3">西别河组（S_3）</td></tr>
<tr><td>石英岩段（S_3bn_4）</td></tr>
<tr><td>结晶灰岩段（S_3bn_3）</td></tr>
<tr><td>片岩、变质砂岩（S_3bn_2）</td><td rowspan="2">下寒武统</td><td rowspan="2">徐尼乌苏组（S_2）</td><td>徐尼乌苏组（S_2x）</td><td rowspan="2">徐尼乌苏组（S_2）</td><td rowspan="2">徐尼乌苏组（S_2）</td></tr>
<tr><td>变质砂岩千枚岩段（S_3bn_1）</td><td>白乃庙组（S_2）</td><td rowspan="2">白乃庙群（Pt_2）</td></tr>
<tr><td colspan="2">辉绿岩侵入</td><td></td><td>白乃庙群（Pt_2）</td><td>？包尔汉图群（O_2）</td><td></td><td>白乃庙组（Pt_2）</td></tr>
</table>

是时代归属和层序划分，甚至涉及白乃庙矿床的成因。就其有关问题讨论如下：

（一）化石层位

内蒙古区调一队在一段（S_3bn_1）上部结晶灰岩（剖面第 11 层）中采到 *Halysites* sp.，*Mesofavosites* sp.，*Heliolites* sp.，*Favosites* sp.；在同一地点唐克东测制的剖面上的第 60 层（徐尼乌苏组）除上述化石外，还采到了 *Squameofavosites*，*Tryplasmatid*。这是唯一的化石层位，时代属中志留世。

（二）接触关系

内蒙古 103 队（1983）、胡骁（1990）、内蒙古地矿局（1991）、唐克东等（1992）、内蒙古地矿局（1996）等均认为晚志留世西别河组底部的不整合是存在的，其具体位置即二岩段

(S_2bn_2) 内部（剖面的第 17、18 层之间），而仇甘林（1992）则认为不存在这个界线，也不存在西别河组。在一段（S_3bn_1）含化石这套变质砂岩、板岩之下也存在一个不整合面，其下是绿片岩。唐克东等（1992）认为这个面是一个间断面。

（三）地层分割

按上述化石和接触关系，则被两个不整合面所限定的地层单位是徐尼乌苏组（S_2x）无疑；其下包括一段（S_3bn_1）下部的变辉绿岩、绿片岩，是又一个岩石单位，对其有人称白乃庙组（群）（胡骁，1990；仇甘林，1992），有人认为是包尔汉图群（内蒙古地矿局，1991、1994；苏养正，1995），唐克东于徐尼乌苏组（S_2x）之下建立的榆树沟组、乌鲁乌苏组也认为是包尔汉图群。

（四）白乃庙组（群）的归属

白乃庙组新的定义是被徐尼乌苏组不整合覆盖的，由绿片岩和长英质浅变质岩组成的岩石地层单位。原岩为中基性火山岩和火山沉积-沉积碎屑岩。其时代归属无非是两种意见：

（1）沈阳地矿所依据：①与含化石的徐尼乌苏组有成因联系不可分割；②同位素测年地层年龄 458、434、472 Ma，侵入该地层的花岗闪长岩为 419 Ma。所以认为是奥陶纪并与包尔汉图群对比，属岛弧沉积。

（2）以内蒙古地矿局、仇甘林、胡骁为代表，是以不整合面和绿片岩的同位素年龄为 1 130、1 298、1 492、1 780、1 587 Ma 及侵入该地层的石英闪长岩的锆石 U－Pb 谐合年龄 605. 3 Ma，认为白乃庙组（群）为中元古代。

笔者通过对东北区地层对比研究总结得出如下印象：白乃庙群解体为三部分是可行的，依据比较充分。内蒙古地矿局称白乃庙组也是符合岩石地层单位的定义，不能存在无组的“群”。笔者根据对温都尔庙群的总结，认为白乃庙组置中元古代是合适的，并且还认为白乃庙组就是温都尔庙群的一部分，它们共同是中元古代裂谷发育时期的产物。

五、白云鄂博群的争论

白云鄂博群本来并不复杂，特别近年在岩相古地理、层序地层和年代地层等方面都做了大量的研究工作。目前争论的焦点还是时代隶属。这次内蒙古的地层清理基本还是《内蒙古自治区区域地质志》的定义，即不整合于色尔腾山群之上，其上与阿勒呼都格组呈断层接触，包括都拉哈拉组、尖山组、哈拉霍特格组、比鲁特组、白音宝拉格组、呼吉尔图组（不含阿牙登组），时代为中元古代。为了讨论方便，这里将历年各家划分方案列入下表（表 3－3）。从表中可以看出，基本是以 1965－1971 年内蒙古区调一队李士勤的剖面为基础进行划分。此次内蒙古地层对比研究对组的含义，上、下界线作了修订。现就时代等问题讨论如下：

（一）化石层位问题

根据现代地层学理论，岩石地层单位一旦确定以后，必须给予从开始形成至结束总的时限。一般来说陆表海非火山成因的岩石地层单位是穿时的。因此化石定时只能代表某一点的时间，同位素测定是反映某一物质的形成时间，也只能是一个点。白云鄂博群的古生物资料除叠层石外，其他化石极为罕见。仅 1：20 万商都幅报道了五道湾地区原划为阿牙登组灰岩

上部产腕足类 *Paurorthis*，*Eoorthis*；腹足类 *Pararaphistoma* 和头足类 *Alloplloceras*，即所谓

表 3－3　白云鄂博群划分对比表

Table 3-3　Division and correlation of Bayanobo Group

李毓英 (1955-1957)	李士勤 (1965-1971)			王楫、梁玉佐 (1989、1991)		内蒙古地矿局 (1991)	天津地矿所 (1993)		唐克东 (1987)		内蒙古地矿局 (1996)	
	H_{20}	呼和艾力更岩组	S_1	包尔汉图群	O_2				五道湾群	S—∈		
	H_{19}	阿勒呼都格岩组			O_1							
	H_{18}	阿牙登岩组		? 呼吉尔图组	长城纪	? 呼吉尔图组	? 查干楚鲁群	O_2—O_1				
	H_{17}—H_{14}	呼吉尔图岩组										
	H_{13}—H_{11}	白音宝拉格岩组		白音宝拉格组		白音宝拉格组			白云鄂博群	Pt_3	? 刘洪湾组	
											阿古鲁沟组	
	H_{10}	比鲁特岩组		比鲁特组		比鲁特组					增隆昌组	渣尔泰山群 (Pt_2)
白云鄂博群 含渣尔泰山群 (Pt_1)	H_9											
	H_8—H_6	哈拉霍疙特岩组		哈拉霍疙特组		哈拉霍疙特组 (13.50-16.50 Ga)						
	H_5—H_3	尖山岩组		尖山组		尖山组(15.9-16.8Ga) (17-18Ga)	白云鄂博群	∈			书记沟组	
	H_2—H_1	都拉哈拉岩组		都拉哈拉组	Pt_2	都拉哈拉组						
					Pt_1	色尔腾山群					二道凹群	Pt_1

“三足化石”，其指示的时代为早奥陶世，属于地台型。这是定白云鄂博群为古生代的主要依据。问题在于这里的阿牙登组与层型剖面是否同一层位。有人（仇甘林，1992）认为不是阿登牙组。唐克东等（1992）建立的五道湾群则认为其与呼吉尔图的基性熔岩是连续沉积。从提供的剖面看五道湾群是有别于白云鄂博群的上部层位。因此，这种地台型的化石可能与白云鄂博地区原阿牙登组没有关系。况且，那里呼吉尔图组与“阿牙登组”灰岩为断层接触。

层型剖面上的呼吉尔图组中、上部有两个层位产叠层石 *Collenia* 和 *Gymnosolen*，作为本组标志的基性火山岩在剖面上是在最下部。中、上部（相当于阿牙登组）的碎屑岩夹灰岩、石英岩凸镜体，与五道湾地区的厚层灰岩不具相似性，也不是一个环境，在无相变资料情况下，难以对比。

（二）同位素测年资料

白云鄂博群已有的同位素年龄数据多数取自下部尖山组中，据初步统计，主要是两组：1 500±200 Ma 和 600±150 Ma。因此，大量的数据供人选择，有各取所需之势。主张古生代则选第二组，认为是中元古代则选第一组。其实不同地点、不同层位的同位素测年会有变化，使用时只能客观的分析。上述数据至少反映白云鄂博群的时限范围，是一个长期发展的历程。甚至包括基性岩事件和改造的年龄。对一个地质体不能限定在某一固定的时限的范围内。

（三）环境分析

大量的岩相古地理资料表明白云鄂博群是裂陷—被动陆缘陆表海沉积。其与渣尔泰山群

具有一体化的演化过程。是一个上、下都由不整合面限定的岩石地层单位。从分析渣尔泰山群剖面和白云鄂博群剖面得知：二者都是以不整合发育在克拉通之上（色尔腾山群、二道凹群）。书记沟组（都拉哈拉组和尖山组下部）都是陆架—水下扇沉积，尖山组顶部为平行不整合面，其上的增隆昌组、哈拉霍疙特组是浅海斜坡相的陆架沉积，碳酸盐台地发育，叠层石丘和地震液化泥晶脉都是其特征。比鲁特组和阿古鲁沟组二者均反映最大海泛的沉积，其中部凝缩段发育，比鲁特组较阿古鲁沟组更明显，反映海泛的沉积，刘洪湾组和白音宝拉格组是比鲁特组平行不整合面以上陆架边缘沉积。呼吉尔图组的火山岩是事件地层，其层位稳定，应为面式火山活动的火山岩和火山沉积岩，火山活动在白云鄂博群发育的晚期。

基于上述，白云鄂博群与渣尔泰山群、北山地区的硐井群和园藻山群是相似环境的产物。与华北地台的中元古代环境差别不大。其形成是在成熟地壳（克拉通）基础上，受中元古代克拉通拉张环境的影响，形成于发育不全的裂谷，并结束于被动陆缘环境。我们只要注意内蒙古草原西段宝音图至南蒙古中间存在一个中间地块（前文已叙及）就可以解释华北地台北缘的分裂可能在白云鄂博群形成过程中，因此，白云鄂博群是从中元古代到晚元古代的一个穿时的岩石地层单位。个别组一级可能各地时间不一，这应视为正常。

内蒙古草原地区的前寒武纪变质地层（白云鄂博群除外），与整个东北北部大兴安岭、佳木斯地区具有相同的演化史。可靠的寒武纪锦山组、苏中组、西林群基本上都是被动陆缘沉积。它们与下伏的前寒武纪地层应该存在一个大的不整合。后寒武纪的演化则又是一番景象。

以上对佳木斯、大兴安岭和内蒙古草原三个地区的前寒武纪变质地层做了一般的介绍，从中可以看出：

第一，早期地壳演化规律的相似性

本区晚太古代和早元古代的变质岩系，与华北克拉通基本类似，并且与西伯利亚南缘阿尔丹地盾的基底岩系（2 500 Ma 的 Timpton-Dzhelinla 系、Batomya 系及 Stanovoi 山脉的 Cupura 系）几乎完全一样（Kroner，1981）。因此，可以认为本区前寒武纪变质岩系是华北和西伯利亚分裂过程中形成的中间地块。

第二，中、晚元古代沉积环境的差异性

华北克拉通中、晚元古代是长城纪—震旦纪的陆源碎屑组成的盖层，这与西伯利亚阿尔丹地盾北部、西部很相似（上阿尔丹的里非系），但在阿尔丹南部和东部鄂霍次克带内 Stanovoi 山脉出现了火山-沉积岩和铁硅质建造，这与本区黑龙江群、新开岭群、温都尔庙群等沉积建造是相似的。晚元古代主要是被动陆源沉积，但确伴有一定数量的酸性火山岩及其碎屑岩，甚至在局部地区尚有裂谷型蛇绿岩产出。

第三，变质作用可从麻粒岩相—绿片岩相，变质地带划分也因地而异。深部构造相的韧性变形普遍发育。

因此，本区的前寒武纪这些中间地块，既不是来自华北板块，也不是来自西伯利亚板块，而是兼二者又具特殊性，它是连结两大板块的桥梁。古陆的分裂、侧向增生是逐步进行的。以这些前寒武纪地块为生长点而发生的古生代的沉积作用，由于各地块陆缘活动性质的差异，必然使沉积物多样化。同样古生代造山作用，也必然改造这些古老的地块使其更加复杂化。

第四章

寒武纪—早三叠世

古生代是地球历史进程中一个伟大的时代。在这个时代中，地球构造变动频繁，大陆不断增生扩大、碰撞。宏伟的褶皱山系隆起，再遭剥蚀夷平。火山活动在海底及陆上喷发。地壳成熟度不断提高。在大陆上留下了当时在海洋和陆上沉积的岩层。海洋动植物十分繁盛，陆生生物的出现和发展，生物界经历了分化、发育和多次灭绝、重生，留下了大量的无机和有机的地球历史纪录。

这里讨论的古生代地层，发育于天山-兴安褶皱系的东部，即我国著名的东北地槽区。但这个“地槽”既不像标准的优地槽，又不像典型的冒地槽，曾有人称其为“准地槽”，这个称谓反映了东北地区古生代地层有其自己的特色。近十余年来，在东北地区开展的中国北方板块构造研究，展示了东北地槽区实际上是由北方西伯利亚板块和南方的华北板块这两大板块的边缘增生带、碰撞带及以后大陆固化成熟过程中形成的岩石记录，再加上东部的布列亚-佳木斯这样的一个小板块及其边缘所构成（图 4－1)。近期更了解到在本区东南部还有一个过去认为属布列亚-佳木斯板块的兴凯地块（唐克东等，1995)。这些古生代地层的分布与上述这些块体的关系十分密切。在本区的南部，它们呈 EW 向分布，与华北板块北缘的 EW 向延伸一致；在西北部，呈 NE 向分布于西伯利亚板块的东南缘；在东部，布列亚-佳木斯板块的 SN 向

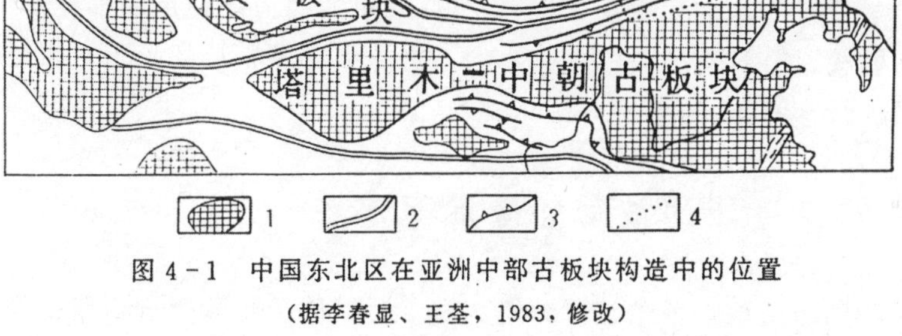

图 4－1　中国东北区在亚洲中部古板块构造中的位置

（据李春显、王荃，1983，修改）

Fig. 4－1　The position of Northeast China in the old plate tectonics of Central Asia

1. 地台及中间地块；2. 古板块缝合线；3. 古板块俯冲带（锯齿指俯冲方向）；4. 东北区范围

伸展控制了两侧古生代地层的SN向分布。它们多为碎屑岩、碳酸盐类岩石呈凸镜状分布于碎屑岩中，只在少数断代中成层出现。火山岩在大陆边缘增生带和后期大陆固化成熟过程中的“裂谷”内十分发育，这些火山岩与其上下的沉积岩组成一系列火山-沉积岩组合。大陆边缘增生带以岛弧型组合为代表；在后期“裂谷”中生成的，称之为裂陷槽盆地火山-沉积岩组合。这些裂陷槽盆地形成于不同时代，但它们的火山-沉积岩组合的岩石序列十分相似，一般由两部分组成，下部为陆源碎屑岩和火山岩；上部的碎屑岩，若为海相则常有碳酸盐岩。上部沉积岩往往有更广泛的分布。本区有两期磨拉石沉积，一是在大陆板块碰撞以后，一是在古生代“地槽”结束的时候。从序列表（表2-1）中可以看到，本区有两个重要的不整合面，一是加里东期末，以西别河组为代表的底部不整合面；二是在泥盆纪末，早石炭世初，以通气沟组底部为代表的不整合面。每个不整合面上覆地层的时代各地有所不同，反映了本区的两次重要的上升运动。

本区古生物化石十分丰富，每个时代的地层都有化石存在。海相动物以底栖生物为主，浮游生物十分稀少，只在少数层位中发现。整个生物群以北方类型的动植物化石为主，但从某时代，南方类型或暖水类型的生物侵入本区，形成南北方混合型，为讨论本区板块运动、古地理提供了重要的生物证据。

在第二章地层区划中已作说明，东北区的古生代区域地层，从二叠纪开始与其以前的地层分布格局有很大的变化。因此，在按地层区分节进行地层描述时，主要论述前二叠纪地层，对二叠纪地层将单独列节进行讨论。

第一节　兴安地层区

兴安地层区属北疆-兴安地层大区，位于该大区的东部，是西伯利亚板块的东南缘地层分布区。自西向东为额尔古纳地层分区、达莱-兴隆地层分区、东乌-呼玛地层分区和乌兰浩特-哈尔滨地层分区，它们呈NE向延展，与地层分布方向一致。额尔古纳地层分区实际上是西伯利亚地台延入我国的部分，其上很少有古生代地层，以前寒武纪地层为主。乌兰浩特-哈尔滨地层分区除少量早石炭世早期地层外，只有二叠纪地层。达莱-兴隆地层分区和东乌-呼玛地层分区基本上与西伯利亚板块的东南缘早古生代活动陆缘的弧后带和岛弧带相符合。晚古生代在本区几个分区分别发生了“裂谷活动”，因此，除各种碎屑岩和局部的碳酸盐岩外，火山岩普遍发育于早古生代岛弧区和晚古生代的“裂谷带”中。自晚石炭世以来，除乌兰浩特-哈尔滨地层分区有海相早二叠世地层外，其他只有陆相地层发育。本地层区生物十分繁盛，最主要的门类是北方类型或冷水的底栖生物腕足动物，几乎所有海相地层中都能见到它们的化石，其次为珊瑚、海林檎、苔藓虫、鹦鹉螺、海绵、古杯类等及少量的见于有限层位之中的浮游生物笔石、菊石、牙形石等。

一、早寒武世可能的被动陆缘沉积地层

本区进入活动陆缘阶段以前的沉积地层，由于后期的沉积覆盖，岩浆活动和构造作用的破坏，只有一些零星的出露。主要见于达莱-兴隆地层分区东北部的兴隆地区（兴隆群）和东乌-呼玛地层分区中部科右前旗的伊尔施地区（苏中组）。

兴隆群由自下而上的高力沟组、洪胜沟组、三义沟组和焦布勒石河组组成。为一套细碎

屑岩夹碳酸盐岩，下部局部发育含砾砂岩，上部有少量中酸性—酸性熔岩。地层中未见大化石，在下部高力沟组的黑色粉砂岩中见有微古植物 *Lophosphaeridium*?，*Estiastra* 和 *Micrhystridium* 等，属早寒武世，总厚度达 2 200 余米。这套地层为薄层状，以中深色调为主，常表现为粉砂质和泥质交替，含砾的粗碎屑岩局部发育；火山岩占比重很小（约占总厚度的 1/10），碳酸盐岩层亦为薄层，局部含有较多的白云质。这些特点十分相似于被动陆缘型的复理石建造。

苏中组由灰岩和结晶灰岩组成，夹少量黑色页岩，被断层所围限，出露厚度不足160 m。在上部灰岩中含丰富的古杯类化石 *Robustocyathus* cf. *proskurjakoui*，*Ethmophyllum*，*Archaeocyathus yavorskii*，*Protopharetra* cf. *bipartita*，时代为早寒武世晚期。本组的灰岩在原始描述中，下部的蜂窝状结晶灰岩，显然是风化以后的外貌描述。本组和兴隆群连系起来看，这很可能是本地区在古生代最早期被动陆缘时期的产物。

二、奥陶纪岛弧和弧后盆地的地层

（一）奥陶纪岛弧地层序列

出露于东乌-呼玛地层分区，从呼玛县南部的宽河向西南经多宝山、阿尔山到东乌旗一带，呈略向东南凸出的弧形地带中，发育有大量的细碧岩、安山岩、流纹岩、凝灰岩夹有各种沉积岩的地层，多含有海相浅水区动物化石。这个带东西宽约 80 km，南北延伸超过 1 000 km，其中以该带北部嫩江县多宝山地区地层出露最全，保存完整，而且研究程度也高。以这里的地层序列作为代表，以此统一该分区这个断代的地层名称。

自下而上是铜山组、多宝山组、裸河组和爱辉组。地层总厚可达 2 200 m。从大量陆源碎屑和酸性火山岩及凝灰岩开始（铜山组下部，原称大治组和西鳅河组），陆源碎屑逐渐减少，火山沉积增加，并从酸性向中酸性和中性过渡（铜山组上部，即原铜山组），至多宝山组为火山活动的高峰，以中性—中基性火山岩和火山凝灰岩为主，随后即停止了火山活动。裸河组逐渐开始有正常沉积物的出现。

铜山组由黄—黄灰色杂砂质砂砾岩、中粗粒杂砂质长石砂岩、流纹质凝灰砾岩、凝灰熔岩与黑色板岩互层构成的火山复理石。碎屑岩中常含凝灰物质，厚约 1 217 m，下未见底，其上与多宝山组整合接触。在碎屑岩中产腕足类化石，自下而上有 *Productorthis americana* 组合、*Diparelasma dongbeiensis* 组合和 *Famatinorthis luoheensis* - *Brandysia biconvexa* 组合；三叶虫自下而上有 *Paraspherexochus* 组合、*Ptimerellus* - *Metopolichus* 组合和 *Trinodus* - *Eudolatites* 组合及海林檎；在板岩中产笔石，自下而上有 *Didymograptus* cf. *nanus* 组合；*Phyllograptus anna* 组合和 *Dicellograptus sextans* - *Climacograptus putilus* 组合。以上三个门类都有三个组合，下部的三个组合时代为早奥陶世阿伦尼格期，中部为早奥陶世兰维恩期，上部为中奥陶世兰代洛期（南润善等，1992）。铜山组除小兴安岭西北部广泛分布外，在南部东乌旗亦有零星出露，岩性与层型所在地多宝山地区相似，但除有酸性火山岩外，还出现安山质和英安质火山岩，并夹有灰岩。其下部（原汗乌拉组）产腕足类 *Hesperonomia*，*Platystrophia*，*Ingria* 等，三叶虫 *Bathycheilus* 等，以及头足类和苔藓虫，时代为早奥陶世兰维恩期。上部地层（原汗贝布敦昭组）化石丰富，除常见的腕足类和三叶虫以外，还有牙形石 *Pygodus serrus* 组合，珊瑚 *Primitophyllum* 和海绵 *Archaeoscyphia* 以及头足类，苔藓虫等，时代为中奥陶世兰代洛期。

关鸟河石灰岩（大理岩）是铜山组中灰岩最多的地方，见于嫩江县关鸟河下游，由厚层状大理岩化灰岩组成，厚可超过千米。含丰富的化石，有腕足类 *Orthamhonites* 等；三叶虫 *Ampyx* 等；牙形石 *Pygodus serrus* 等和海林檎、苔藓虫等，时代为中奥陶世兰代洛期。

多宝山组为整合于铜山组和裸河组之间的中性、中酸性火山岩，由英安岩、安山质熔岩、火山角砾岩、凝灰岩、层凝灰岩组成，其中常夹有灰岩和砂岩、板岩等，厚约 1 500 m，含腕足类 *Leptellina sinica* - *Titambonites incertus* 组合和三叶虫 *Remopleurides* - *Ceraurinella* 组合，时代为中奥陶世卡拉道克早期。该组从小兴安岭西北部向南可在内蒙古科右前旗的阿尔山地区见到。

裸河组整合于多宝山组与爱辉组之间，由下部的砾岩、凝灰砂岩、长石砂岩、含铁杂砂岩、凝灰质生物灰岩、砂砾岩和上部的钙质细砂粉砂岩、砂岩、凝灰细砂岩和粉砂质板岩组成，裸河地区夹有英安岩少许。厚度为 220～1 100 m，含腕足类 *Viruella*，*Gunnarella* 等；三叶虫 *Encrinuroides*，*Spharoxochus* 等；牙形石 *Panderodus similaris* 等及鹦鹉螺。时代为晚奥陶世卡拉道克晚期。

爱辉组整合于裸河组与早志留世黄花沟组之间，为一套以含单笔石 *Orthograptus*（*truncatus* 类型）黑色板岩为特征的地层，下部与粗砂岩互层，上部与粉砂岩互层，呈微层状。厚约 270 m。时代为晚奥陶世阿什极尔期。该组只分布于多宝山周围地区，在其他地区常成为裸河组的一部分，从区域上讲是裸河组上部相变的产物。裸河组向西北到呼玛县五隆屯地区（原五隆屯组），向西南至阿尔山地区都有出露（原断崖山组）。岩性基本稳定，但未见熔岩。五隆屯地区化石丰富，含腕足类 *Hingganoleptaena nenjiangensis* - *Giraldibella humaensis* 组合、*Dalmanella sulcata* - *Dedzetina feilongshanensis* 组合和 *Odoratus wangi* - *Magicostrophia hingganensis* 组合，三叶虫 *Encrinuroides*（*Humaencrinuroides*）组合，笔石 *Dictyonema* - *Dendrograptus* 组合，珊瑚 *Sinkiangolasma* 及苔藓虫等，时代为晚奥陶世卡拉道克晚期—阿什极尔期（南润善等，1992）。

崔革（1983）对多宝山地区这套地层进行了建造分类，并研究它们之间空间和时间的关系（图 4 - 2）。他所描述的八个火山沉积建造分别是：相当铜山组的是火山杂陆屑建造、下细碧岩建造、砂页岩类复理石建造、复理石建造和碳质硅质岩建造，相当多宝山组的上细碧岩建造以及相当裸河组的远岸浅水硅质页岩建造。此外，还有一个碳酸盐岩建造（相当于关鸟河大理岩）。这些地层中，火山碎屑岩体积达建造系列总体积的 85%，岩石化学分析表明 SiO_2 为 52%～63%之间，δ 值多为 1.8～3.3，上、下细碧岩建造的钙碱指数均在 56～56.5 之间，在各种图解中良好的反映了它们的钙碱系列性质。这些特征与现代岛弧的火山沉积十分相似，可以确认多宝山地区的奥陶纪地层为一岛弧火山沉积系列。这个火山沉积建造系列与孟祥化等（1993）划分的沉积建造与构造关系的系列表中的非稳定建造系列，即火山岛弧带相一致。该岛弧建造系列中早期大量陆源碎屑的存在，说明其是发育在陆壳基础上的，与现代海洋岛弧有所不同。

（二）弧后盆地的奥陶纪地层

大量的文献资料认为弧后盆地是与岛弧有关的张裂性盆地。孟祥化等（1993）引用 Tamaki 等（1991）对弧后盆地的扩张动力学模式图，总结了五种扩张模式和扩张式弧后盆地的建造特征，将小兴安岭奥陶纪火山复理石建造归入俯冲弧后盆地的建造类型。但是，本区的这个

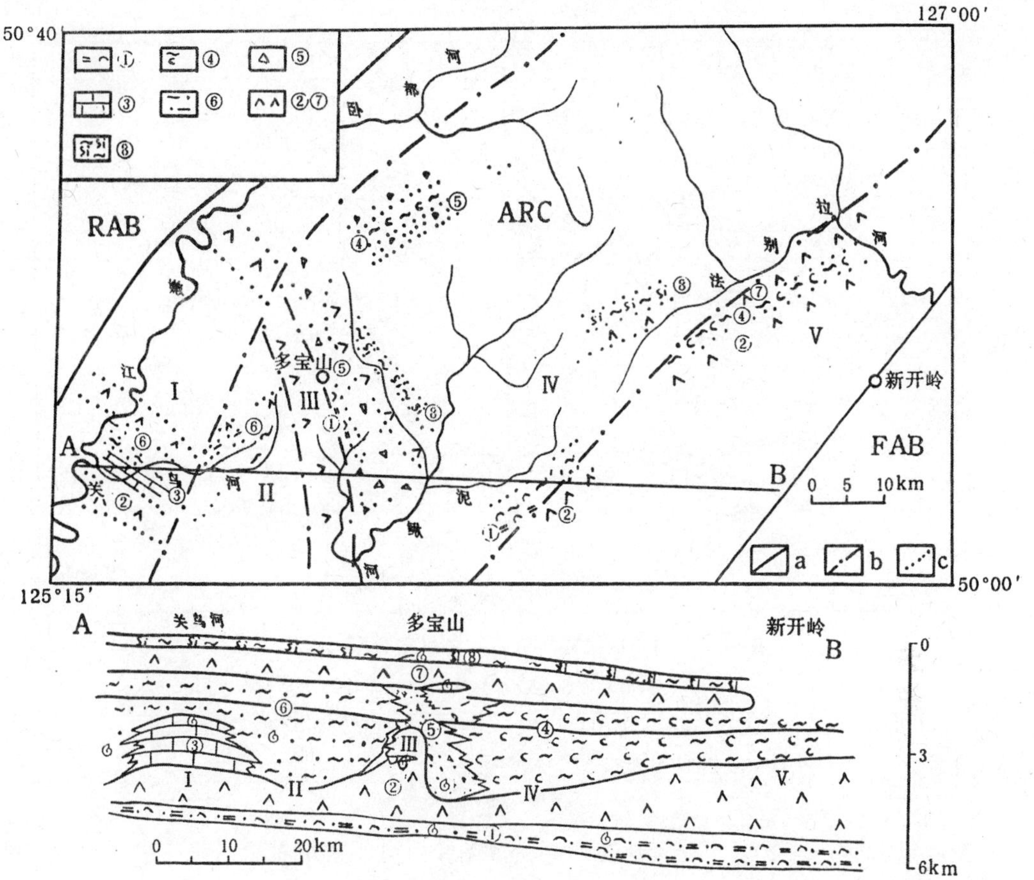

图 4-2 小兴安岭西北部奥陶纪大陆边缘火山岛弧构造及沉积建造分布关系示意图

（崔革，1983）

Fig. 4-2 Sketch map showing the structures and distribution of sedimental formations of volcanic island-arc in Ordovician continental margin in the northwestern Xiao Hinggan Ling range

ARC. 岛弧区：Ⅰ. 关鸟河火山高地，Ⅱ. 星火火山洼地，Ⅲ. 多宝山火山高地，Ⅳ. 泥鳅河火山洼地，Ⅴ. 新开岭火山高地；RAB. 弧后盆地；FAB. 弧前盆地

①火山杂陆屑建造；②细碧角斑岩建造；③碳酸盐岩建造；④碳质硅质页岩建造；⑤复理石建造；⑥砂页岩类复理石建造；⑦细碧角斑岩建造；⑧远岸浅水硅质页岩建造；a. 岛弧界线；b. 火山高地与火山洼地间的界线；c. 地质界线

弧后盆地中，没有发现洋壳基底的深海至半深海的沉积建造。反而发育有陆源沉积物和火山源碎屑沉积物及浅海底栖动物。证明本区的弧后盆地是一个没有弧后扩张的弧后盆地，可能由于本区不具有造成弧后扩张的热力和动力条件所致。

南润善等（1992）根据沉积建造、沉积相和厚度变化，将本区奥陶纪地层分为南、北两带，认为南带属岛弧带，北带为弧后盆地（图 4-3）。这个划分大致上和东乌-呼玛分区、达莱-兴隆分区相当。一般来说，弧后盆地与岛弧并没有绝对的界线，在弧后盆地靠弧一侧的沉积中，常夹有火山沉积岩，与岛弧的火山沉积物相过渡，要严格规定它们的分界，实际上也是不可能的。

在这个弧后盆地中，地层以黑龙江省呼玛县兴隆地区和内蒙古二连地区出露比较齐全。前者位于接近弧侧的地区，但又处于伊勒呼里隆起的边缘。因此沉积物中有来自火山弧的物质和大量陆源碎屑物，称伊勒呼里山群；后者则远离火山弧，沉积物中基本没有火山来源的物质，仅由陆源碎屑组成。

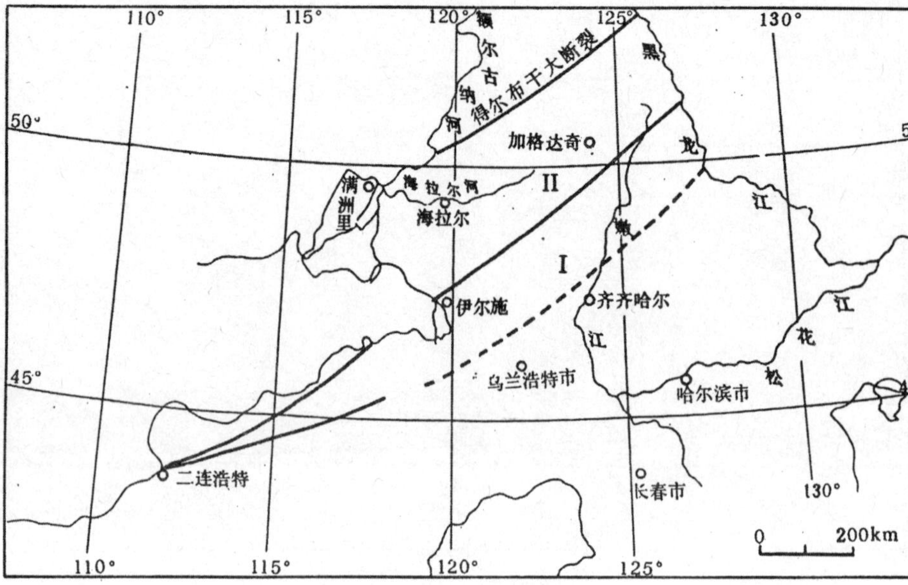

图 4-3　兴安地层区岛弧带与弧后带分布

（据南润善等，1992 修改）

Fig. 4-3　Map showing the distribution of island arc and arc-rear belts in Hinggan Stratigraphic Region

I．岛弧带；I．弧后带

伊勒呼里山群，自下而上有库纳森河组、黄斑脊山组、大伊希康河组、南阳河组和安娘娘桥组。其中，前两组为一套复陆屑建造的长石砂岩、杂砂岩、杂砂质石英砂岩夹有酸性凝灰岩及上部的细碎屑岩组成，厚 1 000—1 200 m，代表盆地早期沉积。最后一个组是超覆于早寒武世沉积之上的粗碎屑岩地层，夹灰岩或大理岩，其上部细砂岩、粉砂岩和灰岩，是南阳河组向盆地边缘的延伸。中间两个组以砂岩、含砾砂岩开始，逐渐变成粉砂岩和板岩，下部也普遍夹有凝灰岩，最厚可达 3 000 余米（图 4-4）。在黄斑脊山组中含有腕足类 *Finkelnburgia*

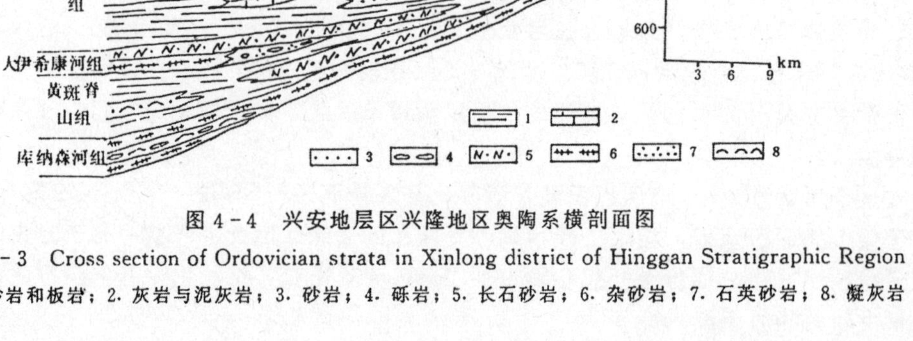

图 4-4　兴安地层区兴隆地区奥陶系横剖面图

Fig. 4-3　Cross section of Ordovician strata in Xinlong district of Hinggan Stratigraphic Region

1. 粉砂岩和板岩；2. 灰岩与泥灰岩；3. 砂岩；4. 砾岩；5. 长石砂岩；6. 杂砂岩；7. 石英砂岩；8. 凝灰岩

bellatula - Humaella huangbanjiensis 组合，三叶虫 *Zoraspis - Anacheiruraspis* 组合，时代为早奥陶世特马道克期。安娘娘桥组上部含腕足类 *Lingulella*，*Rostricellulla*，*Platystrophia* 等，三叶虫 *Isalaux*，*Eudolatis*，掘足类 *Scophoda*? 和介形虫，时代为中晚奥陶世。南阳河组在大兴安岭中段喜桂图旗的乌奴尔一大民山一带，还出露一套碎屑岩、泥质岩和生物碎屑灰岩（曾称治泥山组）含有丰富化石，是这个弧后盆地中当时生物生存环境最好的地段。腕足类有 *Dinorthis*，*Glyptorthis*，*Austinella* 等，三叶虫有 *Calyptaulax*，*Encrinuroides* 等，珊瑚有 *Sinkiangolasma* 组合和 *Calapoecia - Sibiriolites* 组合，时代为卡拉道克期中晚期到阿什极尔期早期。

在二连地区，过去建有三个组（南润善等，1992；内蒙古地矿局，1991）。实际上这三个组岩性无大差别，都是长石砂岩和粉砂岩、板岩，只是这些岩石相互所占比例有区别，以及这三组各自含有不同的化石，所表示的时代不同。早奥陶世兰维恩期哈达音布其组含三叶虫 *Asaphus* 组合、中奥陶世兰代洛期巴彦呼苏组含笔石 *Dicellogratus divaricatus-Pseudoclimacograptus scharenbergi* 组合、中奥陶世卡拉道克期乌宾敖包组产腕足类 *Horderleyella*，*Horknessella* 等。在这里，我们使用最早的乌宾敖包组，为一套灰紫、灰绿和灰色的细粒长石砂岩、粉砂岩、粉砂质泥岩、泥岩和灰岩凸镜体组成，厚 3 000～5 000 m，是一套近似于被动陆缘性质的陆源细碎屑岩，时代为早奥陶世兰维恩期至中奥陶世卡拉道克期。

三、岛弧期后抬升的志留纪地层

在岛弧的生长停止，火山不再喷发以后，岛弧区与弧后区开始进入抬升时期。这个时期的地层亦以小兴安岭西北部多宝山地区出露最全，研究程度最好（苏养正等，1987；薛春汀等，1980；黑龙江省地矿局，1993）。自下而上为早志留世黄花沟组、中志留世八十里小河组和晚志留世卧都河组和泥鳅河组底部（原称古兰河组），是一套整合于多宝山奥陶纪火山岛弧岩系之上的，总体为海退层序的高水位地层组合（表 4 - 1）。从奥陶纪末期爱辉组的较深水的具细水平层理的最大海泛期粉砂岩和板岩开始，经黄花沟组的粉砂质板岩、八十里小河组的细粒长石石英砂岩与粉砂岩互层到卧都河组下部的中粗粒长石石英砂岩与粉砂岩互层及上部的杂砂质石英砂岩，最后为潮间带或滨岸带海滨砂泥岩或砂砾岩组成。总厚为 900～2 100 m。其基本特点为①以陆源碎屑岩为主，自下而上沉积物粒度逐渐变粗，成熟度逐渐提高；②岩性横向变化不大，但厚度变化较大；③总厚度较大，除爱辉组外，时代越老的组厚度越大，黄花沟组 700～300 m，八十里小河组 626～200 m，卧都河组 370～50 m，泥鳅河组 170～0 m，这沉积速率随时代变小的趋势，反映盆地与物源剥蚀区高差的逐渐减少；④火山岩在时间和空间上局限性明显；⑤古生物种类从老到新由较深水向较浅水，近岸至滨岸的演化（苏养正等，1987）。这套地层主要分布于奥陶纪的岛弧区，在弧后地区由于岛弧期后的抬升而缺失。黄花沟组只分布于小兴安岭西北部，八十里小河组除分布于小兴安岭西北部外，在科右前旗的阿尔山地区可能有分布。只是在卧都河期，由于剥蚀区与盆地高差的缩小，海水漫侵到原弧后盆地的陆侧边缘以及陆上的低洼部分（表 4 - 2，苏养正等，1987），使卧都河组的石英砂岩有广泛的分布，成为本区志留纪地层的重要标志层，反映了此时这个地区地壳运动相对稳定。虽然这种石英砂岩含有较大量的岩屑（10%～15%），应称为杂砂质石英砂岩，这种特征说明其物源地与沉积区十分接近，石英砂岩是在海水中受较强的水动力条件荡涤而形成。这可由所含腕足类图瓦贝群落的分异度十分低，一般单层中只有 1～3 个属，为单瓣沉积所佐证（苏养正，1981）。

表 4-1 小兴安岭西北部志留纪地层特征

Table 4-1 Characteristics of Silurian strata in the northwestern Xiao Hinggan Ling range

时代		地层组	岩性及厚度	化石类型	环境
志留纪	晚世	泥鳅河组	板岩、粉砂岩，局部夹少量火山岩或底部有含砾杂砂岩 0～17 m	穴居类型 (BA 1，*lingula*)	潮上带—潮间带
		卧都河组	上部：杂砂质石英砂岩夹粉砂岩及含砾砂岩 下部：灰绿色粉砂岩杂砂质石英砂岩互层，有些地方有少量火山岩或凝灰岩 50～370 m	近岸浅水类型 (BA 2，Tg 组合) (BA 2—3，Tr-g 组合)	潮间带—潮下带
	中世	八十里小河组	黄绿色、灰绿色细粒杂砂质长石石英砂岩、粉砂岩夹紫红色薄层状变质粉砂岩，局部地区在上部发育中性及中基性火山岩及其凝灰岩火山角砾岩 200～626 m	浅水类型 (BA 3，Tr 组合)	浅水
	早世	黄花沟组	泥质板岩、粉砂质板岩、泥质粉砂岩夹细粒长石石英砂岩 450～700 m	较深水类型 (BA 4，*Chonetoidea* 组合)	较深水
奥陶纪	晚世	爱辉组	具细水平层理的粉砂岩及板岩	深水类型 (直笔石类)	深水宁静

粗↑沉积物粒度↓细

Tuvaella 群落

浅↑海水深度↓深

表 4-2 小兴安岭西北部与邻区志留系对比表

Table 4-2 Correlation of Silurian strata in the northwestern Xiao Hinggan Ling range and adjacent areas

		陆区	弧后盆地陆侧缘区			弧区	
世	期	蒙古东北部	额尔古纳河两岸		俄罗斯上阿穆尔	结雅—赛来姆金地区	本区
			西	东			
晚志留世	普里多利				奥姆特宁组： 上亚组： 上部粉砂岩为主，中、下部浅色石英砂岩和石英岩为主，夹粉砂岩 下部含 *Tuvaella rackovskii*，*T. gigantea* 下亚组： 浅色石英砂岩，砂岩和杂砂岩，含 *Fardenia* sp.		古兰河组： 粉砂岩板岩为主 *Lingula* sp.
	罗德洛	粉砂岩夹长石砂岩，含 *Tuvaella rackovskii*，*T. gigantea*	粉砂质和泥质页岩、砂岩等，含 *Tuvaella rackovskii*，*Tannuspirifer*	五卡组： 凝灰质粉砂岩夹石英砂岩，含 *Tuvaella gigantea*		上部石英岩、石英砂岩夹千枚岩 *T. gigantea* 下部粉砂岩为主，夹火山岩及火山碎屑岩 *T. rackovskii* *T. gigantea* *Tannuspirifer*	卧都河组： 上部：石英砂岩为主 *T. gigantea* 下部：粉砂岩，杂砂质石英砂岩，局部夹火山岩或凝灰岩 *T. gigantea*， *T. rackovskii*， *Tannuspirifer* 八十里小河组： 杂砂质长石石英砂岩，粉砂岩猪肝色粉砂岩 *T. rackovskii* 上部：夹火山岩及凝灰岩
中志留世	文罗克						
早志留世	兰德维里					厚层泥质页岩和粉砂岩 *Atrypa* sp.	黄花沟组： 粉砂岩；板岩为主，上部含 *Meifordia*，*Chonetoidea*，*Atrypa*
下伏		上元古界	下中寒武统	额尔古纳河群	下元古界		上奥陶统爱辉组

四、泥盆纪—石炭纪裂陷槽地层组合

在弧盆体系以后，这个地层区开始发育裂陷槽，使地层变得十分复杂。有各种火山岩，不同深度的海相地层及陆相地层。从泥盆纪至石炭纪，本区曾有三次裂陷槽的发育。过去，对这些裂陷槽一般都称之为裂谷（Su，1990；唐克东，1989）。按肖序常等（1992）“裂陷槽是指在显生宙褶皱基底上再次拉张而成的构造-岩浆活动带。岩浆活动类型以基性-超基性杂岩的热侵位、构造侵位及大量中基性火山喷发作用为特征，此外碎屑岩成分中有大量源自于周围新生褶皱山系的火山岩屑及火成石英颗粒。在裂陷槽闭合后，中酸性深成岩浆作用也相当频繁，基性-超基性杂岩沿裂陷槽轴线断续出露，成矿作用以铜镍为主。值得特别注意的是，裂陷槽常形成于靠近古老陆壳基底一侧。”这个定义，可以很容易与裂谷相区别。众所周知，裂谷是威尔逊旋回的开始阶段。一般具有三叉的形态特点，其中的不育臂称拗拉槽，另二臂则发育成大洋。因此在造山带中，裂谷沉积不应该有良好的保存。拗拉槽的记录则常可以在造山带中见到，下部沉积应该有裂谷沉积的各种特征，如早期的陆相沉积和以后的双模式火山岩，上部是补偿盆地类型的沉积。这种沉积结构，即人们常称的裂谷型双型结构。裂陷槽有无三叉的形态特征，尚不清楚。但它与裂谷相似，是一种拉伸的长型盆地，也是在陆壳上发展起来的，所以早期亦应该有非补偿性的沉积特点，虽然在实际中并不都是如此。晚期由于裂陷槽并不发展成大洋，因此一般是补偿性盆地的沉积特点。关于火山岩，从东北地区的情况可知，由于裂陷槽各段深度不同，造成火山岩的种类和岩石化学性质有很大的差异。在裂陷较深的地方，会有与裂谷相似的偏碱性岩浆活动和双模式火山岩；在裂陷较浅的地方，则可能只有中性—中酸性的钙碱性火山岩，甚至只有一些酸性火山岩的形成。从根本上讲，裂谷系统是大陆拉开形成大洋的开始，而裂陷槽只是在大洋闭合，形成褶皱带以后的陆壳固化成熟过程中垂直增生的一种方式。因此，我们理解的裂陷槽，简单的说是在大洋闭合以后的褶皱带基底上，拉张而成的长形槽盆，具有多种类型和性质的构造-岩浆活动，包括各种岩石化学性质的火山岩和基性-超基性杂岩的侵位。沉积岩类型复杂，可有深水相的放射虫硅质岩，也可有海滨甚至陆相的碎屑岩，浅水稳定类型的石英砂岩和礁相碳酸盐岩或非稳定类型的复陆屑建造沉积或火山复理石沉积，等等。碎屑岩中常有凝灰质存在，这些凝灰质一部分来自于本身的火山活动，一部分常是来自褶皱基底的再沉积的火山岩屑和晶屑。两个相邻而时代相接的裂陷槽在相接部位的地层上下关系可以是整合关系。有一点值得注意的是，在拉张强度大，原来地壳相对较薄或裂陷较深的部位，有可能出现规模不大、时代很短的洋壳，在现存的岩层组合中出现蛇绿岩或类蛇绿岩（即基性-超基性杂岩）。一般来说，从裂陷槽的横剖面形态来说有两种，一种是一侧厚一侧薄的楔状，另一种是下部窄而上部宽的蘑菇状。对裂陷槽，我们建议一般应以其代表性地点的地名（往往已用来作为地层的名称）来命名。

（一）泥盆纪—早石炭世罕达气裂陷槽的地层序列和特征

在兴安地层区中，除在额尔古纳分区的北部有一些零星的早泥盆世泥鳅河组泥砂质岩外，在另外两个分区中广泛分布有泥盆纪至早石炭世早期地层，多数为浅水海相沉积，但亦有较深水的硅质岩及红层和陆相沉积。东部地区的早泥盆世地层中还发育有各种性质的火山岩，西部地区的晚泥盆世至早石炭世发育有另一套火山岩，构成了复杂的岩相和地层组合。罕达气裂陷槽的堆积地层与下伏地层的关系也呈多样性。在爱辉县可见与晚志留世地层整合接触，如现已统一归为泥鳅河组的西古兰河组与古兰河组之整合关系（薛春汀等，1980；Su，1990）。大部分地区与下伏地层呈角度不整合，如嫩江县窝理河地区（唐克东等，1966），或平行不整合，如乌奴尔地区的骆驼山组（现统一于乌奴尔灰岩）与下伏奥陶纪之间的平行不整合（内蒙古地矿局，1991）。罕达气裂陷槽的主体地层在本地层区的东部，时限为早泥盆世至早石炭世。

泥鳅河组（个别地区含晚志留世晚期地层），这个组现在集合了过去资料中所用的许多名称：有小兴安岭地区的古兰河组、西古兰河组、泥鳅河组、金水组、霍龙门组（后两个组合称为霍龙门段）；黑龙江省呼玛县兴隆地区的如舟河组、三包山组、宝泉沟组和嘎嘎拉组（后两组归为霍龙门段）；内蒙古东乌旗地区的巴润特花组、敖包亭浑迪组和温都尔敖包特组。该组下部在许多地区含火山岩，称罕达气火山岩（即原罕达气组和兴隆地区的草帽山组）。由此可见，泥鳅河组有广泛的分布。该组总体为砂岩和板岩，局部夹有灰岩凸镜体，层型地区厚约 1 600 m，含丰富的底栖动物化石，其中以腕足类化石为最，自下而上有 *Plectodonta mariae* – *Meritella* aff. *atoka* 组合、*Pacificocoelia sinica* 组合、*Gladiostrophia kondoi* 组合和 *Acrospirifer dyadobonus* 组合。其底部在很多地方发育有稳定类型的石英砂岩。在兴隆地区石英砂岩为主的砂板岩组合（上述的前二组）可厚 1 500～2 100 m（黑龙江省地矿局，1993）。在内蒙古二连浩特北，长石石英砂岩夹灰岩凸镜体，厚 440 m（内蒙古地矿局，1991）。在这些地区，虽然看不到底部的不整合，但都呈现区域性缺失志留纪地层，共生的下伏地层多为早、中奥陶世地层，最高达晚奥陶世。在一些地方更可以见到底部砾岩的存在，嫩江县三矿沟地区可见到厚达 400 m 的砾岩，不整合于奥陶—志留纪地层之上；在嫩江西岸内蒙古海里图河北岸有厚度大于 50 m 的砾岩和石英砂岩，不整合于下伏变质的早古生代地层之上。它们代表了长期剥蚀以后新的沉积的开始。在泥鳅河组中普遍含有凝灰物质，它们的一部分显然来自于同期的火山活动，但在远离火山岩的地区，接近盆地边缘的沉积物中的凝灰物质，就很可能实际上是下伏古老火山岩的剥蚀产物。泥鳅河组下部多数为粉砂岩地层，在罕达气地区（原狭义泥鳅河组）和东乌旗地区（原巴润特花组）较为典型。上部岩性组合变化比较大，在北部和东部地区为砂岩、粉砂岩。北部兴隆镇地区原称宝泉沟组和嘎嘎拉组，含少量灰岩凸镜体，厚 1 200 m。罕达气地区为含钙质的砂岩和粉砂岩，称霍龙门段（原霍龙门组和德安组），厚 200～400m，其底部常发育不厚的砾岩或含砾砂岩。向西至嫩江沿岸的关鸟河—霍龙门地区，发育有红色地层，由灰紫—绿色杂砂岩、凝灰砂岩和板岩，下部偶夹灰岩凸镜体，含床板珊瑚化石，称腰桑南组。在大兴安岭中部的乌奴尔地区，有著名的乌奴尔灰岩，厚约 200 m，是礁灰岩，含大量珊瑚，并发育有礁前和礁后沉积。含有腕足类和珊瑚化石。东乌旗地区原称敖包亭浑迪组和温都尔敖包特组，由硅质粉砂岩组成，局部钙质较高，厚 600～1 200 m，含丰富的腕足类化石。这段地层中常有少量中酸性火山岩。

罕达气火山岩是包容于泥鳅河组之中的一个岩石地层单位，主要分布于泥鳅河组分布区的东部，在各地表现的岩性和厚度都有不同。在命名地点，以中性火山岩为主，中下部夹粗面斑岩和上部夹流纹岩，厚 770 多米（黑龙江省地矿局，1993）。在泥鳅河右岸则以枕状细碧岩与硅质岩互层为特征，厚可达 1 400 余米（唐克东等，1966）。在兴隆地区则以酸性熔岩为主，有安山岩，厚仅 330 m（黑龙江省地矿局，1993）。值得注意的是，在贺根山地区，罕达气裂陷槽的南端，所谓贺根山蛇绿岩，其上部有一套基性熔岩和硅质岩互层，并夹有灰岩凸镜体，含早泥盆世的珊瑚化石，厚达 900 m，其上更有凝灰安山质砾岩（刘家义，1987）。这种情况与泥鳅河地区的情况相似，只是火山岩基性程度更高。其下伏为超基性杂岩，由二辉橄榄岩、斜辉辉橄岩、堆晶辉长岩和席状岩墙组成。罕达气火山岩常夹凝灰砂岩和灰岩，有腕足类和珊瑚 *Syringaxon*，时代为早泥盆世中期。

中晚泥盆世至早石炭世早期，东部地区开始了超补偿盆地的发育阶段，逐渐由海相变成陆相盆地，盆地规模逐渐缩小，至早石炭世晚期，盆地消失，转入剥蚀阶段。

根里河组（包括原大河里河组）见于小兴安岭西北部，时代为中晚泥盆世。由复陆屑杂砂岩、杂砂质长石砂岩、板岩组成，厚500～1 000 m。含腕足类 *Mucrospirifer* 和 *Cyrtospirifer* 等，仅分布于北至呼玛十一站、南至罕达气的狭小范围之内。向周围很快相变为海陆交互相一陆相之晚泥盆世一早石炭世早期的小河里河组的砂砾岩、杂砂岩、板岩和碳质板岩，厚870～1 000 m，含植物 *Cordaites*，*Lepidodendropsis*，*Archaeopteris fimbriata* 等和腕足类。

早石炭世的花达气组和查尔格拉河组仅分布于小河里河和卧都河一带，近似于河流一湖沼相的砾岩、凝灰砂岩、杂砂岩、板岩（花达气组）和砾岩及杂砂岩、粉砂岩互层（查尔格拉河组），都具有水平层理和微斜层理，分别厚 250 m 和 350 m。在花达气组中有植物 *Cardiopteridium*，*Angaropteridium* 等。在东乌旗地区的中晚泥盆世地层塔尔巴格特组（包括原才伦郭少组）为一套海退序列的粉砂岩、板岩、杂砂质长石砂岩和含砾粗粒杂砂岩，最厚达 1 500 m，含腕足类 *Mucrospirifer*，*Cyrtospirifer* 等。

罕达气裂陷槽从早泥盆世中期开始到早石炭世结束，从中泥盆世晚期开始转向陆相发展阶段。其主体位于早古生代岛弧的东侧，呈 NE－SW 向伸展，超过 1 000 km，最宽约 450 km。其横剖面呈东窄西宽的不对称蘑菇形。早期为非补偿性沉积，晚期为超补偿性沉积，此时盆地缩小逐渐停止发育，最后只留下少许河流一湖沼沉积。火山岩主要发育于早期，岩性和岩石化学性质在各阶段有所差别，早期在罕达气有碱性粗面斑岩，晚期有酸性熔岩，主体为中性熔岩。有的地方为中酸性钙碱火山岩，也有以基性拉斑玄武岩或细碧岩为主，常与硅质岩互层，代表裂陷槽中较深的地区。在贺根山更有超基性杂岩，可能是最深之处，位于加里东晚期西伯利亚板块与华北板块相撞之处，明显较其他地区更为软弱。裂陷槽的东翼地层与下伏地层整合，而西翼则广泛不整合于下伏地层之上。反映其明显发育于年代较老的褶皱带之上，而且开始于较广泛的凹陷，海水则从东北向西南侵进（图 4－5）。

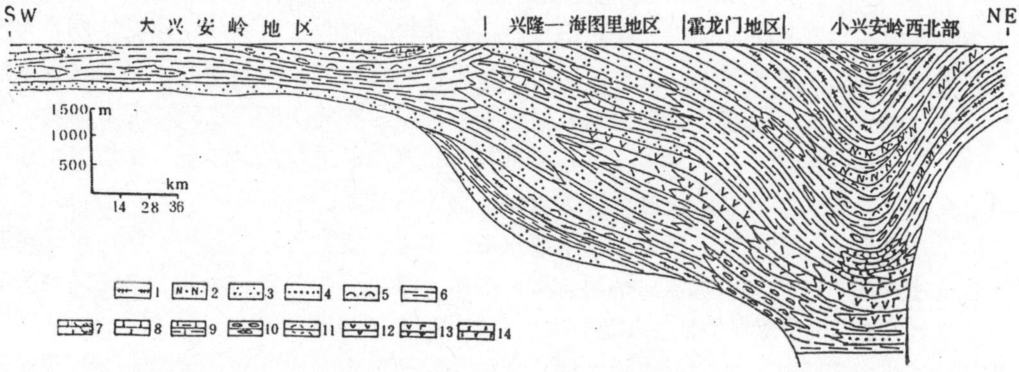

图 4－5　罕达气裂陷槽的横剖面图

Fig. 4－5　Cross section of Handaqi fault－trough basin

1. 杂砂岩；2. 长石砂岩；3. 石英砂岩；4. 砂岩；5. 凝灰砂岩；6. 粉砂岩和板岩；7. 礁灰岩及礁前；8. 灰岩；9. 泥灰岩；10. 砾岩；11. 酸性熔岩；12. 中性熔岩和安山岩；13. 细碧岩；14. 硅质岩

（二）中泥盆世晚期至早石炭世大民山裂陷槽的地层组合

中泥盆世晚期，与罕达气裂陷槽开始衰亡的同时，在其西侧开始大民山裂陷槽的发育。以中晚泥盆世的大民山组（归并了原霍博山组、下大民山组和上大民山组）和早石炭世的红水泉组及莫尔根河组为代表地层。

大民山组，由出露于喜桂图旗乌奴尔和扎敦河林场的泥鳅河组（原北矿组）的钙质粉砂岩或粉砂泥灰岩之上，整合或平行不整合上覆的中泥盆世晚期的砾岩、凝灰角砾岩、石英砂岩、硅质岩，夹有酸性角砾熔岩和酸性凝灰岩（原霍博山组）；晚泥盆世早期的以石英角斑岩为主，并夹有凝灰岩、硅质岩及铁质硅质岩及含化石的大理岩或钙质砂岩（原下大民山组）；以及晚泥盆世晚期的细碧岩、石英角斑岩为主，夹有凝灰岩、大理岩及细碎屑岩（原上大民山组）三部分组成。它们以紫红色调为特征。大民山组总厚超过 1 000 m。向北至兴隆地区，厚 610 m，由下部中基性火山岩（细碧岩）夹铁质硅质岩，中部长石砂岩和铁质硅质岩，上部石英砂岩和粉砂岩组成，其中火山岩仅占总厚度的 1/3。大民山组含有丰富的化石：腕足类有 *Mucrospirifer*，*Cyrtospirifer*，*Productella* 等，珊瑚有 *Temnophyllum*，*Tabulophyllum*，*Nalivkinella*，*Thamnopora* 等，牙形石有 *Polygnaths vacus*，*Icriodus dificilis* 等，菊石有 *Clymenia*，*Sporadoceras* 等，以及三叶虫、层孔虫等化石。

安格尔音乌拉组，指晚泥盆世地层向西南追索至东乌旗北部的国境线附近的一套由海陆交互相的长石砂岩、杂砂岩夹粉砂岩、凝灰岩和硅质岩组成的岩石地层单位，厚 2 000～4 000 m，含植物化石 *Lepidodendropsis*? 和腕足类等。其与大民山组的关系可在鄂温克旗的布格图看到二者为整合过渡关系，说明大民山组向西南火山岩减少，至东乌旗北的裂陷槽边缘变成海陆交互相沉积。

色日巴彦敖包组分布于内蒙古草原地层区的苏尼特左旗，以紫红色长石石英砂岩为主，厚 1 900 m，含腕足类 *Cyrtospirifer* 等、珊瑚 *Nalivkinella* 等以及植物 *Leptophloeum rhombicum*，底部有砾岩不整合于下伏的早古生代混杂岩之上（已进入锡林浩特-磐石地层分区），中间还夹有 300 m 厚的乌兰呼都格火山岩，有钙碱性的安山岩、英安岩、流纹岩、中酸性凝灰岩和凝灰角砾岩，可以相变为钠长石化流纹岩和玄武岩。色日巴彦敖包组一般都被看作是磨拉石，作为早华力西期西伯利亚板块和华北板块碰撞的一种证据。但它的沉积物是以石英颗粒为主的长石石英砂岩，并夹有近似于双模式的火山岩及钙碱性火山岩。显然是在经过相当长时期的剥蚀（早、中泥盆世）以后，在新的裂陷槽中重新沉积的产物。其中的火山岩与大民山组的火山岩相似。根据其岩石化学资料证明是地壳成熟度逐渐提高时期的产物（邵济安，1991）。色日巴彦敖包组是大民山裂陷槽的南端边缘海陆交互相杂陆屑建造沉积。

红水泉组（包括原安清泰河组、谢尔塔拉组、角高山组、翠岗林场组和翠岗组）是在大民山裂陷槽早石炭世的沉积盆地向两侧扩展，沉积以海相为主的砂岩和粉砂岩夹灰岩，底部常有砾岩和石英砂岩，偶夹酸性火山岩，厚可达 1 200 m，含腕足类 *Fusella*，*Plicatifera*，*Rotaiia* 等。该组分布广泛，从西部额尔古纳河东岸到东部的鄂伦春旗一带，北部达大兴安岭新林区。西南的色日巴彦敖包组的上部（原敖木根呼都格组）亦属此时期的地层。红水泉组或整合于晚泥盆世地层之上或超覆于更老的地层之上。

莫尔根河组是早石炭世的火山岩，在大民山的西侧有较集中的出露，为海陆交互相，由细碧角斑岩、安山玢岩或凝灰岩及凝灰熔岩，夹粉砂岩、硅质岩及大理岩凸镜体组成，厚 200～700 m。整合于红水泉组之上。

大民山裂陷槽从新林区到苏左旗呈NE向延展超过1 000 km，宽约200 km。向东北是否有更远的延伸（Su，1988）有待以后证实。其横剖面形态呈蘑菇状，是在罕达气裂陷槽西翼的台地上发生起来的。因此，该地层组合一开始就有较多的火山岩，与下伏泥鳅河组没有明显的不整合，并且硅质岩十分发育，还有众多的碳酸盐岩沉积，含有浮游的菊石化石。说明这个裂陷槽一开始发生就有相对较深的海水。但是整个的发育时间则十分短促，从开始到结束，时限为中泥盆世晚期至早石炭世。火山活动主要是细碧-角斑质的。两翼早石炭世地层多超覆不整合于下伏地层之上。在裂陷槽发展过程中，常有陆相地层发育于中晚期（如原对孤山组）（图 4-6）。

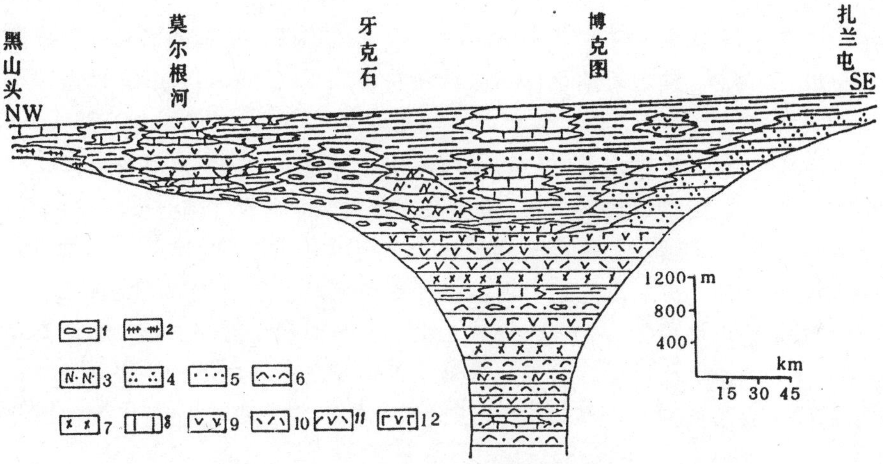

图 4-6 大民山裂陷槽的横剖面图

Fig. 4-6 Cross section of Daminshan fault-trough basin

1. 砾岩；2. 杂砂岩；3. 长石砂岩；4. 石英砂岩；5. 砂岩；6. 凝灰砂岩；7. 硅质岩；8. 灰岩；9. 安山岩；10. 流纹岩；11. 角斑岩；12. 细碧岩

（三）晚石炭世宝力格庙裂陷槽的火山喷发堆积

经过短暂的沉积间断以后，在晚石炭世本地层区开始了陆相的火山活动期。除小兴安岭西北部零星分布的“花朵山组”外，实际上该组时代不很清楚，其被晚二叠世—早三叠世的老龙头组不整合覆盖，厚400余米，以中性火山岩为主，夹少量中酸性火山岩，底部为砾岩及砂岩。真正的宝力高庙组主要为分布于从二连到东乌旗一带，并向东北延至大兴安岭扎兰屯附近，可能在嫩江县以北也有分布。

宝力高庙组（曾称宝力格组）在不同地点曾使用洪敖包组、双龙山组及新伊根河组等名称，为一套中酸性和酸性火山岩、火山凝灰岩夹砂岩、粉砂岩，含安格拉型植物化石 *Angaridium*，*Noeggerathiopsis*，*Angaropteridium* 的地层，厚1 300 m，分布范围宽达100余公里，在我国境内延伸达920 km，向西延入蒙古国。是本地层区南部边缘的地层，与南面同时代的海相地层一起构成晚石炭世的宝力格庙裂陷槽沉积系列，将在锡林浩特-磐石分区中进一步论述。

五、乌兰浩特-哈尔滨地层分区的早石炭世早期地层

该分区除二叠纪—早三叠世地层以外，古生代地层只有出露于黑河市洪湖吐河沿岸的洪湖吐河组，主要为凝灰岩，下部夹层凝灰岩，产腕足类 *Fusella* 和 *Syringothyris* 等，上部夹板岩，厚约 1 800 m。时代为早石炭世早期。

第二节 松花江地层区

该地层区包括过去认为的佳木斯中间地块及其周边地区。近期的研究证明在晚元古代时期，大约 600 Ma 的时候，佳木斯地块和松嫩地块在沿牡丹江一带对接合并而形成一个统一的地块，这里称其为松花江地块，其西部在中生代松辽盆地之下。这个地块在整个古生代时期，处于地壳固化成熟的发展阶段，各时期的花岗岩十分发育，也出现几次较弱的拉张，在西部和东部形成了裂陷和裂陷槽的地层系列。它们主要是浅海相—海陆交互相—陆相的碎屑岩，夹有碳酸盐岩或煤层。火山活动主要有三期，一是中奥陶世的海相中酸性火山活动；另二期都是陆相中酸性火山活动，分别发生在晚泥盆世和晚石炭世。各断代的沉积地层中都可见到化石。在海生生物中仍以底栖类为主，大量腕足动物是各时期生物的主体，珊瑚在适合的环境中有很好的发育。浮游类生物仅在东部的灰岩中偶而见到。陆生生物主要是植物。本地层区可分为三个分区，自西向东为伊春-尚志地层分区，佳木斯分区和密山-宝清地层分区。

一、早寒武世晚期的局限海沉积

在牡丹江东岸及其向北的延长线上，断续出露有几处蛇绿岩，形成一蛇绿岩带，曹从周(Cao，1989) 称其为牡丹江蛇绿岩带。同时又有高压的蓝闪片岩。早在 70 年代末，板块构造假说刚开始在中国传播的时候，刘长安等就已注意到这些蓝闪片岩的存在，并认识到它们的重要性。这些古板块活动的岩石记录，证明沿牡丹江一带曾有过大陆碰撞事件的发生。曹从周（Cao，1989）认为是自东向西的俯冲，白景文等（1989）认为是“典型的陆上碰撞环境”，“是 A 型和 B 型俯冲复合构造作用的结果”，“以 A 型俯冲作用为主”。最近，沈阳地质矿产研究所的朱群等（1995）研究佳木斯地块及其邻区的地质时，在详细研究了前寒武纪的岩石学以后，提出牡丹江碰撞带的碰撞模式（图 4 - 7）。指出在中元古代晚期—晚元古代早期（1 180～920 Ma）开始出现裂谷，形成大洋进入扩张阶段，经过 920～610 Ma 的洋壳向东俯冲，逐渐消减，于 610～544 Ma 的花岗岩—伟晶岩的侵位，结束了这次古老的威尔逊旋回。在最后阶段的碰撞隆起带两侧的盆地中，沉积了早寒武世晚期的勒拿期浅海沉积。在张广才岭的松花江以北的铁力县、汤原县到伊春市一带（伊春-尚志分区）分布有一套以白云质大理岩为主的地层，常与有色金属矿产有关，称西林群。由自下而上的晨明组、老道庙沟组、铅山组和五星镇组构成。

晨明组分布于汤原县晨明镇和伊春市五星镇，由下部黑色沥青质白云质灰岩、沥青质灰岩夹页岩和上部的灰色页岩粉砂岩夹薄层灰岩组成，厚 500～700 m。含有藻类？*Chlorellopsis* 和 *Protosphaeridium*。

老道庙沟组整合于晨明组之上，为紫灰色粉砂质板岩、硅质泥质板岩和细砂岩等，分布

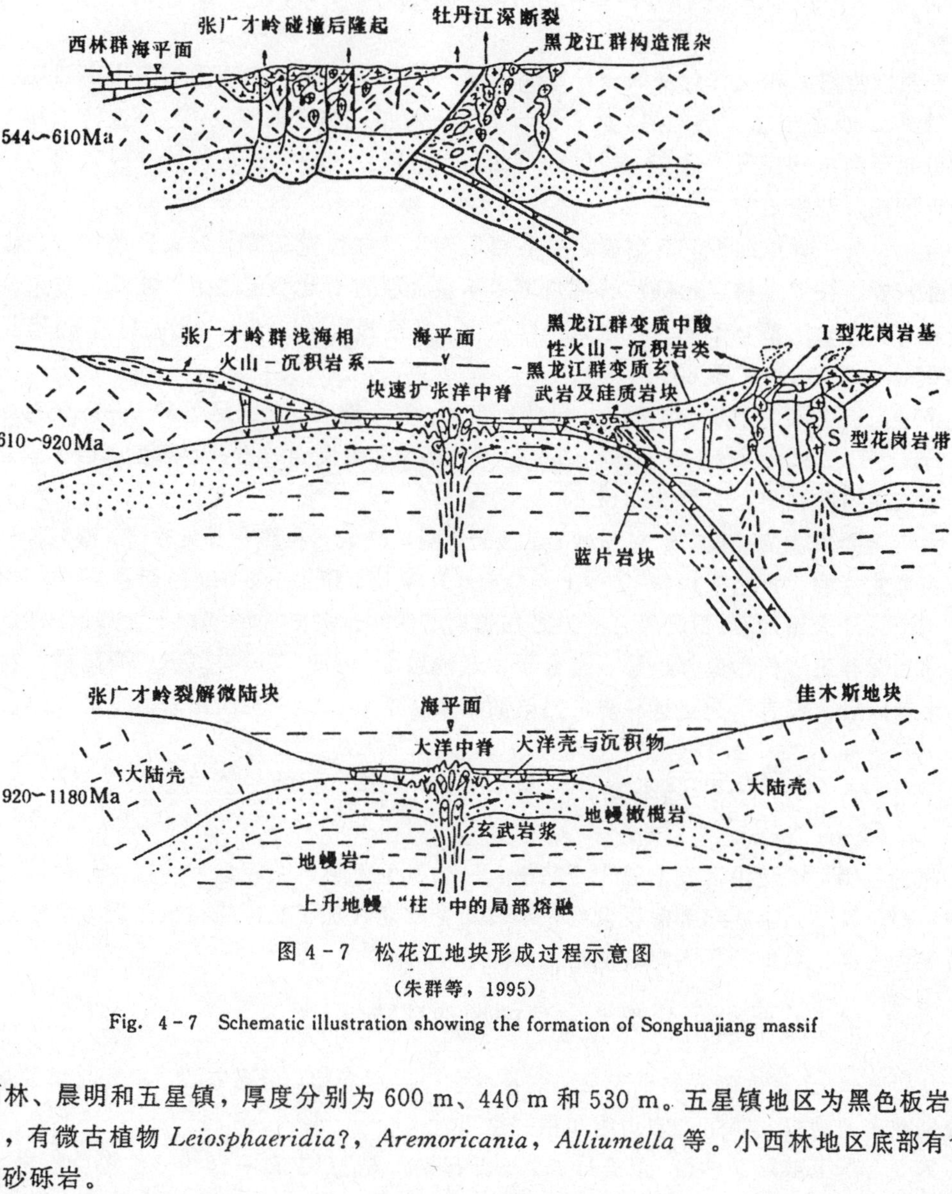

图 4-7 松花江地块形成过程示意图

（朱群等，1995）

Fig. 4-7 Schematic illustration showing the formation of Songhuajiang massif

于小西林、晨明和五星镇，厚度分别为 600 m、440 m 和 530 m。五星镇地区为黑色板岩，含黄铁矿，有微古植物 *Leiosphaeridia*?，*Aremoricania*，*Alliumella* 等。小西林地区底部有含砾砂岩或砂砾岩。

铅山组的岩性为白云岩、白云质结晶灰岩、结晶灰岩、大理岩、白云质大理岩、泥质灰岩夹碳质板岩。分布于伊春市、铁力县和通河县等地区，厚分别为 1 000 m、1 400 m 和150 m，整合于老道庙沟组之上。

五星镇组下部为大理岩夹碳质板岩和粉砂质板岩；上部为生物大理岩夹砂质板岩和碳质板岩，厚 190 m。含早寒武世晚期——勒拿期的三叶虫 *Kootenia*，*Proerbia* 等及无铰纲腕足类、软舌螺和单板类化石。整合于铅山组之上。

西林群是形成于碰撞抬升时期的上叠沉积盆地之中。该盆地东侧和南侧都是晚元古代地层构成的高地所围绕，使盆地中长期流水不畅，沉积了代表还原—半还原环境的白云质碳酸盐岩和碳质粘土岩，只是在晚期才出现以钙质为主的碳酸盐岩，表明水体开始进入氧化环境，才有三叶虫等生物生存。

二、中奥陶世裂陷火山-沉积岩组合

中奥陶世时，松花江地块的张广才岭地区处于引张体制，表现为裂陷火山活动，形成尚志群的火山-沉积岩组合的地层。尚志群自下而上由相互整合的宝泉组、小金沟组和大青组构成。分布于尚志—庆安—逊克一线以东，亚布力—依兰—南岔—乌伊岭一线以西的一个南北向延伸的狭长地带之中。

宝泉组为一套以酸性凝灰熔岩、石英角斑岩、中酸性凝灰碎屑岩夹黑色板岩、碳质板岩和结晶灰岩。在宝泉村以角砾状石英角斑岩不整合覆盖于晨明组之上，在鹤岗东风铁矿以石英岩和石英砾岩不整合于元古宙东风山群之上。厚度最大近 900 m（宝泉村），通河县弯腰山厚 470 m，东风山铁矿厚 800 m。

小金沟组下部为条带状细砂岩、粉砂岩互层，夹大理岩，含腕足类 *Vellamo*，*Glyptomena*，*Hesperorthis*，*Dolerorthis*，*Othambonites* 等；中部为含砾混合砂岩；上部为厚层大理岩、细砂粉砂岩，夹中酸性熔岩。厚 300 m。

大青组为安山岩、英安岩夹粉砂岩、板岩、凝灰砂岩，局部有石英砂岩。厚 530～850 m。尚志市黑龙宫的大青组安山岩 K－Ar 年龄有 401.2 Ma 和 441.8 Ma 的纪录。

这个裂陷火山岩-沉积岩组合明显是在长期遭受剥蚀的陆壳的基础上发展起来的，边缘有石英岩和石英砾岩作为底部地层不整合于古老地层之上。但它没有发展成裂陷槽，在奥陶纪火山活动以后，没有引起更进一步的拗陷而结束了活动，缺失在火山岩之上的地层。

三、晚古生代裂陷槽的火山-沉积岩系

晚古生代，本地层区发生三个裂陷槽：一个发生于早、中泥盆世，在本区西部，称黑龙宫裂陷槽；其二是本区东部的泥盆纪—早石炭世的老秃顶子裂陷槽；三是发育于本区西部的晚石炭世—早二叠世的杨木岗裂陷槽。

（一）早、中泥盆世的黑龙宫裂陷槽地层特征

从伊春-尚志分区南部的宁安县向北经尚志市到伊春市，分布有早、中泥盆世的地层，它们分别被命名为黑龙宫组、宏川组和福兴屯组。

黑龙宫组下部以杂砂岩、混合砂岩、长石石英砂岩、凝灰砂岩及粉砂质泥质板岩、凝灰质千枚岩、粉砂岩、大理岩、结晶灰岩为主，夹中性凝灰岩、凝灰熔岩，上部以粉砂岩和板岩为主的细碎屑岩夹层间砾岩、细粒杂砂岩、中酸性凝灰岩及少量凝灰熔岩和砂砾岩，含有腕足类化石 *Coelospirella*，*Leptaenopyxis*，*Gladiostrophia*，*Discomyorthis*，*Acrospirifer*，*Tridensilis* 等，及少量珊瑚、苔藓虫。南部厚度达 1 100 m，北部厚仅 300 余米。

宏川组在伊春市一带为分布局限的以凝灰质角砾岩和砂岩为主的地层，厚仅 150～250 m，亦含有与黑龙宫组相似的腕足类化石。该组实际上是黑龙宫组上部在盆地边缘的相变。

福兴屯组在延寿县马鞍山和福兴屯一带，由砂岩、板岩、砂砾岩和少量霏细岩组成，产植物化石 *Taeniocrada*，*Barsassia*，*Protolepidodendron* 等。厚 1 300 m。时代为中泥盆世。

这个裂陷槽中，火山岩较少而不集中，但延续在整个裂陷槽的发展时期中，以酸性的凝灰岩和凝灰熔岩为特征。是一个拉张微弱、裂陷不深的裂陷槽，早期沉积为复陆屑型，以混合砂岩、长石石英砂岩为标志，后期则出现代表趋向稳定的石英砂岩，并有多层层间砾岩，表明盆地变浅。在北部盆地边缘还有坍塌型沉积的角砾岩（宏川组）。其横剖面形态为南厚北薄的楔形。该裂陷槽的寿命很短，从开始到结束，根据所含化石表明的时限，仅从早泥盆世晚期爱姆斯期至中泥盆世。在早泥盆世的海水撤出本区后，在延寿地区留下了一个陆相盆地，沉积了陆相湖沼沉积。

（二）泥盆纪—早石炭世老秃顶子裂陷槽海陆交互相火山岩-沉积岩系列

在松花江地块的东部边缘的宝清-密山分区，呈SN向分布一套海陆交互相的泥盆纪—早石炭世的地层，划分为泥盆纪黑台组、老秃顶子组、七里卡山组和早石炭世早期的北兴组。各组间互相整合接触。

黑台组（原新中组、下黑台组和上黑台组的总和）以花岗质砂岩或石英砂岩、石英砂砾岩不整合于加里东期或更老的花岗岩之上。所谓花岗质砂岩，实际上是下伏花岗岩之风化壳，其上有海滨沼泽的粉砂质板岩，含早泥盆世晚期的孢子 *Granulatisporites*，*Retusotriletus* 和植物碎片（原新中组，苏养正等，1983），再上也是石英砂岩。这些砂砾岩和粉砂质板岩构成黑台组的下部；中部为灰岩，在西部密山县黑台一带为砂质灰岩和钙质页岩，北部汪清县兰花顶子一带为生物碎屑灰岩夹板岩和少量流纹岩。在灰岩和钙质板岩中含丰富的珊瑚 *Sulcophyllum*，*Cystiphylloides*，*Squameofavosites*，*Thamnopora*，*Tyrganolithes* 等，腕足类 *Borealispirifer*，*Euryspirifer*，*Leptostrophia* 等；上部为杂砂岩、凝灰砂岩及板岩夹凝灰岩和少量灰岩凸镜体的互层，含有植物 *Taeniocrada* 和 *Protolepidodendron*（郭胜哲等，1992）、孢子、疑源类、几丁虫和灰岩凸镜体中少量腕足类 *Protoleptostrophia* 等以及三叶虫 *Dechenellurus* 等。厚度在南部黑台为120 m，北部兰花顶子为300 m。

老秃顶子组由流纹质熔岩、凝灰岩、板岩、粉砂岩和硅质板岩组成，以火山碎屑岩为主。熔岩含量在各地有变化，总体说北部比南部多，厚度也是北部厚，老秃顶子厚920 m；南部薄，黑台只有25 m。

七里卡山组为紫色、灰紫色凝灰质板岩、细砂粉砂岩，夹英安质凝灰岩、流纹质凝灰熔岩或互层。粉砂岩中产晚泥盆世晚期的植物 *Aphyllopteris*，*Psilophytites*?，*Hostimella*。厚约100 m。

北兴组以黄褐色英安质凝灰岩、凝灰质板岩夹中细粒混杂砂岩，含 *Hemiplethorhynchus*，*Pseudosyrinx*，*Torynifer* 等早石炭世早期的腕足类化石（苏养正等，1987）。厚220 m。

这个裂陷槽，从早泥盆世晚期开始发育，普遍以石英砂岩或石英砾岩不整合于花岗岩之上，表明是在长期剥蚀以后重新开始沉积的。一般说来，早期有较稳定的海水，沉积了一定厚度的灰岩，在兰花顶子一带可厚百余米，同时发育了许多底栖生物。但多数时期处于动荡的海陆交替的环境。黑台组上部的植物与西部黑龙宫裂陷槽末期阶段的植物相同。此时，这个裂陷槽正处于发展的早期阶段，火山活动刚开始，以酸性凝灰岩为主的火山活动一直到早石炭世早期的最后阶段，只在局部地区有熔岩，主要在北部。老秃顶子裂陷槽的横剖面形态为北厚南薄的楔形；北部总厚1 500余米，南部总厚仅400 m，最南端的黑台仅厚150 m。其平面形态则为SN向延伸的狭长槽状。

（三）晚石炭世—早二叠世杨木岗裂陷槽地层特征

在经过中晚泥盆世—早石炭世的剥蚀间断以后，从晚石炭世开始在伊春-尚志分区的东南部，出现了一个新的裂陷槽，沉积了一套从陆相火山-沉积岩到海相浅水沉积岩系。由晚石炭世唐家屯组、杨木岗组和早二叠世的土门岭组和玉泉石灰岩（原玉泉组）组成。

唐家屯组分布于黑龙江省南部的哈尔滨以东的阿城、宾县和五常等地，以酸性、中酸性凝灰熔岩、凝灰岩为主夹中性熔岩和凝灰岩及凝灰质粉砂岩、粉砂岩和板岩，局部有含角砾凝灰岩和火山角砾岩。含植物 *Paracalamites*，厚 1 600～1 900 m。有一 Rb - Sr 等时年龄 350 Ma。该组未见顶底关系。

杨木岗组在滨东地区有广泛的分布，向南一直延展到黑龙江省与吉林省的边界宁安县尔站林场。为一套陆相的砂岩和板岩，夹少量中性和中酸性火山岩，局部夹砾岩。含有 *Neuroperis*，*Angaridium*，*Zamiopteris* 为代表的晚石炭世植物组合。厚度变化较大，北部青龙屯地区仅厚 40 m，尚志厚 370 m，尔站厚 870 m，阿城市一带厚达 1 100 m。火山岩多以夹层出现在东部的剖面中：如尚志市的尔站地区，有酸性凝灰熔岩、安山玢岩，凝灰岩等；于延寿县玉河乡青龙屯一带，曾称青龙屯组，岩性为中性安山玢岩夹凝灰角砾岩、角砾凝灰熔岩、凝灰质砂岩、板岩，厚约1500m，下部的泥质板岩和凝灰岩中，含 *Noeggerathiopsis* 和 *Crassinervia* 植物化石。唐家屯组与杨木岗组的分布区有一定的重叠，杨木岗组中有中酸性火山岩夹层，唐家屯组中有砂岩和粉砂岩夹层。它们是互相呈横向过渡状态的一套地层。唐家屯组位于西部，杨木岗组位于东部。这两个组实际上是一套裂陷槽早期的陆相火山岩-沉积岩系。

早二叠世土门岭组比晚石炭世火山-沉积地层有更大的分布范围，南自五常，北至伊春市，呈 NNE 向带状分布。由粉砂岩、细粒长石石英砂岩、长石砂岩，杂砂质长石砂岩夹石灰岩凸镜体组成。含化石有腕足类 *Spiriferella*，*Liosotella*，*Neospirifer*，*Leptodus*，*Actinoconchus*，*Stenoscisma*，*Licharewia* 等，珊瑚 *Cyathocarinia*，*Timorphyllum*，*Tachylasma* 等，植物 *Noeggerathiopsis*，*Zamiopsis*，*Zamiopteris*，*Sphanopteris* 等。在阿城地区的晚石炭世所形成的火山岩台地上发育有巨厚的灰岩，称玉泉石灰岩（原玉泉组），为早期的产物，厚达 400 m，分布于玉泉、石发等地。土门岭组的厚度在南部地区超过 1 000 m，在北部地区的铁力、伊春一带的沉积盆地边缘地区出现海陆交互相地层，厚 2 000 余米。其下与杨木岗组整合，其上为晚二叠世红山组整合覆盖。

杨木岗裂陷槽开始在南部滨东地区发生，为陆相火山岩-沉积岩系列，后期发生海侵，为浅海相碎屑岩沉积，南部的火山台地上发育巨厚的碳酸盐岩沉积，北部盆地边缘为海陆交互相地层。该裂陷槽的横剖面自南至北成一南厚北薄的楔形，南部总厚可达 4 000 m，北部厚 2 000 m。平面形态呈 SN 向的狭长带状，南端为晚元古代地层所限。

四、晚石炭世—早二叠世湖沼沉积

密山-宝清分区，在老秃顶子裂陷槽停止发育，经过短暂的间断剥蚀以后，从晚石炭世开始进入了陆相湖沼沉积，一直持续到早二叠世早期。

珍子山组（包括原塔头河组）基本上在原老秃项子裂陷槽的范围内分布。底部有砾岩，下部为杂砂岩和凝灰砂岩，主要分布于南部密山地区，厚 430 m，中部为杂砂岩和板岩的互层，夹红层和少量凝灰岩，厚 280 m，上部以粉砂质板岩、泥质板岩为主，并有杂砂岩，厚 100 m。

下部地层中含有凝灰物质较多，在一些剖面中有沉凝灰岩和玻屑晶屑凝灰岩，曾被命名为光庆组（黑龙江省地矿局，1993）。珍子山组底部有砾岩，中部以夹有紫色页岩和煤层为特征，上部不含凝灰物质。煤层以上的地层，曾称塔头河组。珍子山组所含植物化石有 *Angaridium*，*Noeggerathiopsis*，*Angaropteridium*，*Neuropteris*，*Nephropsis*，*Crassinervia* 等。

第三节　延边地层区

本地层区自北向南分为饶河地层分区和东宁-汪清地层分区。在延边地层区内未见晚石炭世以前的古生代地层。海相晚石炭世地层多数呈岩块存在于后期的地层之中，这些岩块中古生物化石十分丰富，有䗴、珊瑚和腕足类等。

一、原地系统的石炭纪地层

在安图县的明月沟—天宝山一带，于花岗岩分布区中有一套以碎屑岩和灰岩互层的地层，多数受轻微的热力变质，称天宝山组。该组下部为钙质粉砂岩、页岩、结晶灰岩和燧石条带结晶灰岩，厚 120 m；中部板岩、燧石条带结晶灰岩、泥质灰岩、结晶灰岩，厚 650 m；上部粉砂岩、长石石英砂岩、钙质粉砂岩、燧石结核结晶灰岩、条带状灰岩等，厚 1 200 m。在中部产珊瑚 *Caninia*。这是一个地层位置不清，有一定分布范围的岩石地层单位，仅能根据所含化石确定为晚石炭世。结合在下面讨论的晚石炭世灰岩岩块，可能是晚石炭世陆表海盆西部边缘的浅水沉积。

二、在后期地层中的石炭纪岩块

东宁-汪清分区的南部有一套富含古生物化石的地层，一直被称为山秀岭组，分布于开山屯山秀岭地区，延伸仅 3 km。一般认为层型剖面是一个倒转构造，山秀岭组被下伏的早二叠世砾岩所不整合，为一套碳酸盐岩，含化石有䗴 *Quasifusulina*，*Triticites*，*Pseudoschwagerina*，*Rugosofusulina* 等；腕足类 *Dictyoclostus*，*Brachythyrina*，*Stenoscisma* 等，时代为晚石炭世晚期。在层型剖面中可以看到有凝灰岩、凝灰质砂砾岩、角砾状结晶灰岩等所谓夹层，但却没有在灰岩剖面中一般常见的砂岩、粉砂岩之类的夹层，显得十分不协调。最近，在山秀岭地区山秀岭剖面的凝灰质砂砾岩的灰岩砾石中找到早二叠世的䗴类化石 *Kahlerina ussurica*，*Verbeekina* 等（张允平等，1994），证明这些凝灰质砂砾岩实际上与周围的凝灰质砂砾岩是一样的，应属晚二叠世，而山秀岭组已不具备原来建组时的意义，只是晚二叠世砾岩中的一系列灰岩岩块，具有砾石的性质。而一般从化石时代而认为的剖面上的倒转构造亦随之成为无缘之木。因此山秀岭组的名称应予以停止使用。可称之为山秀岭岩块。

在饶河分区的晚三叠世—早侏罗世的大岭桥组的砂岩、硅质岩之中，有许多灰岩岩块，过去曾根据其中含有䗴类化石和地层叠覆律，将这些岩块和大岭桥组的砂岩、硅质岩一起命名了一套石炭—二叠纪的地层名称（李文亢等，1979），含有䗴类化石 *Eostafella*，*Fusulina*，*Triticites*，*Pseudoschwagerina* 等（韩建修，1982）。黑龙江省区调一队康宝祥等在进行该地区1：20万区调填图时，发现含有这些䗴类化石的石炭—二叠纪的灰岩，是中生代地层中的外来岩块。岩块周围的砂岩和硅质岩中所含的放射虫、牙形石表明时代为晚三叠世—中侏罗世（王成源等，1988；张勤运，1993）。因此，这些灰岩已不具有原来的地层意义。然而所含的化石仍将在古生物地理的研究中起到它应有的作用。

第四节　内蒙古草原地层区

本地层区是华北板块的北部大陆边缘区，可分为锡林浩特-磐石地层分区和赤峰地层分区。被动陆缘时期在南部边缘有被动陆缘型的碎屑岩和碳酸盐岩，在地壳固化成熟期与别的地层区一样发育裂陷槽的岩石系列。这些地层的分布方向，都是平行华北北缘的方向，呈EW向。早古生代生物不发育，只在弧后盆地的陆侧沉积中有一些从华北地台上迁移过来的底栖生物，岛弧沉积中的少量笔石和岛弧期后沉积中的笔石和底栖的珊瑚、腕足动物。从晚志留世晚期开始的晚古生代生物有大量的繁衍，主要为底栖的海生生物，腕足类、珊瑚、苔藓虫、䗴等。

一、可能的早期裂谷岩系和被动陆缘沉积

在内蒙古中部，沿华北陆台的北缘，从包头的白云鄂博地区向东经四子王旗到商都县，呈近EW向分布有著名的白云鄂博群。按最近的划分，可分为都拉哈拉组、尖山组、哈拉霍疙特组、比鲁特组、白音宝拉格组和呼吉尔图组等六个组，总厚近10 000 m。时代意见分歧很大。在这里综合古生物和同位素年龄资料，认为是晚元古代后期到早奥陶世。第三章中置于中—晚元古代，本章补充置于古生代及其构造位置的意见。

都拉哈拉组为长石石英砂岩、含砾石英砂岩、石英岩，厚686 m，不整合于古老变质岩之上。其下部为河流相和滨海的陆相—滨滩相沉积，有各种相应的层理构造，如低角度冲洗层理、人字形层理、反向交错层理、双粘土束状体横向序列、水平层理、槽状斜层理等。

尖山组下部为铁锰质板岩、碳质板岩，中部为长石石英砂岩，上部为粉砂质泥质板岩及灰岩。以板岩为主，长石石英砂岩常呈楔状体。厚743 m。

哈拉霍疙特组下部为岩屑长石石英砂岩、钙质砂岩与灰岩，上部灰岩、硅质灰岩和砂质灰岩，厚866 m。其与尖山组之间有迹象表明存在间断。

比鲁特组为砂板岩，发育有层位比较稳定的滑塌堆积及顶部风化壳。厚达2 500 m。

白音宝拉格组下部为石英岩、粉砂岩，中部粉砂岩—泥板岩，上部粉砂质板岩、石英砂岩、砂质板岩。总厚2 100 m。间断沉积于比鲁特组之上。

呼吉尔图组自下而上为泥灰岩、绿帘石岩以及粉砂岩。厚1 200 m。

白云鄂博群在尖山组有富钾粗面质熔岩和凝灰岩，比鲁特组有流纹岩，呼吉尔图组的绿帘石岩为碱性玄武岩，构成一偏碱性的火山岩系列。因此有人认为白云鄂博群是裂谷的产物（王楫等，1987）。但也有人认为白云鄂博群是河流相—陆坡相—陆隆浊积岩相的演变序列（张鹏远等，1993）或是被动大陆边缘沉积（张允平等，1986）。在白云鄂博群中，近年发现许多化石。有微古植物 *Micrhystridium*，*Baltisphaeridium* 等，微体动物化石 *Hyolithella*，*Tetrapetalia* 等，海绵骨针，海绵 *Mausonites*，珊瑚 *Lichenaria*，*Rhabdotetradium*，遗迹化石以及叠层石（张鹏远等，1993）。

考虑到在内蒙古中部有晚元古代—寒武纪蛇绿岩（唐克东等，1983），白云鄂博群中的沉积序列及碱性火山岩，则华北板块北缘可能残留有华北板块与西伯利亚板块在中晚元古代分

离时的裂谷沉积物。但白云鄂博群的主要部分似乎还是被动陆缘的沉积（图 4 - 8)。

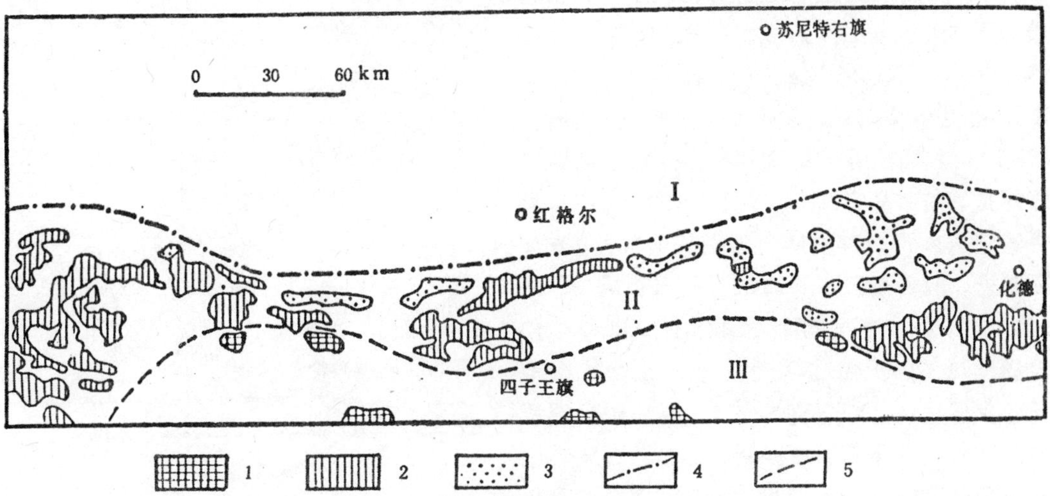

图 4 - 8 内蒙古中部被动陆缘沉积分布

（张允平等，1986）

Fig. 4 - 8 Map showing the distribution of sediments of passive continental margin in central part of Nei Mongol

1.太古界；2.白云鄂博群下部岩组（1—10 岩段）；3.白云鄂博群中部岩组（11—17 岩段）；4.优、冒地槽界线；5.沉积岩与剥蚀区界线

Ⅰ.洋（壳）区；Ⅱ.陆缘（大陆架）区；Ⅲ.古陆剥蚀区

在辽宁省北部开原市清河镇一带，新近建立一清河镇群（王东方等，1988)，共分四组。其中最上部的一个组为白石砬子组，原始描述为灰岩、硅质岩和凝灰绿片岩，并含有微体动物化石 *Hyolithellus* 等（刘效良等，1990)，与下伏的三个组为整合接触。我们在野外观察白石砬子剖面时，发现其底部的灰岩含砾和砂屑，砾石有凝灰绿片岩、变粒岩、石英和花岗岩等。因此，白石砬子组与下伏地层的关系可能是不整合，而其所含的微体化石与白云鄂博群一致，所以可以认为是被动陆缘沉积在辽宁省北部华北陆台北缘的残存物。

二、奥陶纪岛弧和弧后沉积地层

在白云鄂博群分布区以北，温都尔庙群分布区以南，近 EW 向从白云鄂博东北到吉林省中部，断续分布有早古生代岛弧和弧后盆地的火山岩-沉积岩系列地层、台缘碎屑岩和碳酸盐岩地层。

（一）岛弧火山岩-沉积岩系

这个岩系现在统称包尔汉图群，是一套钙碱系列的火山岩和沉积岩的地层组合，分别见于白云鄂博东北的西别河—巴特敖包一带，苏尼特右旗白乃庙（原称白乃庙群或白乃庙组），翁牛特旗解放营子一带（原大朝阳沟组）及吉林伊通市放牛沟一带（放牛沟火山岩）。在包尔汉图，该群由底部的磁铁石英岩及杂砂岩和硅泥质粉砂岩，以及下部作为主体的安山玢岩及其凝灰岩、玄武岩、凝灰砂岩、凝灰粉砂岩等组成。上部凝灰质粉砂岩中含笔石 *Callograptus*，*Desmograptus*，*Dictyonema* 和 *Aspidograptus* 等，厚 1 100 m，时代为中晚奥陶世。包尔汉图群自西向东玄武岩逐渐减少，流纹岩逐渐增多。在白乃庙地区基本上是基性火山岩和安山岩，还有英安岩，厚约2 000 m。有K-Ar年龄458、434及518 Ma，Rb-Sr年龄427±17 Ma（唐克东等，1992），认为其年龄应为427～458 Ma。在解放营子地区主要由安山岩和流纹岩组成，有少量玄武岩，厚约1 400 m。在吉林伊通市放牛沟由英安质角砾凝灰熔岩、英安质凝灰岩、酸性凝灰岩和凝灰质砂岩组成，厚约900 m。Rb-Sr等时年龄为455±10 Ma。包尔汉图群属岛弧火山-沉积岩系列，已为中国地质学家所公认。徐冬葵（1987）对包尔汉图群的研究表明其主要特征是火山岩，岩石化学性质为岛弧钙碱系列火山岩。火山碎屑岩占火山岩总厚度的66.8%，是白乃庙岛弧群的一部分（图4-9）。王东方（1983）对白乃庙的火山岩系岩石地球化学的研究，结论是由早期岛弧拉斑玄武岩趋势向晚期钙碱性趋势过渡。

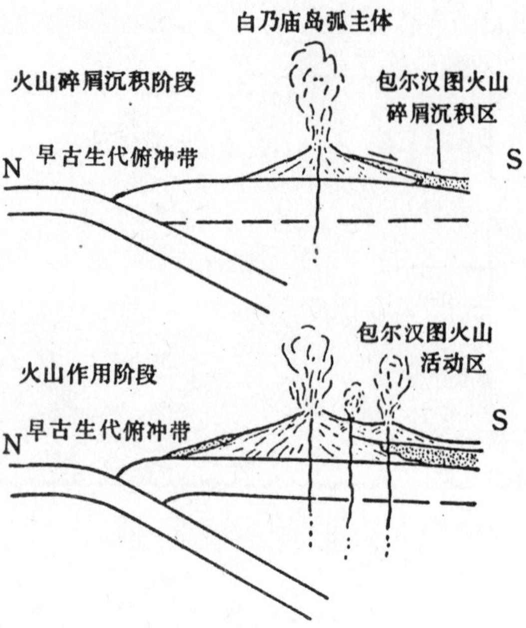

图4-9　包尔汉图群的成因及演化阶段示意图
（徐冬葵，1987）

Fig. 4-9　Schematic illustration showing formation and evolution stages of Baorhant Group

这个华北北缘的奥陶纪岛弧系列，除西端的包尔汉图地区和东端的放牛沟地区外，其他地区都受到绿片岩相的变质作用：白乃庙地区为绿片岩夹长石石英片岩、千枚岩、云英片岩；解放营子地区为角闪片岩、角闪片麻岩和绢云石英片岩夹变质凝灰砂岩、凝灰粉砂岩。

（二）弧后盆地的地层系列

在岛弧火山岩与华北地台之间，呈EW向发育有许多轻变质的地层，多数没有化石，地层的时代位置长期处于不定之中。在北方板块构造研究期间，对它们进行了重新研究和重新认识，确认它们应属于弧后盆地靠岛弧侧的火山-沉积岩系，相应在更南部有陆侧的弧后沉积的浅海台缘沉积。

1. 弧侧的火山-沉积岩

从白云鄂博附近向东经达茂旗到吉林省桦甸市的1 400 km的带上，分布有经受变质的火山-沉积地层。在内蒙古地区被称为塔林宫群（唐克东等，1992），在吉林省中部分别称为下二台群和呼兰群。

塔林宫群由哈力齐组、艾布盖河组和格少可布组组成。在唐克东等建群时曾包括哈拉哈达组，该组的碎屑岩不变质，应是另一套地层组合的一部分。哈力齐组由单调互层的中—细粒砂岩、粉砂岩和泥质岩组成，轻度变质成变质砂岩、变质粉砂岩、云母片岩和石英片岩等，夹有少量已变成角闪片岩的玄武岩，厚达2 800 m。艾布盖河组整合其上，由玄武岩（角闪片岩和角闪片麻岩）、安山岩（绿帘角闪岩）、杂砂岩、凝灰砂岩、英安质凝灰岩夹含锰铁结晶灰岩组成，厚达2 900 m。艾布盖河组在靠近包尔汉图火山岛弧的艾布盖河—哈力齐地区，火山岩增多，主要是与包尔汉图群相同的钙碱系列玄武岩和安山岩；而在离岛弧稍远的达茂旗地区则火山岩减少和碳酸盐岩增多，可达600 m。格少可布组由粉砂泥质岩夹细粒石英砂岩组成，前者多变质为含石榴石、十字石和蓝晶石的二云母石英片岩，厚2 900 m。

下二台群，出露于辽宁省昌图县和吉林省四平市之间，呈NNE向分布。自下而上有盘岭组、黄顶子组和烧锅屯组。盘岭组由下部灰白—深灰色角闪变粒岩、黑云变粒岩和二云石英片岩等原岩为砂岩、粉砂岩等碎屑岩组成，夹少量大理岩凸镜体和上部黑云石英片岩、阳起石英片岩局部夹石英钠长斑岩组成，厚近1 400 m；黄顶子组由块状和条带状大理岩夹石英砂岩、碳质板岩和云母石英片岩薄层组成，厚450 m；烧锅屯组由黑云变粒岩、石英片岩、二云石英片岩、云母片岩组成，厚800 m。在黄顶子组和盘岭组之中常夹有流纹岩。烧锅屯组的片岩中含石榴石、蓝晶石和十字石。下二台群和塔林宫群是基本可比，恢复二者的原岩，下部为砂泥质的互层，中部为火山岩和碳酸盐岩，上部为富铝的砂泥质岩，都经受同期的中温变质作用。

呼兰群仅分布于吉林的磐石地区，呈NNW向分布，可分为黄莺屯组和小三个顶子组。黄莺屯组由含电气石石榴石二云斜长片麻岩、黑云斜长变粒岩、角闪斜长变粒岩夹多层硅质条带大理岩和石墨大理岩组成，厚4 500 m。大理岩在南部较多。经原岩恢复（兰玉琦等，1985），黄莺屯组自下而上为碎屑岩—粉砂岩—泥灰岩—碳酸盐岩—粘土质岩石，具陆表海沉积建造特点。其中有少量基性火山岩和中性火山岩。同时，在二云石英片岩中也有石榴石、蓝晶石和十字石。基性火山岩的Rb－Sr等时年龄值为524±16 Ma；小三个顶子组由含燧石大理岩和白云质大理岩夹少量变粒岩组成，厚694 m。

在格少可布组的大理岩夹层中曾采到海百合茎化石，在下二台群和呼兰群的大理岩中都曾采到过昌图动物群（刘效良等，1992），其中包括腹足类 *Ectomaria* 和 *Lophospira* 产于昌图县关山教养院黄顶子组大理岩中，前者亦见于呼兰镇南错草的小三个顶子组大理岩中。时代为奥陶纪。侵入呼兰群的大玉山花岗岩的K－Ar年龄为426 Ma。

2. 陆侧的台缘沉积

在白云鄂博群上部曾列入三个组：阿牙登组、阿勒呼都格组和呼和艾力更组。这三个组与现归入白云鄂博群的呼吉尔图组曾被一起并为五道湾群（唐克东等，1992）。阿牙登组在多处与呼吉尔图组整合。考虑呼吉尔图组含有基性火山岩与其他三组不属于同一岩石组合，归入白云鄂博群是合适的。

阿牙登组为碳酸盐岩，厚度大于800 m，分布于白云鄂博到商都县长达500 km的地带。喀拉沁旗的明安山石灰岩可能也属该组，只是其中夹有页岩。在商都五道湾北山产腕足类 *Eoorthis*，*Paurorthis*，腹足类 *Helicetoma*，*Pararaphistoma* 和头足类 *Allopiloceras* 等华北台型的早奥陶世化石。阿勒呼都格组、呼和艾力更组和阿牙登组之间没有正常接触关系，阿勒呼都格组由杂色千枚岩组成，时夹泥灰岩和微粒石英岩薄层，厚约1 000m；呼和艾力更组为微粒石英岩及石英砂岩夹杂色千枚岩和大理岩，厚600 m。向东至四子王旗北席片敖包和甲里格龙头，两组不易分开，由泥质粉砂板岩与石英岩、石英砂岩互层组成，夹结晶灰岩，石英岩中有时含砾。至白乃庙以南，阿勒呼都格组为云英片岩和结晶灰岩，呼和艾力更组为杂色石英岩和云英片岩。五道湾群为一套碳酸盐岩和石英质碎屑岩组成，为较稳定的浅海陆架沉积。

锦山组，在喀拉沁旗锦山镇以西的罗卜气沟出露的晚寒武世地层，上下关系不清，由杂砂岩、粉砂泥质板岩、钙质千枚岩夹灰岩凸镜体组成，含华北台型腕足类 *Billingsella*，*Eoorthis* 等，厚500 m。化石与华北陆台晚寒武世所产相同，但岩性则迥异。

上述早寒武世—早奥陶世（可能更晚）的地层中不含火山岩，是华北台缘上的沉积。从地质图上可见，锦山组以北还有华北陆台的太古宙和元古宙地层，与同时代的弧侧弧后盆地的地层差异很大，反映弧后盆地中弧侧和陆侧沉积的不同。

三、加积楔

在内蒙古潮格旗以北白音查干和苏尼特左旗二道井一带，有一套曾被称为北带温都尔庙群或二道井群的地层，主要由凝灰岩、绢云母千枚岩夹各种岩块组成，厚约400 m。许多研究板块构造的学者（胡骁，1983；邵济安，1991；唐克东等，1992）都认为是混杂堆积体。其年龄为463 Ma（Rb-Sr全岩），相当中奥陶世。岩块主要是超镁铁质岩、枕状熔岩、硅质岩和灰岩，基质为凝灰质、粉砂质和泥质（张允平，1992），并有蓝片岩（胡骁，1983）。被含有*Propora*等床板珊瑚的西别河组（原查干诺尔组）所不整合覆盖。这是一套在奥陶纪岛弧形成时期，大洋壳向南俯冲时在海沟形成的一套加积楔的堆积物，代表了华北北缘加里东褶皱带的北界（张允平，1992）。

四、志留纪地层

在讨论华北板块北缘的加里东运动时，张允平等（1986）曾提出该地加里东旋回中有一均衡抬升阶段。这个时期的沉积物主要特征为以碎屑岩为主的复理石沉积，常有总体海退序列的沉积特点，并带有早期岛弧岩浆残余喷发形成的火山岩，一般其上为较新的地层或磨拉石所覆盖。在板块的活动陆缘带均衡抬升作用往往与前缘的碰撞作用有关。

在本区内，呈EW向零星分布许多这个时期的地层。由于沉积位置和时代的不同各有所异，总体时代为志留纪，是在奥陶纪岛弧停止发育，即俯冲作用停止以后，大陆开始对接挤压时形成的。在内蒙古中部有徐尼乌苏组，在翁牛特旗有晒勿苏组和八当山火山岩以及杏树洼组，在吉林有桃山组及石缝组（包括曾归入呼兰群的北岔屯组）和弯月组。

徐尼乌苏组位于锡林浩特-磐石分区西部，白乃庙岛弧的南侧，是一套以杂砂岩、石英砂岩与粉砂岩的互层，夹有少量安山岩、凝灰岩和灰岩的地层。在上部有珊瑚*Halysites*，*Favosites*，*Mesofavosites*，*Squameofavosites*和*Tryplasma*等，时代为中—晚志留世。厚度各家说法不一，但都超过1 000 m。其下与白乃庙岛弧火山-沉积岩系间有一间断存在。其上被西别河组不整合覆盖。这个组是由下部粗复理石和上部典型复理石组成（图4-10），有典型的复理石层面构造，如条带状冲刷槽模、长条形槽模、舌形槽模、鳞片状槽模、挤压滑动印痕等（胡骁，1990）。是在岛弧边缘具有大高差的盆地中，浊流所形成。

在达茂旗百灵庙以北的哈拉哈达地区有一套曾被称为哈拉哈达组的以长石石英砂岩和石英岩组成的地层，厚560 m，无化石。也可能是这个时期的地层。

晒勿苏组分布于赤峰分区西拉木伦河以南的翁牛特旗，以灰岩、泥质灰岩为主，夹砂质板岩，厚350 m。含珊瑚*Halysites*，*Thamnopora*，*Syringopora*，*Mucophyllum*和少量腕足类*Acanthospirifer*。时代为中、晚志留世。八当山火山岩整合其上，为片理化流纹岩、凝灰岩夹板岩。厚约1 000 m。

杏树洼组，仅见于林西县小城子一带的西拉木伦河北岸，为一套灰绿色粉砂质板岩夹少量黑色灰岩凸镜体组成，含珊瑚*Tryplasma*，*Weissermelia*，*Favosites*，*Pachyfavosites*等，时代为中晚志留世。可能为徐尼乌苏组在赤峰分区的相当地层。

桃山组出露于吉林省伊通市景家台放牛沟地区，为一套含笔石的细砂岩、粉砂岩、粉砂

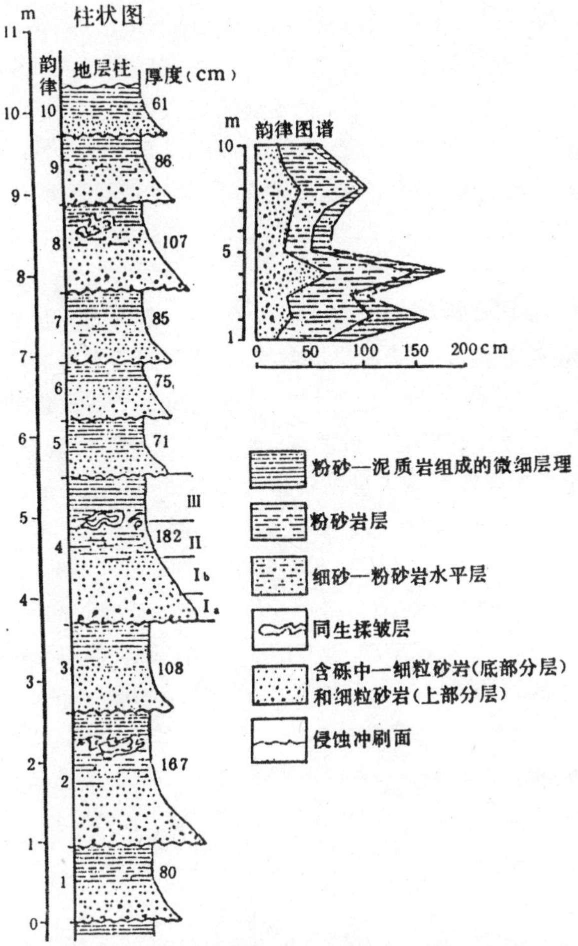

图 4-10 徐尼乌苏组砂—粉砂质复理石柱状图和韵律图

(胡骁等，1990)

Fig. 4-10 Columnar section and rhythmic diagram of the sandy—silty flysch in the Xuniusu Formation

质板岩，偶夹含砾细砂岩及泥灰岩凸镜体。底部夹少量酸性凝灰岩。厚约 300 m。其下与具岛弧性质的放牛沟火山岩整合接触。是与徐尼乌苏组相似的弧侧的碎屑岩沉积。由于露头不好，很难判断是否是复理石，但很类似。笔石主要有 *Streptograptus*, *Rostrites*, *Spirograptus*, *Monoclimacis*, *Oktavites*, *Retiolites*, *Stomatograptus* 等，时代为早志留世。

石缝组和弯月组共同出露于东辽县地区，以椅山乡一带出露最好。石缝组为变质砂岩、石英砂岩和结晶灰岩。厚近 2 000 m。其上为弯月组整合覆盖。含有珊瑚 *Thamnopora*，*Cladopora*，*Spongophyllum* 和腕足类化石。弯月组为片理化流纹岩、流纹凝灰熔岩、中性熔岩夹结晶灰岩，含珊瑚 *Thamnopora*，*Cladopora*，*Syringopora* 和 *Circophyllum*。厚 700 m。石缝组向东分布于磐石县和辉南县一带。在磐石县称北岔屯组，应不整合于呼兰群的小三个顶子组大理岩之上。在椅山乡曾有石灰窑组或称椅山组的地层，置于弯月组之上。最近池永一等发现石缝组—弯月组的正层型剖面是一个倒转向斜，原认为弯月组以上的地层是向斜的另一翼，实为石缝组地层。弯月组向东在磐石县大旺乡有出露，灰岩夹层中亦采到相同的珊瑚化石。磐石县呼兰镇原北岔屯组，由变质砂岩和灰岩组成，亦产 *Thamnapora*，*Cladopora*，为石缝组的东北延伸并超覆于呼兰群之上。

综上所述，这个时期的地层，在火山岛弧的近侧，往往是复理石或类复理石建造的地层。而在远离火山岩的地区，则在碎屑岩中有较多的灰岩，并有较可观的石英砂岩出现，中晚期更有中酸性火山岩，与小兴安岭同期地层相似。不同的是，那里原来的弧后地区没有志留纪沉积，而这里，主要发育于奥陶纪时的弧后地区，因此灰岩较多。

五、晚志留世末期—早泥盆世早期的磨拉石——西别河组

本地层区奥陶纪岛弧、弧后盆地、加积楔、志留纪的各类沉积岩及花岗岩类之上，广泛分布有一套磨拉石性质的地层，现在统称西别河组，其时代为晚志留世晚期到早泥盆世早期。其主要特征是红层或杂色层，底部为粗碎屑岩不整合于加里东期的各种岩层之上，中部为红层或杂色层，晚期为显示稳定类型的石英砂岩和碳酸盐岩沉积。它们所含生物在各地由于生

态环境的巨大差异而常显不同。有许多地方性属种，造成生物门类之间的时代分歧。根据区域上地层之间的关系和下伏地层的时代，并考虑古生物的综合时代特征，我们采用的时代为晚志留世晚期普里多利期—早泥盆世早期吉丁期。其上在内蒙古中部被晚石炭世阿木山组不整合，在吉林地区被早石炭世早期通气沟组不整合。这些不整合的共同特点是角度十分小。

西别河组在内蒙古中部，从白云鄂博东北向东至苏尼特右旗、苏尼特左旗一带都有分布，包括原巴特敖包群、巴特敖包组、查干合布组、阿鲁共组、那清组、查干诺尔组等。在西别河地区为底部底砾岩，下部各种粗砂岩夹礁灰岩凸镜体，中部杂色或红色杂砂岩、砂岩互层夹中薄层灰色灰岩和肉红色礁灰岩，这些灰岩横向在厚度上有较大的变化，上部为石英砂岩夹灰岩和泥灰岩，厚250 m。在其东不远的查干哈布地区出露的中段红色砂岩和板岩夹砾岩和灰岩凸镜体（原查干合布组）可厚达1 600 m。在吉林中部地区包括原张家屯组、小绥河组和二道沟组。原张家屯组为下部花岗质砾岩和花岗质含砾砂岩、粉砂岩，上部红色凝灰质砂岩、粉砂岩，厚400 m。原小绥河组为杂砂岩、砂岩、粉砂岩夹灰岩凸镜体，厚500 m。原二道沟组为下部粉砂岩和粉砂质页岩夹灰岩，上部厚层灰岩偶夹粉砂岩，厚70 m。西别河组在吉林地区厚不足1 000 m。在内蒙古和吉林地区普遍含化石，有珊瑚 *Tryplasma*，*Kozlowskiphyllum*，*Ptychophyllum*，*Enterophyllum*，*Weissermelia*，*Mucophyllum*，*Carinastreia*，*Amplexoides*，*Pseudomicroplasma*，*Syringopora*，*Parastriatopora*，*Mesofavosites*，*Propora*，*Thamnopora*，*Parathamnopora*，*Heliolites*，*Romingerella* 等，腕足类 *Retziella*，*Striispirifer*，*Coelospirella*，*Atrypoidea*，*Howellella*，*Quadrithyris*，*Mesodouvillina* 等，牙形石 *Icriodus*，*Ozarkodina*，*Panderodus* 等，三叶虫 *Encrinurus*，*Encrinuroides* 等及苔藓虫、头足类等。

六、泥盆纪和石炭纪裂陷槽火山-沉积岩系列

在本地层区内，泥盆纪和石炭纪地层都是分别在各个裂陷槽中形成的火山岩-沉积岩系列，但早石炭世早期的通气沟组除外。

（一）残缺不全的早—中泥盆世前坤头沟裂陷槽

在赤峰分区敖汉旗一带的前坤头沟组可东延至锡林浩特-磐石分区吉林省四平市郭家店一带。吉林省伊通县黄榆乡一带称王家街组。

前坤头沟组主要为火山岩和砂岩、板岩夹大理岩，各地略有差异。在敖汉旗为杂砂岩、板岩、砂质板岩夹灰岩和基性火山岩。厚约1 500 m。在郭家店一带为下部安山岩、流纹岩和角岩，夹少量大理岩凸镜体，上部结晶灰岩夹板岩。厚1 300 m。化石主要产于敖汉旗，有珊瑚 *Chlamydophyllum*，*Pseudamplexus*，*Amplexiphyllum*，*Wedekindophyllum*，*Favosites*，*Caliopora*，*Stellioporella* 等，腕足类 *Plebejochonetes*，*Coelospirella*，*Howellella* 等。郭家店地区也有少量珊瑚和腕足类，时代为早泥盆世晚期。

王家街组下部为长石砂岩、泥质粉砂岩夹凝灰岩、火山角砾岩和灰岩，上部为灰岩、泥灰岩。厚880 m。含珊瑚 *Dendrostella*，*Sociophyllum*，*Atelophyllum*，*Favosites*，*Roemerolites*，*Pachystellioporella* 等及少量腕足类。时代为早泥盆世晚期—中泥盆世早期，被早石炭世晚期—晚石炭世磨盘山组平行不整合覆盖。

前坤头沟组和王家街组呈EW向分布，为一套火山岩-沉积岩组合。很可能是一时间很短，类似于松花江地层区黑龙宫裂陷槽的裂陷槽，其主体位于敖汉旗—郭家店。王家街组是

裂陷槽发育后期盆地扩大时，在台地上沉积的碳酸盐岩地层，其下部也有火山岩，证明了与前坤头沟组的关系。这个裂陷槽的地层，受中晚泥盆世抬升事件的影响，大部分地层被剥蚀掉，现在所见的是剥蚀后的零星残留物，上下关系不清楚。

（二）石炭纪余富屯裂陷槽

发育于吉林省中部—内蒙古昭盟南部。在锡林浩特-磐石分区的吉林省境有余富屯组、鹿圈屯组、磨盘山组、石嘴子组和窝瓜地组。相应在赤峰分区的内蒙古昭盟南部有朝吐沟组、家道沟组（包括原后房身沟组）、白家店组和酒局子组（包括原黄家沟组）。

余富屯组分布于吉林中部饮马河以东，双河镇以西，头道川向南至烟筒山的狭长地带内，南北长 30 km，宽 15 km。由下部石英角斑岩、细碧岩、角斑质凝灰岩互层夹凝灰质砂岩和上部条纹状石英角斑岩、凝灰岩互层，夹细碧岩及多层大理岩组成，厚约 3 500 m。其上为磨盘山组灰岩整合覆盖，其侧向逐渐过渡为鹿圈屯组。该组产珊瑚 *Arachnolasma*，*Lophophyllum* 等，腕足类 *Stratifera*，*Plicatifera*，*Linoproductus* 等和苔藓虫化石。相当的地层在敖汉旗—阜新一带称朝吐沟组，由安山岩、流纹岩和中酸性凝灰岩夹砂岩、板岩、千枚岩及少量基性熔岩组成。最厚可达 2 300 m。其上为家道沟组或白家店组整合覆盖，其平行不整合于西别河组之上，未见化石。

鹿圈屯组分布于吉林中部，南到辉南、北至双阳一带，由中细粒长石石英砂岩、粉砂岩、板岩夹灰岩、燧石灰岩组成。出露最厚达 2 300 m。含珊瑚 *Kueichouphyllum*，*Yuanophyllum*，*Arachnolasma*，*Gangamophyllum*，*Lithostrotion* 等，腕足类 *Echinoconchus*，*Gigantoproductus* 等，䗴 *Eostaffella*，植物 *Angaridium*，*Mesocalamites*，*Neuropteris* 等。与磨盘山组纵横向过渡，与余富屯组横向过渡。鹿圈屯组可以分出潮坪泻湖相带、沿岸滩相带、半闭塞台地相带和凹槽台地相带等。时代为早石炭世晚期。敖汉旗一带相当地层为家道沟组，由砂岩和板岩互层夹灰岩，有时灰岩和板岩互层所组成。厚 1 400 m。含珊瑚 *Lithostrotion*，*Lithostrotionella* 等，腕足类 *Echinoconchus*，*Choristites*，*Dictyoclostus*，*Linoproductus* 等，植物 *Neuropteris* 和 *Pecopteris* 等。时代为早石炭世晚期到晚石炭世早期。其下整合于朝吐沟组之上，与白家店组横向过渡，与酒局子组为纵横向的过渡。

磨盘山组分布于磐石县、双阳县、永吉县和四平市孟家岭一带，由中厚层结晶灰岩、燧石灰岩、砂质灰岩、泥晶亮晶灰岩互层，偶夹硅质岩、白云岩及砂岩所组成。厚 800～2 370 m。由北向南变薄。含有珊瑚 *Diphyphyllum*，*Lithostrotionella*，*Lytvophyllum*，*Kueichouphyllum* 等，䗴 *Eostaffella*，*Fusulina*，*Pseudostaffella*，*Ozawainella*，*Triticites* 等和腕足类 *Choristites*，*Neospirifer*，*Avonia* 等。时代为早石炭世晚期至晚石炭世晚期。其下部与鹿圈屯组的上部为横向和纵向的过渡，其上部与石嘴子组为横向和纵向的过渡；相应在赤峰市敖汉旗一带为白家店组灰岩、硅质条带灰岩夹砂岩、含砾砂岩和板岩，在某些地段灰岩与板岩互层。厚 500～2 500 m。含珊瑚 *Lithostrotion*，*Yuanophyllum*，*Diphyphyllum*，*Dibunophyllum*，*Lithostrotionella* 等，腕足类 *Gigantoproductus*，*Linoproductus*，*Choristites*，*Phricodothyris*，*Echinoconchus*，*Dictyoclostus* 等和植物 *Cordaites*。白家店组可超覆平行不整合于西别河组之上，亦可整合于家道沟组的碎屑岩之上（原称后房身沟组或白家店组下部），并与家道沟组呈横向过渡关系。

石嘴子组由细砂岩和页岩互层组成，在中部灰岩参与互层，上部为凝灰质，并有石英砂岩，厚 200～670 m，北薄而南厚。分布于磐石县和双阳县一带的含䗴 *Triticites*，*Pseudoschwagerina*，*Quasifusulina* 等。时代为晚石炭世晚期。在桦甸县横道河子一带，石嘴子组变成以钙质砾岩和钙质砂岩或砂质灰岩的互层，上部有流纹质凝灰岩和灰岩，分别含䗴*Triticites*，*Pseudoschwagerina*，*Quasifusulina*及*Fusulina*和珊瑚*Lithostrotionella*，在中下部的砾岩的砾石中有*Profusulina*，*Pseudostaffella*等䗴类化石和*Yuanophyllum*，*Lithostrotion*等珊瑚化石，称四道砾岩，是边缘的坍塌堆积物。在敖汉旗为陆相的酒局子组，由板岩夹长石石英砂岩、杂砂岩和砾岩组成，含劣质煤，局部夹灰岩凸镜体和中酸性凝灰岩，厚250～750 m。含植物*Sphenophyllum*，*Lepidodendron*，*Annularia*，*Tingia*，*Sphenopteris*，*Callipteridium*等，整合于家道沟组之上。在赤峰西北一带，有一套以石英砂岩与粉砂岩互层，厚450 m的陆相地层，曾称黄家沟组，上、下限不清，现已归酒局子组。含植物*Rhodia*，*Neuropteris*，*Alethopteris*，*Mesocalamites*等。酒局子组时代为早石炭世晚期到晚石炭世晚期，下部偶夹安山岩。是裂陷槽边缘的陆相沉积物，向槽内部与海相地层呈过渡状态。

窝瓜地组为一套中酸性火山岩，由下部英安岩及英安质火山角砾岩和凝灰岩夹灰岩和上部流纹岩及凝灰岩夹灰岩和砂岩组成，厚约700 m，含䗴*Pseudoschwagerina*，*Quasifusulina*等。分布局限，呈SE－NW向的狭长带状分布于桦甸县榆木桥子到磐石县官马乡，与石嘴子组呈纵向和横向过渡。

这个裂陷槽从内蒙古西拉木伦河以南赤峰市敖汉旗一带向东至吉林中部长春—吉林一线以南的双阳—磐石一带呈近EW向分布。早石炭世晚期有两个火山喷发中心，一在敖汉旗，一在磐石县。朝吐沟组为中酸性—中基性火山岩系，余富屯组为细碧-角斑岩系。同时，喷发中心的周围为碎屑岩沉积。火山喷发常构成台地，在其上常有台地碳酸盐岩的沉积。但东部吉林省地区的灰岩沉积延续时间长，而且夹砂页岩少，并将碎屑岩分为上、下两部分。西部则时间短而夹砂页岩较多，实际上被包容于碎屑岩和火山岩之间。这些碎屑岩由一部分海相和一部分陆相组成，它们交接处为海陆交互相，构成敖汉旗地区火山活动以及晚石炭世的湖沼—滨海—潮坪—碳酸盐台地的古地理环境（图4－11），并为无䗴区。而吉林地区则构成海湾式的滨海—潮坪—碳酸盐台地的古地理环境，缺失湖沼环境（图4－12）。余富屯裂陷槽的时限是早石炭世到晚石炭世末，平面上呈东西延伸的槽带状，在吉林地区的横剖面为北厚南薄的楔状体。

（三）晚石炭世宝力格庙裂陷槽地层

这个裂陷槽跨越兴安地层区和内蒙古草原地层区，其地层有兴安地层区的宝力高庙组和内蒙古草原地层区的格根敖包组、本巴图组和阿木山组。北部兴安地层区为陆相火山岩-沉积岩系；南部内蒙古草原地层区为海相火山岩-沉积岩系。宝力高庙组的岩性分布已在本章第一节兴安地层区泥盆纪—石炭纪裂陷槽有关文字中介绍过。

格根敖包组分布于东乌旗盐池北山，由下部安山玢岩、安山岩夹凝灰岩和凝灰质砂岩，中部凝灰质粉砂岩夹砾岩、砂砾岩，上部岩屑晶屑凝灰岩夹凝灰质粉砂岩组成。厚度近2 000 m。含腕足类*Meekella*，*Brachythyrina*，*Buxtonia*，*Plicatifela*，*Stenoscisma*，*Tangshanella*等，植物*Noeggerathiopsis*和苔藓虫、双壳类等。时代为晚石炭世。

本巴图组分布于西起阿拉善右旗东到霍林河，北以阿尔山断裂—二连—东乌旗一线为界，南至达茂旗以北的额布尔讨来图断裂。与宝力高庙组一样东西可延伸2 000余公里，南北宽100余公里。由杂砂岩、杂砂质长石砂岩与粉砂岩互层夹砾岩、英安岩、安山质凝灰岩和灰岩组成，厚可达2 500 m。向南和向上长石砂岩逐渐由石英砂岩代替，至南部边缘几乎全由石英砂岩组成。火山岩亦向南和向上渐减，在南部即不见踪影。含䗴*Eostaffella*，*Fusulina*，*Pro-*

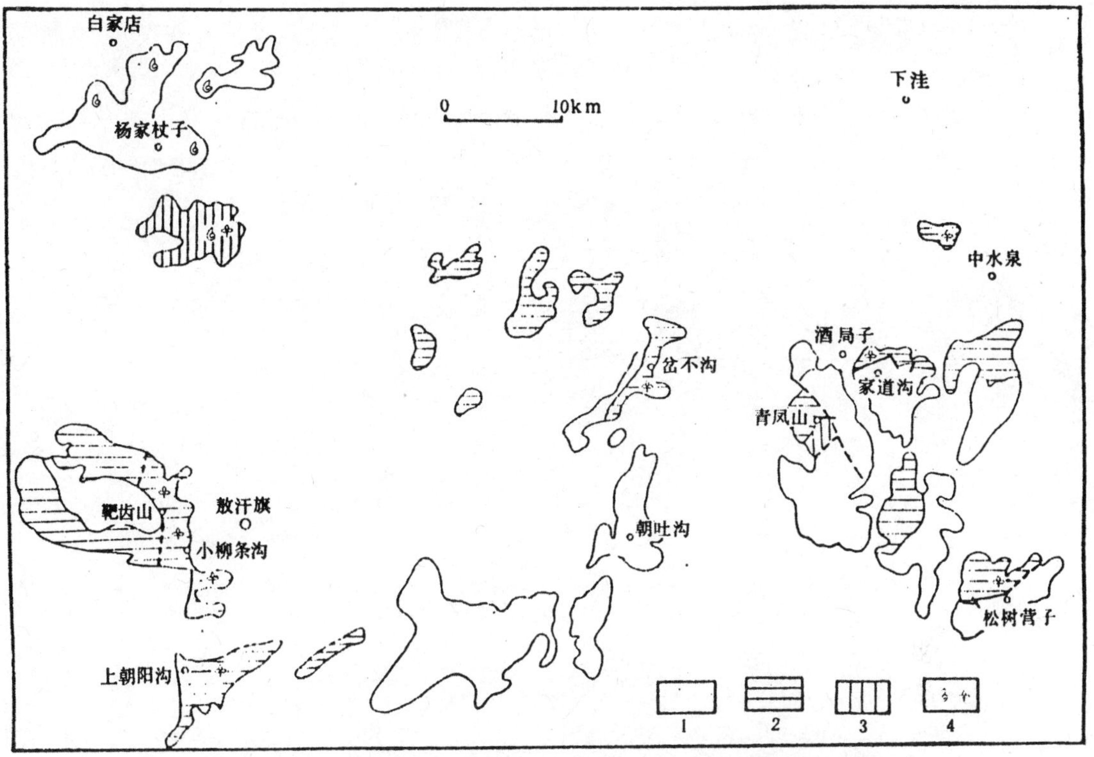

图 4－11　敖汉旗地区石炭纪、二叠纪地层及植物化石分布略图

Fig. 4－11　Sketch map showing the distribution of Carboniferous—Permian strata and plant remains in Aohanqi, Nei Mongol

1. 早石炭世白家店组；早一晚石炭世家道沟组；2. 晚石炭世酒局子组；3. 早二叠世青风山组；4. 动植物化石产地

fusulina，*Triticites*，*Pseudoschwagerina* 等，珊瑚 *Koninkophyllum*，*Amygdalophylloides*，*Lithostrotionella* 等，时代为晚石炭世。

查干诺尔火山岩是本巴图组中火山岩集中的片段，由安山岩、英安岩和凝灰岩组成，时夹灰岩凸镜体，含䗴 *Fusulinella* 等和珊瑚 *Amygdalophylloides*。与本巴图组砂岩、粉砂岩、砂砾岩呈纵向和横向上的过渡，厚度不等，最厚可达 1 900 m。分布于裂陷槽本地层区的北部地区。

阿木山组由生物灰岩、白云质灰岩、角砾灰岩、结晶灰岩局部夹硅质条带、石英砂岩、杂砂岩和粉砂质板岩组成。灰岩有时具有竹叶状构造，一般颜色为灰色，但常有紫红色、灰紫色调出现。厚度变化很大，一般厚 1 000 m 左右。含䗴 *Fusulina*，*Triticites*，*Psudoschwagerina* 等，珊瑚 *Lonsdaleia*，*Dibunophyllum*，*Cystolonsdaleia*，*Lithostrotionella*，*Amygdalophylloides*，*Koninkocarinia* 等和腕足类 *Choristites*，*Enteletes*，*Echinoconchus*，*Martinia*，*Neophricodothyris* 等。时代为晚石炭世。阿木山组一般来说是本巴图组上部层位的横向变化产物。至东部西乌旗—阿鲁科尔沁旗一带几乎取代了本巴图组。在南部则主要是时代较晚的阿木山组，以平行不整合超覆于西别河组之上。有的地方西别河组上部的石英砂岩与阿木山组底部的石英砂岩很难区别，造成西别河组与阿木山组整合的假像。

宝力高庙裂陷槽火山活动集中在北部，从阿拉善到东乌旗，东西延伸 2 000 多公里。从宝力高庙组的陆相中酸性—偏碱性火山岩系（唐克东，1989），向南经过格根敖包组的海陆交互相火山岩系过渡为本巴图组中的查干诺尔海相中酸性火山岩。在海相地层中向上和向南逐渐

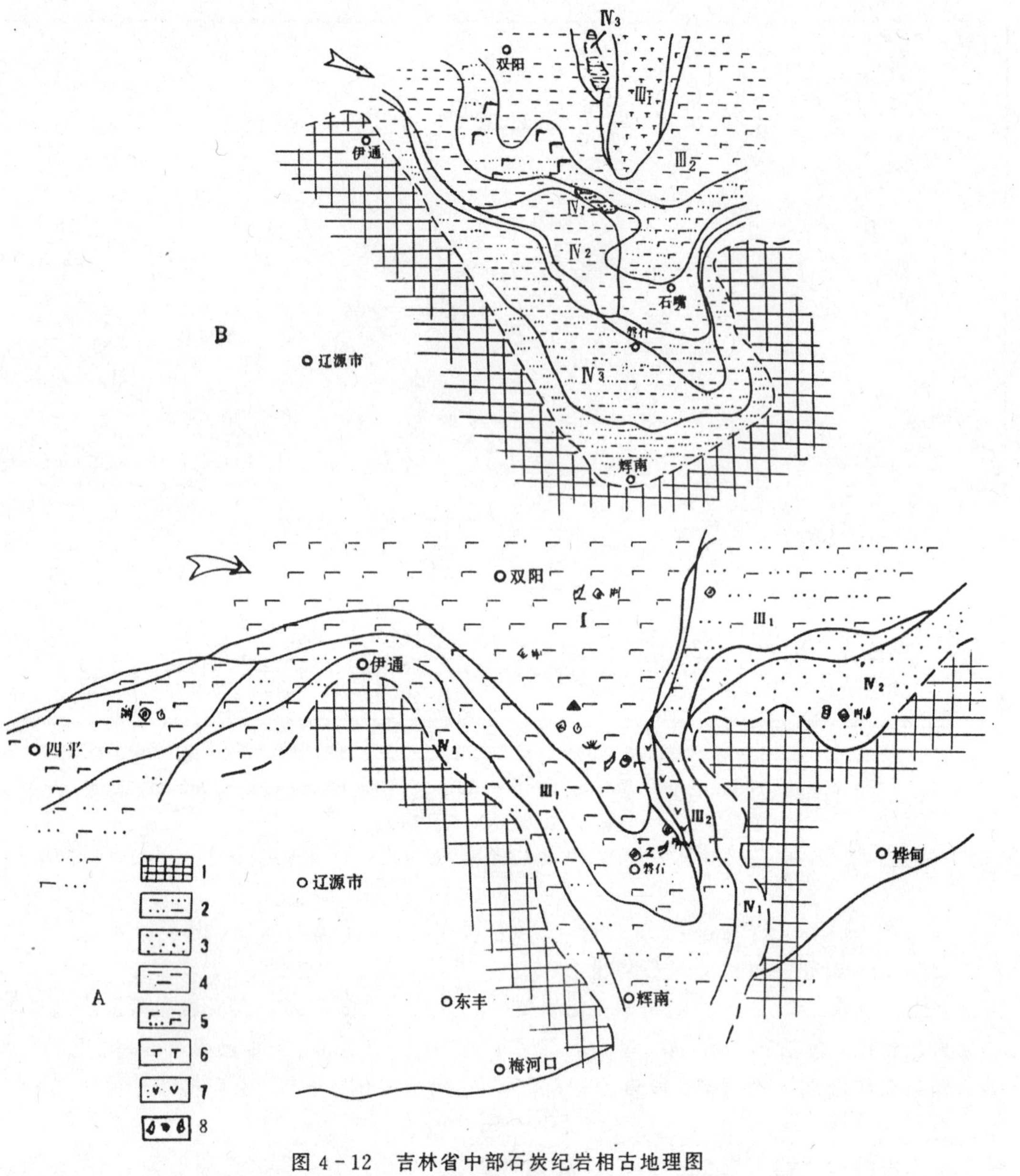

图 4-12　吉林省中部石炭纪岩相古地理图

（李东津，1988）

Fig. 4-12　Carboniferous lithofacies-paleogeopraphical map of central Jilin province

B：早石炭世：Ⅲ$_1$. 凹槽台地相带；Ⅲ$_2$. 半闭塞台地相带；Ⅳ$_1$. 沿岸滩坝相带；Ⅳ$_2$. 潮坪泻湖相带；Ⅳ$_3$. 滨海相带（陆地边缘碎屑岩相带）

A：晚石炭世：Ⅰ. 浅海陆架相带；Ⅲ$_1$. 半闭塞台地相带；Ⅲ$_2$. 台沟相带；Ⅳ$_1$. 陆地边缘碎屑岩相（亚）；Ⅳ$_2$. 陆地边缘塌积岩相（亚）

1. 古陆（物源区）；2. 砂岩-泥岩区；3. 砂岩区；4. 泥岩区；5. 泥岩—非碎屑岩区及砂岩—非碎屑岩区；6. 火山岩—非碎屑岩区；7. 火山岩；8. 化石产地

变成碎屑岩—灰岩建造及碳酸盐岩建造。碎屑岩成分向南向上由杂砂岩和长石砂岩为代表的复陆屑建造向以石英砂岩为代表的稳定类型单陆屑建造演化。该裂陷槽的横剖面形态为北厚南薄的楔形体，北部厚 5 000 m 的宝力高庙组，中部厚约 3 000 m 的本巴图组，南端仅几十米厚的阿木山组（图 4-13），平面上为东西延伸的槽状。

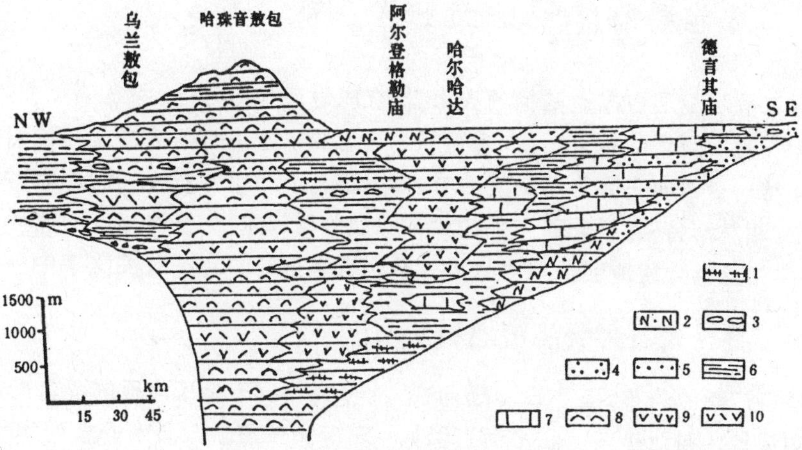

图 4－13　宝力格庙裂陷槽横剖面图

Fig. 4－13　Cross section of Baoligemiao fault-trough basin

1. 杂砂岩；2. 长石砂岩；3. 砾岩；4. 石英砂岩；5. 砂岩；6. 粉砂岩；7. 灰岩；8. 凝灰岩；9. 安山岩；10. 英安岩

七、晚泥盆世晚期—早石炭世地层

西部称色日巴彦敖包组，仅分布于苏尼特左旗一带，为砾岩、杂砂岩、长石石英砂岩和石英砂岩夹灰岩薄层或凸镜体，含少量火山物质。岩石主要色调为紫红—灰紫色，厚约1 900 m。产丰富的化石，有植物 *Leptophloeum rhombicum*，腕足类 *Cyrtospirifer*，*Fusella*，*Syringothris* 和 *Echinoconchus* 等，珊瑚 *Nalivkinella*，*Lithostrotion* (*Siphonodendron*) 和 *Sugiyamaella* 等。不整合于西别河组（原查干诺尔组）之上。本组下部火山岩集中的片段，称乌兰呼都格火山岩段，由安山岩、流纹岩及凝灰岩和凝灰角砾岩组成，有的地方出现玄武岩（阿拉塔特），厚度 300 m。该段火山岩向上酸度增高，钾钠含量相对较高，轻稀土随 SiO_2 升高而更加富集，最后出现 Eu 异常，反映地壳成熟度的逐渐增高。色日巴彦敖包组实际上应是大民山裂陷槽地层组合向南延伸的产物。

东部早石炭世早期地层为通气沟组，仅见于吉林市永吉县大绥河乡北通气沟—二道沟一带，岩性为细粒石英砂岩夹粉砂岩，底部有少许页岩，上部有灰岩凸镜体。平行不整合于西别河组（原二道沟组）之上，未见上限。含腕足类 *Fusella*，*Syringothyris* 等，珊瑚 *Cyathoxonia* 和 *Bothrophyllum*，时代为早石炭世早期。

第五节　二叠纪和早三叠世地层

东北区二叠纪地层的分布，在继承石炭纪及其以前的地层分布格局的情况下，又有新的发展。在本区的西部，指现在松辽盆地以西地区，打破了北疆-兴安地层大区和华北地层大区的界线，海相早二叠世和陆相晚二叠世地层横跨该两大区独立形成自己的分布区。在最东部，晚二叠世的陆相地层跨越了兴凯地层大区和张广才岭-完达山地层大区的界线也有自己的分布区。

一、早二叠世裂陷槽火山-沉积岩系列

东北区早二叠世地层多以裂陷槽的火山岩-沉积岩系列为特征，除在第二节中已提及的松花江地层区中与晚石炭世陆相火山岩-沉积岩一起组成杨木岗裂陷槽的土门岭组以外，尚有三个二叠纪裂陷槽。自西向东为跨越乌兰浩特-哈尔滨分区和锡林浩特-磐石分区及赤峰分区的大石寨裂陷槽、锡林浩特-磐石分区东部的大河深裂陷槽和东宁-汪清分区的庙岭裂陷槽。宝清-密山分区的早二叠世陆相地层已在本章第二节晚石炭世陆相地层有关文字中一并讨论过。

（一）早二叠世大石寨裂陷槽地层系列

该裂陷槽有广泛的分布，呈NE向延伸。在北部地区由于松辽盆地的覆盖而出露较窄，南部在内蒙古中部地区向西扩展，在平面上形似一不等边三角形。向南一直到华北陆台边缘的赤峰—多伦—化德—四子王旗地区。该地层序列由三面井组、额里图组、大河深组（包括原呼格特组、青风山组、高家窝铺组、西里庙组）、哲斯组（包括黄岗梁组、吴家屯组、四甲山组、柳条沟组、西乌珠穆沁组）、包特格组和于家北沟组组成。

三面井组分布于苏尼特右旗向东经康保县、化德县、正镶白旗至正蓝旗一带，由下部中厚层状灰岩、燧石条带灰岩、砂质生物灰岩，中部杂砂岩与粉砂质板岩和砂质灰岩凸镜体组成，底部有砂砾岩不整合于片麻状石英闪长岩之上，厚270 m。含䗴 *Misellina*，*Nankinella*，*Parafusulina*，*Chusenella* 等和腕足类 *Orthotichia*，*Kochiproductus*，*Reticulatia* 等。时代为早二叠世早期。向北和向东及向上逐渐相变为额里图组。

额里图组由下部石英砂岩、粉砂岩、粉砂质板岩、凝灰岩及砂砾岩和上部安山岩、安山玢岩、凝灰角砾岩以及层凝灰岩夹长石砂岩组成。厚约170 m。含植物 *Pecopteris*，*Sphenopteris*，*Gigantonoclea*，*Taeniopteris*，*Annularia* 等。分布于镶黄旗、正镶白旗、康保县、正蓝旗、多伦县、克什克腾旗和翁牛特旗等地呈EW向延展。在小井子、双子山等地泥灰岩夹层中含腕足类 *Cancrinella* 等，在察汉淖一带含䗴、腕足类和植物碎片。向东火山岩增多，主要是中酸性熔岩和凝灰岩，偶有玄武岩和流纹岩。额里图组属海陆交互相和滨海相。在东部整合于酒局子组之上。其上整合有于家北沟组。

大石寨组是额里图组向北延展的相当地层，由中酸性火山岩夹砂岩、粉砂岩和板岩及灰岩凸镜体组成。厚1 500～2 800 m。含腕足类 *Anidanthus*，*Derbia*，*Muirwoodia*，*Streptorhynchus*，*Strophalosia*，*Uncinunellina*，*Elivina*，*Waagenoconcha* 等，珊瑚 *Bradyphyllum*，*Tachylasma* 等及双壳类，时代为早二叠世早期。大石寨组的岩性变化很大，一些地区下部以杂砂岩、粉砂岩、板岩为主夹凝灰岩、砂砾岩和灰岩，如林西、巴林左旗等地，曾被单独划出来称青凤山组或寿山沟组。火山岩一般以安山岩为主，多为块状，常有杏仁状构造，至林西一带常见枕状构造，变成细碧岩。在二连以西四子王旗北部的西里庙至巴彦敖包一带为酸性火山岩，包括流纹岩及凝灰岩。在西乌旗为石英角斑岩夹硅质岩。到黑龙江省爱辉县塔溪地区为酸性火山岩夹中性火山岩。所以，实际上大石寨组在其主体部位西乌旗一林西一带是细碧-角斑岩建造，向西变成以酸性为主，向北中酸性，向东南以中性为主。其中之沉积岩下部较多，许多地方常可单独划分出来，有待建组建段。

哲斯组的原始命名地点在达茂旗北部的满都拉苏木的哲斯敖包，由长石砂岩和粉砂岩、板岩的互层夹灰岩凸镜体组成。灰岩凸镜体可以很大，为生物碎屑灰岩和燧石灰岩，厚可达数

十米，最长可达1 km左右，厚1 200 m。含䗴*Schwagerina*，*Codonofusiella*，*Dunbarulla*，*Pseudodoliolina*等，珊瑚*Tachylasma*，*Calophyllum*，*Pseudowaagenophyllum*，*Waagenophyllum*，*Wentzerella*等，腕足类*Spiriferella*，*Leptodus*，*Liosotella*，*Kochiproductus*，*Yakovlevia*，*Horridonia*，*Anidanthus*，*Richthofenia*，*Uncinunellina*，*Enteletes*，*Neospirifer*等。时代为早二叠世。在正层型剖面上，无上下关系。哲斯组使用广泛，一般都认为位于大石寨组及其相当地层之上。在这次岩石地层清理中，将各地大石寨组以上的沉积岩统称为哲斯组。这样，哲斯组成为内容十分复杂，变化十分显著的岩石地层单位。在其南包特格一带，称包特格组，为杂砂岩、砂砾岩、长石砂岩夹板岩、泥灰岩。含䗴*Monodiexodina*，*Parafusulina*及腕足类。厚1 000 m。在西乌旗一带曾称西乌珠穆沁组，整合于大石寨组的石英角斑岩之上，由砂岩、粉砂岩夹多层含海绵骨针的硅质岩和含腕足类的灰岩，有少量珊瑚*Tachylasma*，属无䗴灰岩。下部砂砾岩夹层中有硅化木，上部有含植物*Pecopteris*和*Alethopteris*的粉砂岩，并夹有少量流纹岩。厚1 200 m。到乌兰浩特以西曾称吴家屯组的是粉砂岩和粉砂质板岩，夹少量结晶灰岩凸镜体，含大量腕足类，除常见的外，有高层位的*Licharewia*和菊石*Popanoceras*，*Danbichites*等及植物碎片。厚950 m。属无䗴地区。到扎赉特旗—布特哈旗地区以灰岩为主，原称四甲山组和柳条沟组。四甲山组为灰岩夹粉砂岩，灰岩为角砾灰岩和亮晶灰岩，含䗴*Monodiexodina*，*Parafusulina*等，珊瑚*Tachylasma*等和腕足类。厚350 m。柳条沟组为燧石灰岩、亮晶灰岩，在上部夹硅质岩和砂砾岩，含䗴*Parafusulina*，*Skinneria*，*Codonofusiella*等，珊瑚*Liangshanophyllum*，*Waagenophyllum*等。腕足类中特殊的有*Urushtenia*。厚160 m。在昭盟北部地区曾长期使用黄岗梁组，为砾岩、砂砾岩、砂岩和硅质板岩，灰岩凸镜体常有见到，含䗴*Pseudodoliolina*，珊瑚和腕足类等。厚800 m。在黑龙江省爱辉县塔溪地区，原称塔溪组，为细砂岩、粉砂岩、板岩夹灰岩凸镜体，产有腕足类，属无䗴地区。厚1 000 m。实际上，哲斯组的正层型地区位于大石寨裂陷槽的西部边缘，是边缘沉积的代表。

于家北沟组是哲斯组南延的地层单位，分布于克什克腾旗一带，是一套海陆交互相的边缘沉积地层，由凝灰质砂岩和凝灰质粉砂岩、粉砂质板岩组成，下部夹层凝灰岩、凝灰岩、安山岩、安山角砾岩，上部夹砾岩，厚580 m。含䗴*Pseudodoliolina*，*Parafusulina*等，腕足类*Yakovlevia*，*Permundaria*，*Leptodus*，*Liosotella*等，植物*Sphenophyllum*，*Annularia*，*Pecopteris*，*Taeniopteris*，*Tingia*，*Gigantonoclea*等及双壳类、腹足类化石。

大石寨裂陷槽形成一个非常广阔的盆地，从本研究区的最西部向东至松辽盆地的边缘，据钻探资料在盆地的西部的中生代地层之下还有哲斯组地层。跨过松辽盆地在吉中地区西部，盆地的东缘还有哲斯组地层出露，岩性为砂岩、粉砂岩夹灰岩凸镜体，含䗴、腕足类和菊石等化石。二连—爱辉一线为它们的北界，南为华北地台所限。唐克东（1989）提出在这个广大区域内有3个早二叠世的裂谷带（图4-14），它们有不同的基底。白云鄂博-正蓝旗裂谷带于加里东褶皱带之上，西乌珠穆沁裂谷带于早华力西期褶皱带上，南兴安裂谷带则切过不同的老构造带。我们注意到，这三个裂谷带都填充有早二叠世的海相或海陆交互相的火山-沉积岩层，而且它们之间的界线并不清楚。实际这三个“裂谷带”是一个统一的裂陷槽跨越了不同的老褶皱带。这个裂陷槽的早二叠世火山-沉积岩系由两部分组成，下部的火山-沉积岩系列和上部的沉积岩系列。一般认为下部的时代为栖霞期，上部时代为茅口期。但是这只是一种概略的时代划分，实际情况复杂得多。火山-沉积岩系列的顶界不是一个等时面。在不是火山活动中心的地方，火山喷发时间活动晚而结束早，在裂陷槽的边缘地带极少有火山岩。这些地区的沉积岩系列的底界常跨入栖霞期，如原四甲山组，哲斯敖包地区的哲斯组等，它们都有

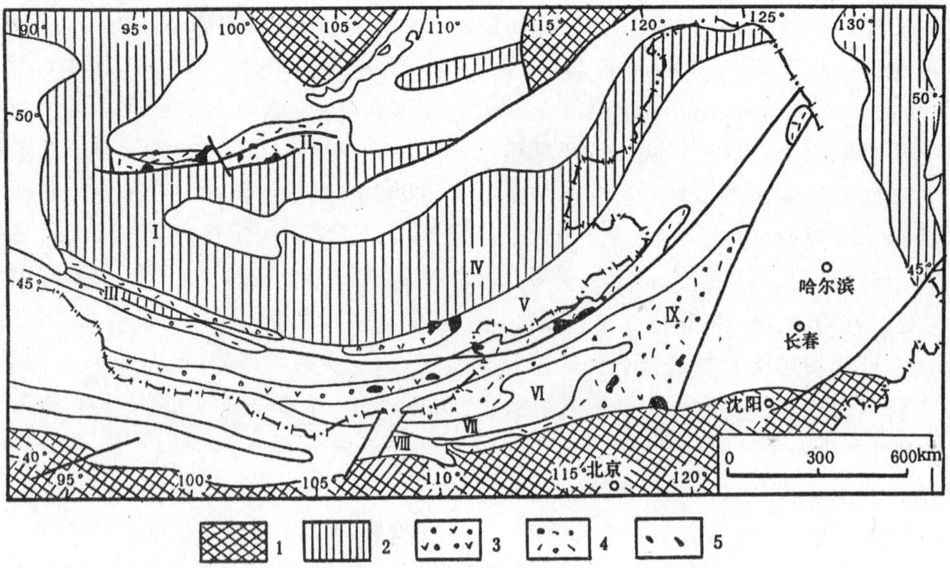

图 4-14　内蒙古及邻区晚古生代裂谷带分布图

（唐克东，1989）

Fig. 4-14　Distribution of Late Paleozoic rift zones in Nei Mongol and adjacent areas

1. 古陆台边缘；2. 兴凯褶皱带；3. 石炭纪火山-沉积岩；4. 二叠纪火山-沉积岩；5. A 型花岗岩

Ⅰ. 北杭爱裂谷带；Ⅱ. 鄂尔浑-色楞格裂谷带；Ⅲ. 戈壁阿尔泰裂谷带；Ⅳ. 主蒙古裂谷带；Ⅴ. 戈壁天山-宝力格裂谷带；Ⅵ. 西乌珠穆沁裂谷带；Ⅶ. 白云鄂博-正蓝旗裂谷带；Ⅷ. 大红山裂谷带；Ⅸ. 南兴安裂谷带

栖霞期的 *Tachylasma* 等珊瑚化石。因此，哲斯组实际上是一穿时地层单位。

大石寨裂陷槽的火山岩有较大的变化，随着基底性质的不同或裂陷深度的变化而有所差别。在西乌旗—林西地区为细碧-角斑岩建造，其他地方为中酸性，南部中性较多，北部有时酸性较多。在火山活动开始，亦即在裂陷槽的早期拗陷时期，一些地方常有沉积岩的堆积位于主要的火山岩之下。如在西乌旗—林西地区的火山岩之下，常可见及厚度在 700～1 500 m 的砂岩、粉砂岩和板岩夹灰岩凸镜体，一般说没有化石或有少量苔藓虫化石，说明当时盆地生活环境十分恶劣，生物基本上无法生存。因此这些地层的时代常难以确定。但从总体看，裂陷槽发生于早二叠世的开始，因此这些地层时代很可能是早二叠世早期。这些早期的沉积岩在南部边缘以三面井组为代表，西部边缘以哲斯组下部为代表。裂陷槽的南部常有海陆交互相地层，如额里图组。

上部的沉积岩系列，多为碎屑岩夹灰岩凸镜体，分布的范围亦略大于下部的火山岩系列。在不同的地区由于火山活动造成的地形的不同而出现差别，如扎赉特旗—布特哈旗一带在火山岩台地上是厚层碳酸盐岩沉积；在较深的地方有硅质岩，如西乌旗—林西地区；在边缘地区有细砂泥质潮坪沉积（原吴家屯组）或类似被动陆缘的等深流复理石（克什克腾旗庙台里一带），或是海陆交互相的滨海沉积，如于家北沟组。

（二）早二叠世大河深裂陷槽地层系列

在吉林中部的磐石县、永吉县和桦甸市、蛟河县西有两条由寿山沟组、大河深组和范家屯组组成的向西凸出的弧形早二叠世地层带。西侧邻接石炭纪地层的分布区。

寿山沟组由下部砂质板岩及含砾粉砂岩、粉砂质细砂岩偶夹灰岩凸镜体和上部粉砂岩、含石墨绢云板岩、细砂岩夹厚层灰岩凸镜体组成，厚 210～1 300 m。有时还夹凝灰岩和英安质熔岩。含䗴 *Parafusulina*，*Pseudofusulina* 等，珊瑚 *Lophophyllum*，*Tachylasma*，*Lytvolasma*，*Yatsengia*，*Calophyllum* 等及少量牙形石。其上为大河深组整合，其下整合于窝瓜地组之上。在西面双阳县光屁股山见与磨盘山组平行不整合。

大河深组由流纹质凝灰岩夹凝灰质砂岩、粉砂岩、砾岩和灰岩凸镜体。下部有安山质凝灰岩、安山岩和粗面岩。厚 1 000～3 500 m。含䗴 *Monodiexodina*，*Parafusulina* 等，珊瑚 *Tachylasma*，*Lytvolasma*，*Yatsengia*，*Calophyllum* 等，植物 *Neuropteris*，*Noeggerathiopsis*，*Pecopteris* 等及腕足类 *Echinoconchus*，*Athyris*，*Ampressoproductus* 等。上述两组时代为早二叠世早期，相当栖霞期。

范家屯组由砂岩、粉砂岩、板岩夹巨大灰岩凸镜体和凝灰质砂岩组成，厚 900～1 000 m。含䗴 *Neoschwagerina*，*Verbeekina*，*Kahlerina*，*Codonofusiella* 等，珊瑚 *Waagenophyllum* 等，腕足类 *Spiriferella*，*Waagenoconcha*，*Stenoscisma*，*Martinia* 等。

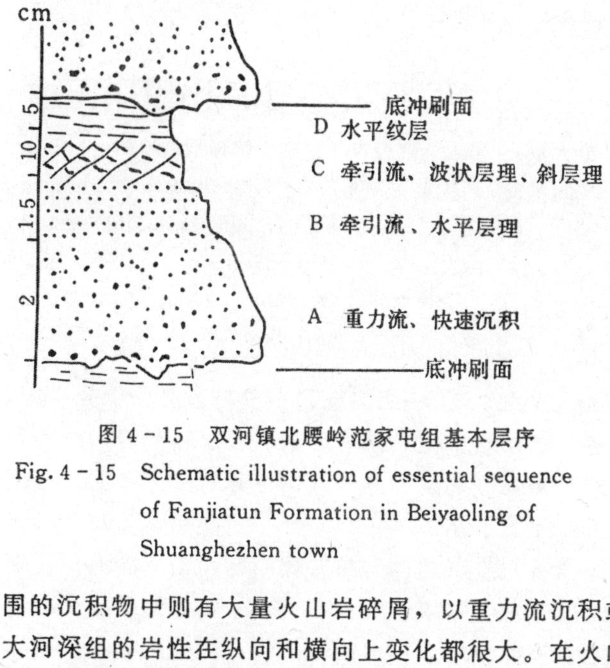

图 4-15　双河镇北腰岭范家屯组基本层序

Fig. 4-15　Schematic illustration of essential sequence of Fanjiatun Formation in Beiyaoling of Shuanghezhen town

大河深裂陷槽与大石寨裂陷槽的发育时间相同，包括早二叠世早期的火山-沉积作用和晚期的沉积作用。但规模和裂陷深度则相差极大。大河深裂陷槽是一个规模很小、裂陷不深的盆地。是余富屯裂陷槽结束后在其东侧发展起来的一个裂陷槽。其特征是早期先有拗陷，普遍沉积有碎屑岩和灰岩凸镜体，在这个基础上出现火山活动。火山活动并不十分强烈，碎屑岩中以凝灰岩为主要特征，有少量碱性、中性和酸性火山熔岩的喷溢，使盆地内地形复杂化，在火山口一带常形成隆起，甚至露出水面。在火山作用停歇时期，其上有茂盛的植物和湖沼出现，沉积一些含植物化石的湖沼沉积。在周围的沉积物中则有大量火山岩碎屑，以重力流沉积或岩屑颗粒形式存在于碎屑岩之中。所以大河深组的岩性在纵向和横向上变化都很大。在火山作用停止以后，复杂的地形和明显的高差，造成范家屯组沉积岩中有大量的韵律层和浊积岩（图 4-15）。

大河深裂陷槽为近 SN 向延伸的槽形盆地，其横剖面应为蘑菇形。现在在西侧的石炭纪地层上还有这个裂陷槽的地层平行不整合于其上是一个证据。但后期的断裂和岩浆活动，使这个裂陷槽分为两条弧形带（图 4-16）。

（三）早二叠世—晚二叠世的庙岭裂陷槽地层系列

在敦密断裂以东的黑龙江省东南部和吉林省东部的东宁-汪清分区内，自北至南分布有发育的二叠纪地层。在黑龙江省有两套名称：一是北部鸡东小区自下而上是平阳镇组、双桥子组和洞子沟组以及红山组；另一是南部老黑山小区自下而上是庙岭组、红叶桥火山岩和亮子川组及开山屯组。在吉林省的延边地区有大蒜沟砾岩、庙岭组、柯岛群（山谷旗组、滩前组、满河火山岩)、开山屯砾岩和解放村组。

最近的研究(张允平等,1994)取得了一些新资料,因此对东宁-汪清分区的二叠纪地层对比和序列有讨论的必要。这些新资料,最主要的是在山秀岭组的凝灰质砾岩的砾石中找到早二叠世的 *Verbeekina*, *Kahlerina* 等,从而使山秀岭组的剖面性质发生了变化。原来的剖面(吉林地矿局,1988)因为上部山秀岭组是晚石炭世,下有大蒜沟组砾岩,底部为粉砂岩夹灰岩凸镜体有早二叠世化石,从而确定为倒转层序。现在在上部山秀岭组砾岩的砾石中找到早二叠世的䗴,这个倒转剖面理应恢复为正常。而山秀岭组变成晚二叠世砾岩中的巨大岩块。大蒜沟组变成晚二叠世的砾岩,也成为延边地区早已有名的下柯岛组(现名山谷旗组)的同物异名的地层名称应该停止使用。这些含早二叠世化石的粉砂岩也就应顺理成章的回到早二叠世的庙岭组之中。这样柯岛群作为晚二叠世的地层,可与黑龙江省的红山组及亮子川组进行时代的对比。它们之间,特别是处于同一地层分区的柯岛群和亮子川组必然有一个横向的变化关系。

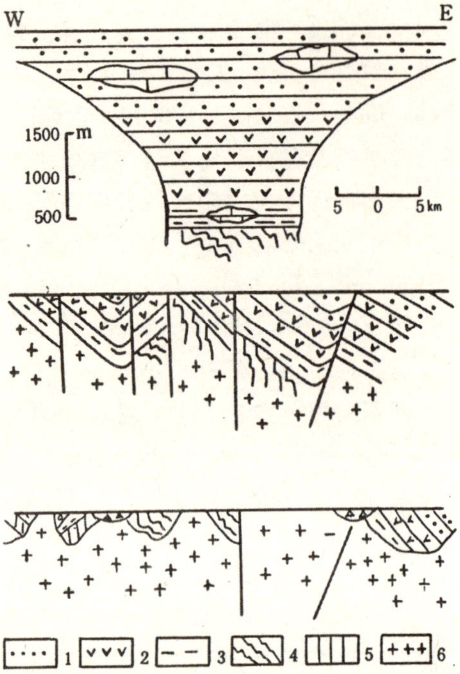

图 4-16 吉林中部大河深裂陷槽的后期改造

Fig. 4-16 Later reformation of Daheshen fault-trough basin in central Jilin province

1. 范家屯组;2. 大河深组;3. 寿山沟组;4. 早古生界;5. 上石炭统;6. 晚华力西—早印支期花岗岩

关于开山屯组,黄本宏(1993)根据东北地区(指造山带中)植物与动物之间的层位关系,已证明开山屯组是早二叠世晚期地层而不属晚二叠世(郭胜哲等,1992)。李东津等在《吉林省岩石地层》(1997)一书中已指出其砾石成分十分复杂,分选差,有一定磨圆度;砾石以花岗岩和各种火山岩为主,杂有砂岩、板岩和灰岩;向上砾岩变薄,砂岩变厚,是一种山前洪积扇性质的堆积,因此称其为开山屯砾岩。实际上,根据其时代,应当是庙岭组沉积时的盆地边缘的陆上洪积扇。

在解决了上面两个问题以后,只剩下早二叠世在各地的地层对比问题。自下而上,首先是平阳镇组,含 *Tryplasma*,该属是东北地区公认的早二叠世早期的化石。其上整合有火山岩和石英砂岩为主的洞子沟组,没有化石,看来亦是陆相或滨海相的产物。在老黑山小区的红叶桥火山岩的上部含早二叠世晚期的 *Yabeina*,其下整合有被称为庙岭组的地层,不含化石。这套地层在老黑山剖面上不含火山岩,是以大理岩为主夹粉砂岩的地层,在亮子川剖面中夹有安山岩。看来,后一剖面的"庙岭组"实际上是红叶桥火山岩的一部分,而前一剖面中的"庙岭组"是平阳镇组向南延续的产物,应归入平阳镇组。这样,双桥子组和红叶桥火山岩都是平阳镇组以上的火山岩组合,应归为一套地层。这套火山岩向南到延边地区是同样含有 *Yabeina* 的满河火山岩。在珲春县小益岭—老婆婆沟剖面上满河火山岩平行不整合于"庙岭组"的中粒石英砂岩之上。这样,在这套火山岩之下,在北部和南部边缘确实有一套沉积岩在火山活动之前已经存在。它们不应该称庙岭组,在这个裂陷槽地层组合中,我们使用平阳镇组的名称。在延边地区的庙岭组富含化石,亦产有 *Yabeina*,是可以与前面讨论过的产同样化石的火山岩组合进行时代上对比的,我们使用红叶桥组一名代表这套火山岩组合。庙岭组和红叶桥组是在平阳镇组沉积以后，在盆地的中心部位和东部地区的两个同时代的组，分别代表沉积作用和火山-沉积作用的产物。在它们之上，分别有不同名称的地层。在庙岭组之上有山谷旗组（正层型剖面于开山屯南）、“解放村组”（汪清县庙岭新采石厂—炸药库剖面）。在红叶桥组上有亮子川组（正层型剖面于老黑山亮子川）、“解放村组”。而“解放村组”又不整合于柯岛群的滩前组之下（珲春县密江乡），而滩前组又是山谷旗组的上覆层位。从这些地层的关系中可以看出，在同时代的庙岭组和红叶桥组之上产出的又不在一个产地的不同地层，不是同时代地层。因此柯岛群和“解放村组”应是上、下关系（图 4－17）。而亮子川组与“解放村组”有相同的岩性组合和化石组合，应使用一个名称，考虑到近年来 1∶5 万区调新资料所反映的“解放村组”的时代与以前的认识大相径庭，其应为庙岭组的一部分，因此，本书使用亮子川组一名。另外，鸡东小区引用伊春-尚志分区的红山组岩性和植物化石亦与亮子川组的相同，亦是同物异名。

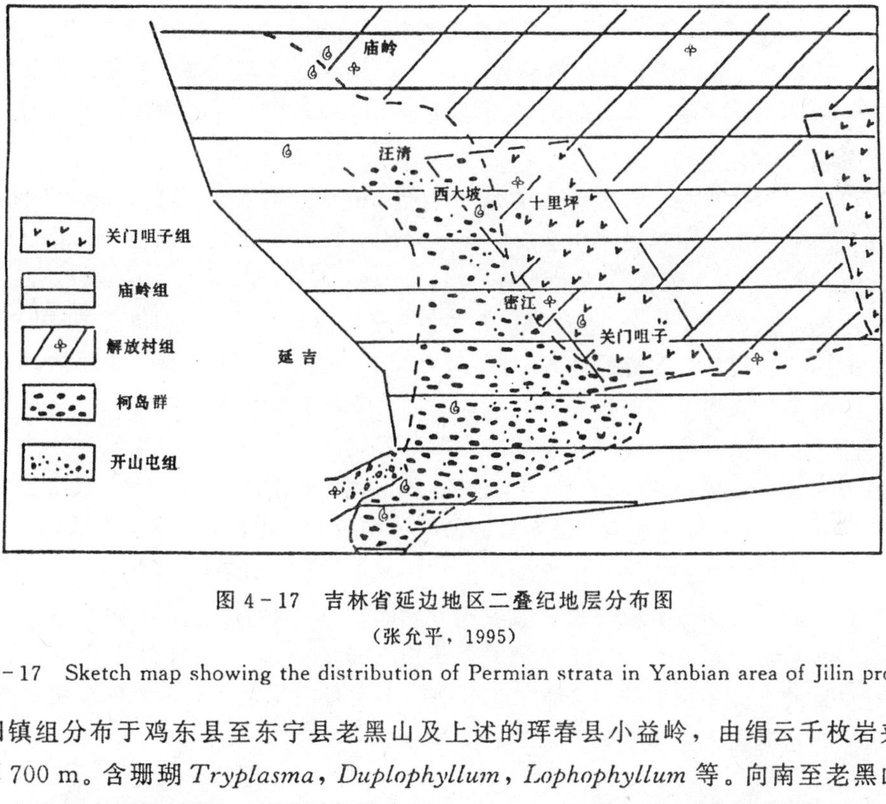

图 4－17　吉林省延边地区二叠纪地层分布图

（张允平，1995）

Fig. 4－17　Sketch map showing the distribution of Permian strata in Yanbian area of Jilin province

平阳镇组分布于鸡东县至东宁县老黑山及上述的珲春县小益岭，由绢云千枚岩夹大理岩组成。厚 700 m。含珊瑚 *Tryplasma*，*Duplophyllum*，*Lophophyllum* 等。向南至老黑山大理岩变厚，并有燧石大理岩夹层，地层厚度增大至 1 200 m。至珲春县，变成以石英砂岩为主。时代为早二叠世早期。

红叶桥组（包括双桥子组、红叶桥火山岩、满河火山岩和关门咀子组）在这个裂陷槽中自北部的鸡东县到最南部的珲春县都有分布。在东宁县老黑山亮子川的正层型剖面由下部板岩、粉砂岩、凝灰质粉砂岩夹安山岩和英安-安山质熔岩，上部安山岩、英安凝灰熔岩、角砾凝灰熔岩、凝灰岩夹凝灰质砾岩、凝灰质砂岩、板岩和灰岩凸镜体组成。厚 1 700 m。含 *Yabeina*。向北至东宁县绥阳镇双桥子为凝灰岩夹凝灰熔岩和安山玢岩、凝灰质砂岩和千枚岩，含植物。厚 400 m。在鸡东，流纹岩和英安岩、英安凝灰熔岩增加，但厚度减少为 600 m。向南至延边地区为安山岩、英安岩、流纹岩、角砾熔岩夹凝灰岩、砂岩、粉砂岩和偶夹大理岩凸镜体，在角砾熔岩和角砾凝灰岩中有花岗岩角砾和岩屑。厚 1 300～2 900 m。含 *Yabeina*，*Verbeekina*，*Monodiexidina* 等，腕足类 *Hustedia*，*Geyerella*，*Dictyoclostus* 等和苔藓虫。时代为早二叠世晚期。

庙岭组在延边地区有广泛的分布。在汪清县、延吉县、珲春县都有出露，由下部长石石英砂岩、杂砂岩、粉砂岩夹薄层灰岩凸镜体，上部砂岩、粉砂岩、板岩夹厚层灰岩凸镜体组成，厚 700 m。含䗴 *Monodiexodina*，*Parafusulina*，*Pseudodoliolina*，*Neomisellina*，*Polydiexodina*，*Kahlerina*，*Yabeina* 等，珊瑚 *Waagenophyllum*，*Dushanophyllum*，*Stylidophyllum* 等，腕足类 *Spiriferella*，*Leptodus*，*Yakovlevia*，*Hustedia*，*Stenoscisma*，*Dictyoclostus* 等。时代为早二叠世晚期茅口期。

柯岛群分为山谷旗组和滩前组，即以前文献中所用的下柯岛组和上柯岛组。山谷旗组由灰色和灰紫色砾岩、含砾砂岩与杂砂岩或长石砂岩互层，偶夹粒屑灰岩和硅质岩团块组成，厚 1 000 m。其下与庙岭组整合或平行不整合。砾石中含大量庙岭组的䗴类化石，如 *Verbeekina*，*Yabeina*，*Neoschwagerina*，*Kahlerina* 等，在山秀岭更有晚石炭世岩块。滩前组由杂色板岩、粉砂质板岩、凝灰质板岩、偶夹含砾粉砂岩组成。厚 3 700 m。从分布范围看，山谷旗组位于开山屯—西大坡—汪清一线以西，而滩前组在这一线以东，在这一线附近两者重合。时代为晚二叠世或更晚。

亮子川组底部为凝灰砾岩，上部由中细粒砂岩、粉砂岩等组成。厚 1 200～2 300 m。下部在珲春县关门咀子和东宁县亮子川含有腕足类 *Attenuatella*，*Orthotichia*，*Anidanthus*，*Derbia*，*Orthotetes* 等，上部在珲春县关门咀子产植物 *Noeggerathiosis*，*Lobatannularia*，*Sphenophyllum*，*Pecopteris*，*Callipteris*，*Rhipidopsis* 等。亮子川组向北一直延展至东宁县的北部。下部含腕足类的部分时代为早二叠世晚期，上部所含植物为晚二叠世，分布于延边地区的东部和北部。在汪清县大兴沟、鸡冠乡一带与滩前组的分布区重合。

这个裂陷槽在国内部分呈南宽北窄的三角形，横剖面为蘑菇形。早期在北部边缘和东南边缘有碎屑岩夹灰岩沉积，东南边缘更有石英砂岩，代表长期剥蚀的产物。火山岩分布于裂陷槽的轴部，呈 NE 向，两侧为碎屑岩夹灰岩凸镜体沉积。在其上逐渐过渡为陆相沉积。分布于西部的山谷旗组在珲春县光明一带呈现河道相沉积的特点，而在开山屯柯岛一带则呈现湖相沉积的特点，砂砾岩层中有粒序层。砾岩和砂岩间不显层理，或厚层砾岩呈块状或楔状夹于砂岩之中，常具滑塌构造。分布于东部的亮子川组的东缘发育有明显的浊积岩层序，说明处于重力流发育的湖泊中沉积的。这样在庙岭裂陷槽发育的晚期呈现一大的湖盆，早期有海水残留，西侧有河流注入，东侧湖岸似乎较陡峭。

二、晚二叠世—早三叠世的地层特征

东北地区的晚二叠世—早三叠世地层均为陆相，但在个别地区可能在早期有一些残留的海水与淡水混合的半咸水沉积。在文献中可以看到有咸水双壳类，甚至对盐度适应性很广的舌形贝的报道。这个时期整个东北区形成几个 NE 向的湖盆，这些湖盆基本上都座落在早二叠世裂陷槽之上。据黄本宏（1993）、郭胜哲等（1992）研究，有 3 个晚二叠世的凹陷（兴安岭凹陷、张广才岭凹陷、完达山凹陷），西部从黑河向西南经齐齐哈尔、乌兰浩特、林西到赤峰；中部从伊春—吉林；东部从黑龙江边的同江向南一直到延吉（图 4－18）。相应于这 3 个凹陷的分别是西部的大石寨裂陷槽，中部杨木岗裂陷槽，东部的庙岭裂陷槽，但这些凹陷的范围比裂陷槽有所扩大。因此，也可以认为这些晚二叠世的凹陷是裂陷槽后期的陆相沉积。庙岭裂陷槽的地层序列中已包括了晚二叠世的陆相沉积。西部凹陷的地层组合有林西组和老龙头组，其南部边缘有染房地组；中部凹陷有红山组，南部边缘有杨家沟组和卢家屯组。

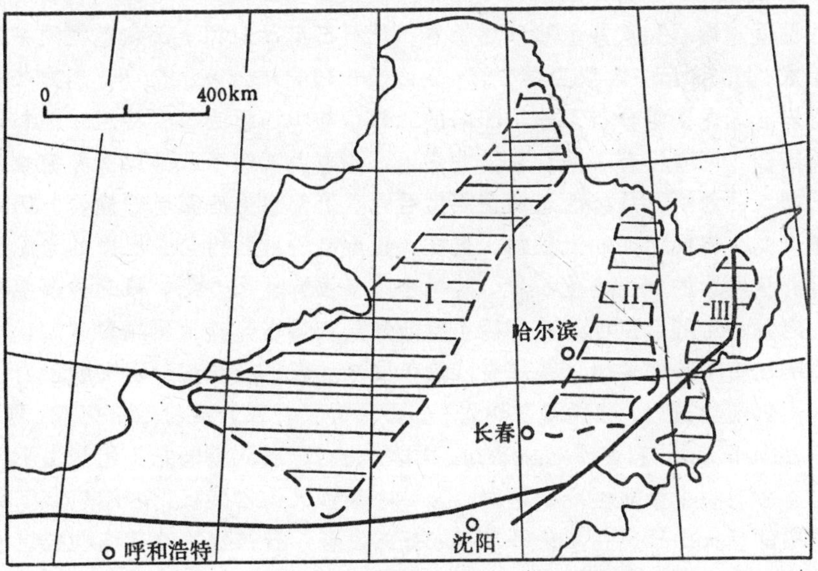

图 4-18　中国东北部晚二叠世凹陷分布图

Fig. 4-18　Distribution of Late Permian depressions in Northeast China

Ⅰ. 兴安岭凹陷；Ⅱ. 张广才岭凹陷；Ⅲ. 完达山凹陷

（一）兴安岭凹陷带的地层

这个凹陷带位于本区的中部偏西，为3个凹陷带中最西部的一个凹陷带。基本上重叠于大石寨裂陷槽之上，但相对于这个裂陷槽，西南部向内收缩，西北部则向外扩展。地层有林西组、老龙头组、染房地组。

林西组在凹陷带中分布很广。在林西县官地—翟家沟的正层型剖面所揭示的林西组由下部泥质页岩，中部粉砂质板岩夹杂砂岩和上部灰绿—黄绿色粉砂质板岩夹细砂岩及灰紫色粉砂质板岩组成，厚 2 900 m。含双壳类 *Palaeomutela* 和 *Palaeonodonta* 等，植物 *Prynadaopteris*，*Pecopteris*，*Noeggerathiopsis*，*Schizonura*，*Comia*，*Crassinervia* 等。林西组在许多地方含有火山岩，包括凝灰岩、凝灰熔岩、流纹岩、安山岩、安山玢岩等。但各地含量多少不同。有的剖面主要由火山岩组成，如东乌旗之东北的阿尔陶勒盖。厚近 700 m 的安山岩、安山玢岩及凝灰岩夹粉砂岩，亦含相应的植物化石 *Noeggerathiopsis*，*Rhipidopsis*，*Nephropsis* 等。另一些剖面中夹有安山岩、流纹岩、凝灰岩等，如林西县李家营子剖面、阿鲁科尔沁旗乌苏图如剖面、阿荣旗骆驼山剖面、爱辉县塔溪剖面等。在翁牛特旗—克什克腾旗一带发育一套以安山岩夹流纹岩和凝灰岩为主夹凝灰砂岩地层即染房地组，厚可达 2 200 m。也含植物 *Pecopteris*，*Taenioptens*，*Sphenopteris* 等。在一些边缘地区还保留有粗碎屑岩沉积，如西南边缘苏左旗包尔敖包地区由砂岩、含砾砂岩、砾岩夹少量板岩和千枚岩。厚 750 m。在北部边缘呼玛县兴隆地区为杂砂质长石砂岩、长石砂岩、板岩夹凝灰质砂岩和凝灰岩。厚 750～1 900 m。在林西组与下伏早二叠世地层有正常接触的地方，常表现为整合关系。如李家营子剖面揭示林西组整合于哲斯组（原黄岗梁组）的砂岩之上；科右前旗索伦一带林西组（原索伦组）整合于哲斯组（原吴家屯组）的粉砂岩之上等。在边缘地区可不整合于下伏石炭纪或泥盆纪地层之上。

老龙头组在黑龙江省龙江公社齐沁河乡的正层型剖面上由下部黄绿色粉砂质板岩夹长石石英岩、酸性凝灰熔岩夹灰紫色粉砂质板岩、长石石英砂岩和上部灰色泥质板岩、泥质粉砂岩夹砂岩组成，厚800 m，含双壳类 *Palaeonodonta* 和 *Palaeomutela* 等。老龙头村副层型在上部有安山玢岩。老龙头组分布于这个凹陷的北部，与林西组为整合接触。但林西组之正层型在本凹陷的南部，两者没有关系。在老龙头地区，老龙头组下伏地层为孙家坟组的泥岩、粉砂岩，现已归入林西组。从林西组的正层型看，其上部也夹有紫色粉砂岩。因此，这些紫色层很可能是老龙头组同时期的沉积物。这样，正层型的林西组与正层型的老龙头组就有可能重复一部分。从所含的双壳类化石看，这两个组又没有什么差别，只是林西组有植物而老龙头组没有。老龙头组的含紫色层的层段中有酸性凝灰熔岩，其上更发育有大量的安山质火山岩。在布特哈旗由下部的黄绿、灰绿夹灰紫色凝灰砂岩、凝灰粉砂岩夹粉砂岩、泥岩、长石石英砂岩和上部流纹斑岩、酸性凝灰熔岩、安山玢岩及凝灰岩夹粉砂岩组成。厚400 m。下部含双壳类 *Palaeonodonta* 和 *Palaeomutela*。这样，我们可以认为老龙头组是由下部灰绿色和灰紫色粉砂岩、砂岩夹少量酸性凝灰熔岩，上部中酸性火山岩夹沉积岩组成。下部含双壳类化石。上部的中酸性火山岩，在索伦一带有较好的发育，曾被称为哈达陶勒盖组，由下部安山岩和安山质及英安质凝灰熔岩、凝灰岩，中部砂岩、粉砂岩互层或粉砂岩、粉砂质板岩夹凝灰岩，上部安山岩组成。厚1 600 m。含叶肢介 *Loxomicroglypa*，*Dictyostrica* 等。时代为早三叠世。这样，老龙头组由下部含双壳类的晚二叠世沉积岩夹少量酸性凝灰熔岩和上部含叶肢介的早三叠世以中性为主的中酸性火山岩夹粉砂岩为主的沉积岩组成。从而老龙头组的时代为晚二叠世—早三叠世。

染房地组是发育于凹陷最南端的陆相火山沉积地层，分布于翁牛特旗—克什克腾旗一带，由下部的凝灰岩、凝灰角砾岩夹凝灰质砂岩和流纹岩，上部安山岩、流纹岩及角砾熔岩凝灰角砾岩组成。厚2 000 m。含植物 *Pecopteris*，*Taeniopteris* 等，整合在于家北沟组之上。时代为晚二叠世。

（二）张广才岭凹陷带的地层

这个凹陷带是晚二叠世3个凹陷带中位于中间的凹陷带。发育于小兴安岭东南部到张广才岭地区，叠覆于杨木岗裂陷槽之上，并向南扩展到大河深裂陷槽的北缘部分。地层包括红山组和南部边缘的杨家沟组和卢家屯组。

红山组主要见于小兴安岭东南部。在伊春地区，红山组正层型为砾岩—含砾砂岩—砂岩—粘土岩的韵律沉积地层。砾岩层分布有时不稳定，砾石成分都为周围下伏地层的板岩、粉砂岩、酸性火山岩、花岗岩、脉石英等，厚650 m。在黑色板岩中含植物 *Callipteris*，*Comia*，*Sphenopteris*，*Pecopteris*，*Compsopteris*，*Noeggerathiopsis*，*Prynadaopteris*，*Schizonura*，*Lobatannularia* 等。向南至铁力地区，曾称三角山组，由下部泥质板岩、碳质板岩、粉砂岩夹少量砂岩和上部安山玢岩和英安玢岩夹泥质粉砂岩和千枚岩组成，含类似的植物组合，厚1 300 m。与下伏早二叠世土门岭组整合。至南部敦化市北青沟子—镜泊湖一带曾称青沟子组（吉林地矿局，1988），由下部中粗粒砂岩和粉砂质板岩或碳质板岩互层含丰富的植物化石；中部安山岩、凝灰熔岩、中酸性熔岩和凝灰砂岩；上部砂岩和粉砂岩互层组成。厚2 300 m。在下部常可见有砾岩夹层，砾石多为下伏的变质火山碎屑岩砾石。可能不整合于下伏时代不明的地层之上。

杨家沟组仅分布于九台市至吉林市一带，整合于早二叠世范家屯组之上。由下部的凝灰质砾岩、角砾岩夹板岩和上部的板岩夹凝灰质粉砂岩及灰岩凸镜体组成。厚1 000 m。含双壳类 *Palaeonodonta* 和 *Palaeomutela* 等。在灰岩凸镜体中有一些咸水双壳类如 *Liebea*，*Orthomyalina* 等。并含有以有节类为主的植物。

卢家屯组由下部杂色、以紫色调为主的砾岩—含砾杂砂岩—砂岩—泥岩的韵律层和上部粉砂岩、粉砂质泥岩为主夹凝灰质细砂岩和石膏及顶部杂砂岩夹砾岩组成。厚3 000 m。含双壳类 *Palaeonodonta*，*Palaeomutela* 等和植物 *Neocalamites*。在上部黑色粉砂岩中，一些地方可见与双壳类一起的有叶肢介 *Cornia*、介形虫和鱼鳞碎片。时代被定为早三叠世，但可能属晚二叠世。主要分布于九台市。在永吉县大绥河乡的搜登站以南，有大量紫色的砾岩、砂岩和泥岩出露，可能也应归属卢家屯组。

这个凹陷带北部黑龙江省部分形成一水体。红山组在伊春一带是一种河流—沼泽相的沉积，向南到铁力地区的原三角山组则是典型的湖沼沉积，其下与早二叠世土门岭组的上部海陆交互相地层整合。说明这个湖沼是继承了早二叠世的盆地发展的，海水逐渐换成了淡水。其南部边缘当在青沟子—镜泊湖一带。原青沟子组与下伏地层之不整合，显然是水体超覆所致。

在九台市—吉林市一带，依附于这个凹陷带有一个小的近EW向延展的盆地，可能与凹陷带主体相连。但从原青沟子组的盆地边缘特征看，即使相连，在它们之间亦是一个小小的水下隆起。这个盆地是大河深裂陷槽主体抬升时，在北缘留下或造成的一个小凹陷。杨家沟组整合于范家屯组之上。抬升至一定程度，出现山前凹陷，在九台市和永吉县一带形成磨拉石或类磨拉石的卢家屯组红色堆积。其堆积时间很短，晚期形成闭塞盆地，流水不畅，水质变咸，出现类似泻湖的沉积，使地层中夹有石膏层。

（三）完达山凹陷带的地层

这个凹陷带南部为庙岭裂陷槽，其晚二叠世地层已讨论过。在跨越敦-密断裂进入松花江地层区的密山-宝清分区的北部地区，晚石炭世—早二叠世珍子山组之上整合有二龙山组火山岩，由安山岩、安山玄武岩夹含砾凝灰岩和粉砂质板岩薄层组成，厚400 m。在宝清县勇进桥有中酸性熔岩。时代无依据，历来看作晚二叠世。同时广泛分布有城山组的砂岩、粉砂岩夹砾岩的陆相地层，并夹有凝灰岩及熔岩，含有以 *Comia* 为代表的植物化石。这样，仅在两个地方出露的二龙山组，可能是城山组沉积期的两个火山喷发中心，造成城山组中的凝灰岩和熔岩夹层。

第六节　古生物问题和生物地层学

在东北地区，从晚元古代开始，地层中就报道有化石存在，一直到早三叠世的各个断代地层中都发现有化石，这些化石多数在《华北地区古生物图册·内蒙古分册》、《东北地区古生物图册》和《吉林省古生物图册》中发表。另外，在东北地区工作的古生物学者们又分别对这些图册中没有发表的古生物化石在《古生物学报》、《地质学报》、《微体古生物学报》、《中国地质科学院院报》，《沈阳地质矿产研究所所刊》和《集刊》、《地层古生物论文集》、《长春地质学院院报》等地质古生物杂志中或专著中进行描述。因此，东北地区的古生代古生物面貌已有基本了解。在东北地区的古生代地层中，除华北北缘的内蒙古草原地层区的早古生代地层中古生物化石较贫乏以外，各地层区的古生代生物，无论动物和植物都十分繁盛。

在东北地区造山带古生代地层中，特别是从晚前寒武纪到早古生代地层中，有许多哑地层。几十年来，人们一直在努力用各种方式来探讨和解决它们的时代问题。寻找各种类型的化石是这些努力中最经济和最有效的方法。近十余年来有一些收获，但是由于对找到的化石认识的不同，特别是一些新的发现，在文献中尚没有报道或很少报道，时代又与已被人们接受的时代概念有矛盾的，且又会引起对某些地质问题的认识有重大变化的发现，特别受到人们的注意。自然会对这些发现提出许多疑问，甚至加以否定，造成争议。对这些问题作为一种客观存在，不能回避。

一、有争议或疑问的古生物问题

（一）麻山动物群

此动物群发现于鸡西市龙山屯，原划归于麻山群地层中。共有*Arumberia*，*Jixiella*，*Glassneria*，*Mashania* 等 4 属（刘效良，1981）。研究者认为它们属于软躯体动物的杯形动物化石和海鳃纲化石，是埃迪克拉期的后生动物。这个发现，被澳大利亚专门研究埃迪克拉动物群的 Glassner 教授的认可，并作为一个埃迪克拉动物群的产地发表于他的著作中。但是，在国内，特别在东北却没有得到承认。无论在讨论地层划分和晚前寒武纪古生物的文献中，几乎没有人利用这个资料，并有人著文反对。这主要是由于已知麻山群的同位素年龄与埃迪克拉期 600～700 Ma 之间差距太大，而化石又保存在变质岩之中，保存化石印痕的岩石是沸石，认为不可能保存化石，因此推测是由于后期动力变动中造成的。然而，这些不同的观点并没有引起进一步的争论。作者在观察了化石标本后发现，这些化石保存较好的都是杯状，在杯口部位有研究者描述的纹饰，其他部位则没有。而且纹饰呈放射状或对称羽状，不大可能是断层或动力破碎造成。考虑到变质岩中找到各类化石在国内外已不乏报道及最近朱群等（1995）研究证明 920～610 Ma 的时期内在佳木斯地块上有岛弧和弧后盆地的存在，在弧后盆地的合适位置发育一些早期后生动物亦是可能的。因此，我们认为麻山动物群的化石是有可能成立的。

（二）清河镇动物群和昌图动物群

80 年代末，在华北北缘，西自白云鄂博东至延边地区，东西长近 2 000 km 的带上，在一些原定太古宙或元古宙地层的硅质岩或硅质碳酸盐岩中发现了微体化石。刘效良等（1990）命名为清河镇动物群，时代为早寒武世。张炯飞（1993）对其中的管状化石和球状化石的地质分布进行总结，结合其他已知的时代证据，把清河镇动物群的时代限定为中元古代—奥陶纪。刘效良等（1992）又发表了另一与清河镇动物群关系十分密切的昌图动物群，该动物群产于下二台群和呼兰群，并有两个腹足类化石 *Ectomaria* 和 *Lophospira*，时代为奥陶纪。清河镇动物群的产出位置正是在所谓的“台槽界线”上，而且把过去定为太古宙和元古宙的地层一起都改成早寒武世，并因此把这个界线向南推移了 100 km（王东方等，1990），引起人们的极大注意。一方面对新建立的清河镇群地层的内涵提出不同的看法（唐克东等，1989），一方面对清河镇动物群的化石提出质疑或否定，其主要是认为在分析过程中形成的化学沉淀物被误定为化石（陈孟莪，1993），有的更在自己的工作范围内采样分析，并加以否定（张允平，1994）。对陈孟莪的质疑，刘效良（1994）作了答辩，提出十条证据，证明化石并不是化学沉淀物，而是真正的生物遗留物。其中最重要的是第6条和第8条，内容包括①在内蒙古红花沟矿区的石头道村西山与清河镇动物群共生有梅树村的小壳化石 *Rugatothica*，*Microcornus*?，*Coleoloides*；②这类管状化石在国内许多地方的二叠纪、三叠纪、侏罗纪地层中与放射虫共生，在沿海第三纪地层中亦有许多发现，在昌图动物群中与腹足类共生；③化石本身形态并非都是直管状，有弯曲、旋转等状态，表面有纵、横、斜的纹饰，并有生殖现象，显示生物结构；④在岩石薄片和手标本中见到实体的管状化石。作者曾观察过刘效良所保存的标本和共生梅树村小壳化石的电镜扫描照片。另外，在发现这些化石的早期，作者曾向发现者提出过注意这些含化石的硅质岩、碳酸盐岩与清河镇群的其他岩石之间的关系。由于这些地区构造十分复杂，剪切推覆十分普遍，不同时代的地层和岩石很可能被认为是一套地层。这种情况在各个造山带中不乏其例。从发现者的材料中，作者就知道在内蒙古腮林忽洞剖面就有产化石的地层与下伏地层的不整合。1994年，作者与吉林区调所彭玉鲸、王占福和郑春子一起观察了辽宁开原县貂皮屯的清河镇群白石砬子组剖面，这个剖面也是清河镇动物群的重要产地，发现白石砬子组底部灰岩含有岩屑及花岗岩和所谓凝灰绿片岩的砾石，同时这个剖面本身各种岩石排列十分杂乱，很可能是一个沉积混杂岩，灰岩只是它们的基质。这样，产清河镇动物群的硅质碳酸盐岩与清河镇群其他岩石单位之间的关系确实需要认真的研究。清河镇动物群与昌图动物群的管状化石形态相似，但后者更为复杂，两者产地又相近，因此说它们之间有演化关系也不是不可信的。总之，今后对清河镇动物群和昌图动物群仍将是仁者见仁，智者见智，有待学者们的深入研究，才能逐渐清晰而接近客观实际。

（三）黑龙江群中的放射虫、几丁虫和藻类

前几年，曾流传在黑龙江群中找到了放射虫、几丁虫等早古生代化石，但没有见到公开发表的文献。作者亦曾看过黑龙江省搞岩石研究的同志带来的“放射虫硅质岩”的薄片，在薄片中“放射虫”十分多，约占面积的70%以上。经仔细观察，发现它们没有任何生物结构，是一些石英颗粒，曾询问有无酸泡出来的实体，答曰没有。唐克东等（1995）在讨论大陆边缘构造时引用了这些材料，并相信黑龙江群是早古生代晚期形成的混杂体。但由于没有描述和图版，这些化石消息很难引起人们的认真对待。根据最近朱群等的研究，佳木斯地块西缘的碰撞对接和隆起在610～544 Ma，显然与上述资料有矛盾。究竟如何？有待进一步研究加以证明。但在此以前，对这些重要“发现”的引用的确需要更加慎重。

（四）关于石缝组和弯月组中的石炭纪腕足类和奥陶纪珊瑚

在有关的区调报告和一些文献中，曾提到在石缝组和弯月组地层中有腕足类？*Wererella*，？*Tereblatuloidea*，？*Brachythyrina* 和珊瑚 *Sinkiangolasma*。前者时代是石炭纪，后者是奥陶纪，这些化石都是作者采集的。前者于1960年采集于吉林省东辽县椅山乡弯月铜矿，后者于1970年带辽宁区调队同志参观呼兰群剖面时，采自磐石县呼兰镇西北岔山岭上的北岔屯组之中。种种原因，作者没有鉴定这些腕足类化石，却鉴定了那些珊瑚。腕足类化石名单的时代与共生的珊瑚 *Thamnopora*，*Circophyllum* 等的志留纪时代矛盾很大。而 *Sinkiangolasma* 的时代与共生的其他珊瑚的时代矛盾并不大。然而不管矛盾的大小，这两个名单都存在问题。腕足动物标本虽已丢失，但据作者记忆和对腕足动物鉴定的经验，它们应该是志留纪的某些属，

如 *Striispirifer*。而 *Sinkiangolasma* 的薄片，郭胜哲和池永一在 1972 年已作重新鉴定，否定了以前的结论，确认是一群体的 *Cladopora*。这样，上述石炭纪的腕足动物和奥陶纪的珊瑚名单不应再被引用。

二、生物地层学

已发表的有关东北区生物地层的论文和专著，多数是综合地层的研究成果，在这些成果中，以时代为龙头，将古生物化石作为时代依据。只要时代相同，在一定的区域范围之内不管岩性的差异，都归于一个相同的组。反之，岩性虽然相同，但时代有差异（指相邻的时代），则可分别命名为不同的组。而真正的生物地层学研究则几乎没有开展，对地层剖面中的古生物化石，没有建立相应的各种化石带，多数是建立一些组合。这些组合实际上并不是生物地层单位，它们的含义亦无严格的规定。当然，亦还是有一些学者进行了生物地层学的研究，建立了一些带。然而，这些带亦是笼统的带，没有严格的按带的性质进行分类。这样，在本书中，要总结合格的生物地层学内容，几乎是不可能的。所以，这里的生物地层学只是将过去的研究成果加以整理，把各门类的化石组合序列与现在的岩石地层序列的相应关系理顺，而不是去建立一些化石带或将已有的笼统的带分别归类。因为，没有野外实际工作，在室内根据文字资料进行生物地层学研究是不够严肃的和不科学的。这些工作将是古生物学者们今后的研究任务。

各地层区的地层多重划分见表 4－3、表 4－4、表 4－5、表 4－6。

表 4-3 松花江地层区前二叠地层多重划分对比表

Table 4-3 Multiple classification and correlation of the stratigraphy of pre-Permian in Songhuajiang Stratigraphic Region

年代地层		岩石地层		生物地层(组合)			
系	统	伊春-尚志分区	密山-宝清分区	腕足类(上)三叶虫(下)	四射珊瑚	床板珊瑚	植物
C	C_2	唐家屯组 / 杨木岗组	珍子山组				*Neuropteris-Angaridium-Zamiopteris*
	C_1		北兴组	*Hemiplethorhynchus pseudofallax*			
D	D_3		七里卡山组				*Aphyllopteris-Hostimella*
			老秃顶子组				
	D_2	福兴屯组	黑台组				*Taeniocrada-Barsassia*
		宏川组		*Borealispirifer-Euryspirifer*	*Sulcorphyllum-Cystiphylloides*	*Squameofavosites-Thamnopora-Tyrganolithes*	
	D_1	黑龙宫组		*Fallaxispirifer* *Coelospirella orientalis*			
O	O_2	尚志群 大青组		*Vellamo trentonensis*			
		尚志群 小金沟组					
		尚志群 宝泉组					
Є	$Є_1$	西林群 五星镇组		*Proerbia-Inouyia*			
		西林群 铅山组					
		西林群 老道庙沟组					
		西林群 晨明组					

表 4-4 兴安地层区前二叠纪

Table 4-4 Multiple classification and Correlation of the stratigraphy

年代地层			岩石地层		生物	
系	统	阶	达莱-兴隆分区	东乌-呼玛分区	牙形刺 笔石	腕足类
C	C_2		宝力高庙组	宝力高庙组		
C	C_1	维宪	莫尔根河组	查尔格拉河组		*Rotaia-Tomiopsis*
C	C_1	杜内	红水泉组	花达气组		*Fusella-Syringothyris*
D	D_3	法门	大民山组；安格音乌拉组	小河里河组		
D	D_3	法拉斯	大民山组	塔尔巴格特组；根里河组		*Cyrtospirifer*
D	D_2	吉维特	大民山组	塔尔巴格特组；根里河组；腰桑南组	*Polygnathus vacus*	*Mucrospirifer mucronatus-Acrospirifer pseudocheehiel Sculptospirifer sculptilis*
D	D_2	艾菲尔	哈诺敖包组；乌奴尔灰岩；泥鳅河组	塔尔巴格特组；霍龙门段；腰桑南组	*Polygnathus costatus*	*Acrospirifer dyadobornus Gladiostrophia kondoi*
D	D_1	爱姆斯	乌奴尔灰岩；泥鳅河组	泥鳅河组		
D	D_1	布拉格	乌奴尔灰岩；泥鳅河组	泥鳅河组		*Pacificocoelia sinica*
D	D_1	吉丁				*Plectodonta mariae-Meristella aff. atoka*
S	S_3	普里多利				*Lingula*
S	S_3	拉德洛		卧都河组		*Tuvaella gigantea T. rackovskii-T. gigantea*
S	S_2	文洛克		八十里小河组		*Tuvaella rackovskii*
S	S_1	兰多弗列		黄花沟组		*Chonetoidea-Meifordia*
O	O_3	阿什极尔	南阳河组	爱辉组	*Orthograptus* cf. *truncatus*	*Dalmanella sulcata-Dedzetina feilongshangensis Hingganoleptaena Giraladibella humaensis*
O	O_3		安娘娘桥组；南阳河组	裸河组	*Dictyonema-Dendrograptus*	
O	O_2	卡拉道克	安娘娘桥组；南阳河组	多宝山组		*Leptellina sinica-Titambonites incertus*
O	O_2	兰代洛	乌宾敖包组；大伊希康河组	关鸟河灰岩；铜山组	①*D. sextans*-②*C. putiuus D. divaricatus*-③*Pseudocl. scharen bergi Pygodus serrus*	*Famatinorthis luoheensis-Brandysia biconvexa Hesperorthis*
O	O_1	兰维恩	乌宾敖包组；大伊希康河组	关鸟河灰岩；铜山组	*Phyllograptus anna*	*Hesperonomia Diparelasma dongbeiensis*
O	O_1	阿伦尼克	乌宾敖包组；大伊希康河组	铜山组	*Didymograptus* cf. *nanus*	*Productorthis americana*
O	O_1	特马豆克	黄斑脊山组；库纳森河组			*Finkelnburgia bellatula-Humaella huangbanjiensis*
∈	∈$_1$	勒拿	兴隆群	苏中组		

①*D. Dicellograptus*；②*C. Climacograptus*；③*Pseudocl. Pseudoclimacograptus*

地层多重划分对比表

of pre-Permian in Hinggan Stratigraphic Region

地层（组合）			
植物(上) 三叶虫(下)	四射珊瑚 古杯(下)	床板珊瑚	头足类
Angaropteridium-Angaridium			
	Zaphrentites-Cyathaxonia		
Lepidodendropsis-Sublepidodendron	*Nalivkinella-Macgeea*		*Sporadoceras-Prionoceras*
	Billingsastrea Peneckiella	*Thamnopora boloniaris-Alveolites obtortus-Crassialveolites daminshanensis Pachyfavosites polymorphus-Thamnopora reticulata-Tyrganolites fungosus*	
	Endophylum-Temnophyllum		
Drepanophycus-Lepidodendropsis	*Zonophyllum-Grypophyllum*	*Favosites goldfussi-Caliopora elegans-Heliolites insolens* *Favosites grossus-Squameofavosites aequalis Coenites subramosus*	
	Syringaxon-Chlamydophyllum	*Favosites goldfussi-Oculipora unurensis-Thamnopora beliakevi*	
Encrinuroides (*Humaencrinuroides*)、*Phillipsinella-Whittingtonia*	*Sinkiangolasma Streptelasma*	*Calapoecia-Sibiriolites*	*Michilinoceras luoheensis-Polygrammoceras* cf. *hanchungense*
Remopleurides-Ceraurinella			
Trinodus-Endolatites Amphyx	*Primitophyllum*		*Cixianoceras*
Pliomerella-Metoplicha Asaphus			
Parasphaerexochus			
Zoraspis-Anacheiruraspis			
	Archaeocyathus yavorskii		

表 4-5 内蒙古草原地层区前二叠纪多重地层单位对比表

Table 4-5 Multiple classification and correlation of the stratigraphy of pre-Permian in Nei Mongol Grassland Stratigraphic Region

年代地层 系	统	岩石地层 锡林浩特-磐石分区	岩石地层 赤峰分区	生物地层(组合) 腕足类	䗴(上)笔石(下)	四射珊瑚	植物(上)床板珊瑚(下)
C	C_2	阿木山组；本巴图组（1，2）；4 石嘴子组；磨盘山组	酒局子组；白家店组；家道沟组	*Enteletes-Brachythyrina*	*Pseudoschwagerina Triticites*	*Empodesma-Tachylasma Carinthiaphyllum-Anagophyllum Hillia-Antheria*	*Tingia-Lepidodendron*
	C_2 (lower)			*Choristites*	*Fusulina-Fusulinella Profusulinella*	*Sciophyllum-Petalaxis*	*Neuropteris gigantea*
	C_1	色日巴彦敖包组；6 鹿圈屯组；5；通气沟组	朝吐沟组	*Gigantoproductus*	*Eostaffella*	*Kueichouphyllum-Gangamophyllum*	*Angaridium-Mesocalamites*
	C_1 (lower)			*Fusella-Syringothyris*			
D	D_2					*Nalivkinella-Macgeea*	*Leptophloeum rhombicum*
	D_2		王家街组			*Dendrostella-Sociophyllum*	*Favosites goldfussi-Roemerolites jilinensis-Pachystelliporella wangjiajieensis*
	D_1		前坤头沟组	*Plebejochonetes*		*Syringaxon-Chlamydophyllum*	*Favosites goldfussi-Caliapora elegans-Stelliporella kaplunae*
S	S_3	西别河组	西别河组	brachiopod assmebl. *		*Stylopleura-Carlinastreia Kozlowskipyllum.-Ptychopyllum.*	Tabulata assemebl. ***
	S_{1-2}	徐尼乌苏组；弯月组；石缝组；桃山组	八当山火山岩；杏树洼组；晒乌苏组		graptolite zones **	*Weissermelia-Tryplasma*	*Thamnopora-Syringopora*
O	O_{1-2}	包尔汉图群；3；6 下二台群；呼兰群	明安山组				
∈	$∈_2$	白云鄂博群	锦山组	*Billingsella-Eoorthis*			
	$∈_1$						

* *Quadrithyris rareplicatum*, *Atrypa nieczlawiensis-Gipydula* cf. *pelagica*, *Mesodouvillina alatus*, *Plectodonta* aff. *meriae*, *Retziella*; ** unnamed zone, *Stomatograptus grandis*, *Oktavites spiralis*, *Monoclimacis vomerinus-M.* cf. *griestoniensis*; *Streptograptus exiguus-S.* cf. *crispus*, *Spirograptus turriculatus*, *Streptograptus runcinatus-Rastrites* cf. *linnaei*; *** *Squameofavosites jilinensis-Parathamnopora yongjiensis-Paraheliolites salairious*, *Romingerella elegantula-Favosites yakowlewi-Stelliporella* sp. C, *Mesofavosites khalfini-Thamnopora* sp. B-*Heliolites favetabulatus*, *Syringopora gorskyi-Parastriatopora crassa-Mesofavosites* sp. E; 1. 查干诺尔火山岩；2. 格根敖包组；3. 塔林宫群；4. 窝瓜地组；5. 鹿圈屯组；6. 余富屯组；7. 放牛沟火山岩

表 4-6 中国东北区二叠纪地层多重划分对比表

Table 4-6 Multiple classification and correlation of the stratigraphy of Permian in Northeast China

年代地层		岩石地层						生物地层（组合）			
系	统	1	2	3	赤峰分区	东宁-汪清分区	佳木斯分区	双壳类（上）腕足类（下）	䗴	珊瑚	植物
T	T_1	?	卢家屯组	老龙头组							
P	P_2	红山组	杨家沟组	林西组	染房地组	山谷旗组 滩前组 亮子川组	城山组 二龙山组	*Palaeomutella-Palaeonodonta*			*Callipteris-Comia* *Iniopteris*
	P_1	土门岭组	范家屯组	哲斯组	于家北沟组	庙岭组	珍子山组	*Licharewia-Neospirifer moosakhailensis* *Waagenoconcha-Liosostella* *Spiriferella-Yakovlevia mammatiformis*	*Yabeina* *Neoschwagerina-Pseudofusulina*	*Waagenophyllum-Wentzelella*	*Gigantonoclea-Sphenophyllum-Tingia* *Emplectopteris-Taeniopteris-Gigantonoclea*
		玉泉石灰岩	大河深组	包特格组	额里图组	红叶桥组			*Monodiexodina-Parafusulina*		
			寿山沟组	大石寨组	三面井组	平阳镇组		*Muirwoodia mammata-Anidanthus*		*Lytvolasma-Szechuanophyllum*	*Neuropteris-Crassinervia*

1. 伊春-尚志分区；2. 锡林浩特-磐石分区；3. 乌兰浩特-哈尔滨分区

第五章

中、晚三叠世—白垩纪

晚二叠世末（局部地区可延至早三叠世早期）华北板块与西伯利亚板块完成它们从分裂到统一的演化历程。从中、晚三叠世，主要是晚三叠世本区进入了后地壳发展阶段，即人们常说的滨太平洋大陆边缘活动带的演化阶段。这个阶段突出的特点是板内的造山运动继承和改造古生代的构造格局，形成了以NNE向为主的盆、岭体系。东北区自西而东平行展布的大兴安岭火山-岩浆带、松辽大型裂陷盆地、张广才岭-南楼山火山喷发带、鸡西-延吉NE向盆地群以及最东部的那丹哈达岭-完达山造山带，就是这一体系的重要组成部分。中、晚三叠世以来火山-沉积作用，基本上是在这一格局下进行的，也是本区中生代地层分区的重要依据。中、晚三叠世至中侏罗世，盆地的发展由东向西迁移，由海向陆，火山活动东强西弱；晚侏罗世—早白垩世早期，盆地的发展由西向东迁移，火山活动西强东弱；早白垩世晚期—晚白垩世，盆地阶段性发展明显，早期为含煤和油页岩沉积，晚期为红层。对此，地质学家们普遍注意到了太平洋板块的发展演化对亚洲大陆东部边缘的影响。不同时代各种成因的盆地沉积、大规模的火山喷发活动的产物和繁盛的动植物群均作为这一时期的记录而保存下来，为研究本区中生代地壳演化提供了大量的实际资料。

基于上述，在第二章中对东北区中、新生代地层区划作了详细说明，现按大兴安岭-燕山、松辽、张广才岭-南楼山、延吉-鸡西-饶河地层分区分别介绍如下：

第一节　大兴安岭-燕山地层分区

本区侏罗—白垩纪地层发育齐全，早、中侏罗世为两套含煤碎屑岩沉积，沿走向向南相变为火山碎屑沉积夹煤，虽有相变，但含煤为特征与邻区可以对比。中—晚侏罗世晚期，两套火山岩组成NE向夏威夷型火山喷发带，构成大兴安岭山脉的主体。下套为中基性火山岩；上套由酸性—中性—酸性组成的火山喷发旋回。早白垩世早期为中基性—中酸性火山喷发，火山间歇期形成含煤沉积。早白垩世晚期以断陷含煤盆地沉积为主，为本区重要含煤地层；晚白垩世以红层沉积为特征。

一、早、中侏罗世含煤地层

包括两种沉积盆地，一是NE向展布的断陷盆地，断续分布于大兴安岭中南部(图5-1)，为河湖相沉积的含煤建造，以红旗组和万宝组为代表；二是坳陷盆地，发育于大兴安岭北端黑龙江南岸，即上黑龙江坳陷，为河湖相沉积，以额木尔河群为代表。

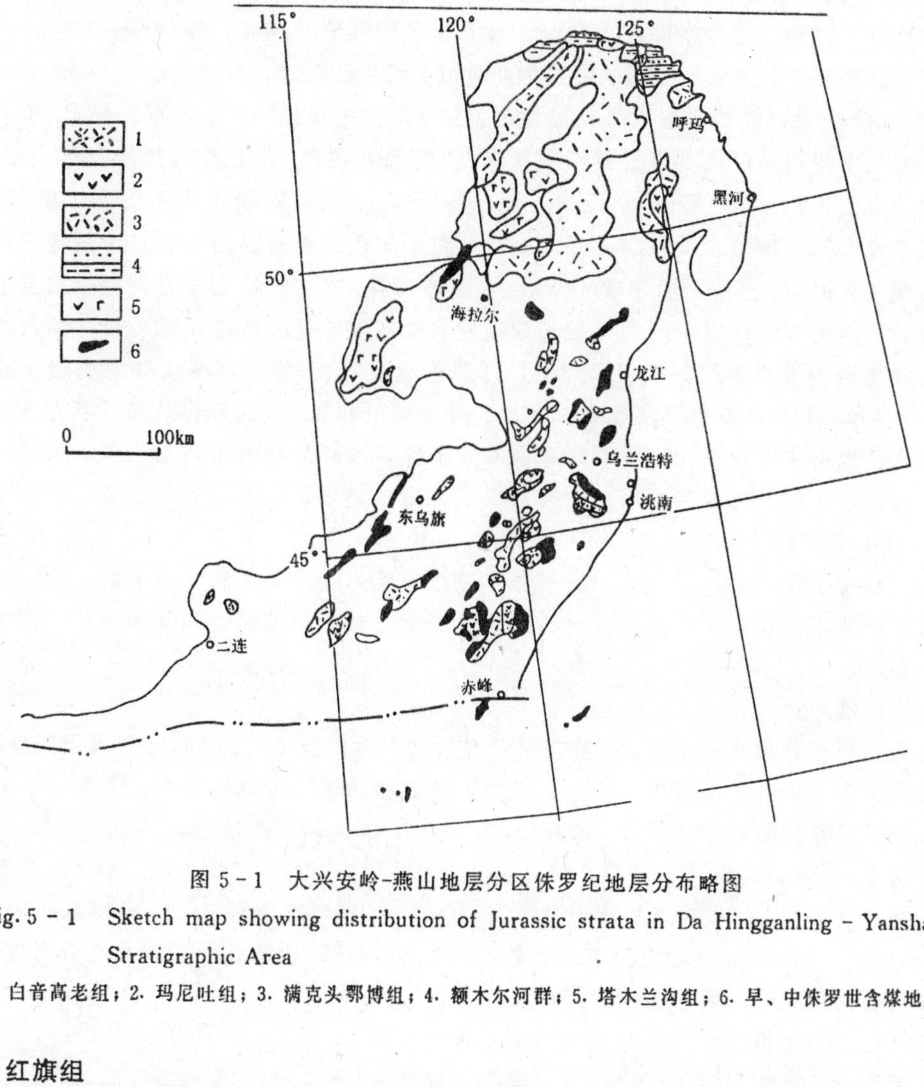

图 5-1 大兴安岭-燕山地层分区侏罗纪地层分布略图

Fig. 5-1 Sketch map showing distribution of Jurassic strata in Da Hingganling - Yanshan Stratigraphic Area

1. 白音高老组；2. 玛尼吐组；3. 满克头鄂博组；4. 额木尔河群；5. 塔木兰沟组；6. 早、中侏罗世含煤地层

1. 红旗组

红旗组主要分布在吉林省洮南县万红盆地红旗煤矿—碱土一带。不整合于古生代变质火山岩之上，被万宝组整合覆盖。由下部灰白色砾岩夹薄层砂岩，上部砂岩、粉砂岩、泥岩夹数层煤组成，厚 548.1 m。产 *Coniopteris-Phoenicopsis* 植物群早期组合分子，时代为早侏罗世。向西北于绰尔河支流柴河林场一带，岩性以黑绿色安山岩与凝灰质碎屑岩互层为主，夹黑色页岩，厚 107～210 m，原称“查伊河组”；向西南于扎鲁特旗、巴林左旗诸小盆地出露不全，以碎屑沉积为主，仅含 1～2 层煤及煤线，厚度一般小于 300 m。西南的阿拉坦合力盆地为凝灰岩、凝灰质砂岩夹煤层（相当阿拉坦合力群下部），厚 87～2 180 m。

2. 万宝组

万宝组的分布较红旗组更为广泛，除万红盆地外，向西南还见于内蒙古扎鲁特旗西沙拉、联合村、克旗黄岗梁、片朴营子、永和营子、小牛群等零星小盆地；向西北在大兴安岭主峰东西两侧的牙克石、扎兰屯也有万宝组（原太平川组、南平组）组成的零星小盆地。

在万红盆地，其下部以灰色砾岩、砂砾岩为主，中部为灰色、灰白色中粗粒砂岩夹粉砂岩及煤层，上部为灰色、灰黑色细粉砂岩、凝灰质砂岩夹煤层，产双壳类及 *Coniopteris-Phoenicopsis* 植物群晚期组合植物化石；而在扎鲁特旗、克什克腾旗等小盆地，主要为一套灰黄色、灰绿色砂砾岩、砂岩、粉砂岩夹页岩组合，含不稳定的煤层及煤线，厚 200～700 m。

万宝组北延至大兴安岭主峰，主要为灰黄色、灰色砂砾岩、砾岩夹砂岩，不含煤，厚度一般小于 200 m；大兴安岭东坡太平川盆地万宝组（原太平川组）十分发育，下部为灰白、灰黑色细砂岩夹多层可采煤及少许的酸性凝灰岩，上部为灰白色、灰色粗碎屑岩夹薄层煤及煤线，总厚度为 1 237.2 m，产 *Coniopteris hymenophylloides*；大兴安岭西坡（原平山组）零星分布于新巴尔虎右旗至额尔古纳左旗一带，以灰黄色、灰色粗碎屑岩为特征，个别地区夹煤线及少许的酸性火山岩，厚度一般小于 400 m。从总体来看，大兴安岭北段万宝组厚度自东南向西北变薄。向西南在赤峰以北阿鲁科尔沁旗新发乡新民煤矿至温都花煤矿一带称新民组，以酸性火山碎屑岩为主夹多层沉积岩及煤层，含膜蕨型锥叶蕨-拟刺葵植物群晚期组合的重要分子，厚 511 m，平行不整合于红旗组之上。在西乌珠穆沁旗恩吉岗庙苏木塔少大坝东，巴林左旗碧流台乡黑山头北及克什克腾旗同兴乡陆家窝铺等地，酸性火山岩与灰黄、黄绿、灰黑色粉砂、细砂岩、凝灰质板岩互层，并夹有煤线。含植物化石，厚 93～719 m。

3. 额木尔河群

为不整合于前中生界基底之上，被塔木兰沟组或兴安岭群不整合覆盖的一套河湖相为主的陆源粗碎屑堆积，自下而上划分为绣峰组、二十二站组、漠河组和开库康组。四个组之间为整合关系。

（1）绣峰组

在老沟至栖林集东山一带，不整合于元古宙兴华渡口群之上。底部发育风化壳型沉积；下部以砾岩为主，夹砂岩及煤层；上部以砂岩、含砾粗砂岩、砂砾岩为主，夹砾岩、凝灰岩及煤线，层理发育。含植物化石 *Coniopteris*，*Ginkgoites*，*Ginkgodigitata*，*Baiera* 等，动物化石有双壳类 *Ferganoconcha* 等，厚度 148 m。在二十站至桂花站，本组下段以砾岩、含砾粗砂岩为主，夹岩屑砂岩、细砂岩、粉砂岩及煤线，含植物化石 *Coniopteris hymenophylloides*。厚度 275 m。本组为上黑龙江盆地沉降初期产物，下段以山前冲、洪积相及河流相粗碎屑堆积为主，上段为浅湖、滨湖相的碎屑沉积，局部沼泽化。

（2）二十二站组

本组为一套湖相细碎屑沉积，由灰绿色、灰色长石砂岩与灰黑色细砂岩、粉砂岩、泥质粉砂质组成韵律式沉积，厚度 860.9 m。岩层中各种水成层理发育，有大中型斜层理、交错层理、波状层理等层面构造发育，见有冲痕、波痕等，并见有蠕虫爬痕及穿切层理的直管状、宽管状虫迹。岩石组合及沉积构造，反映了滨湖至浅湖的沉积环境。其中含有丰富的淡水双壳类及腹足类、叶肢介等动物化石和植物化石。双壳类 *Margritifera-Ferganoconcha* 组合，植物属 *Coniopteris - Phoenicopsis* 植物群晚期组合，指示时代为中侏罗世。

（3）漠河组

漠河组为额木尔河群中最发育的一个组，呈近 EW 向带状分布于上黑龙江坳陷内。以黄褐色、灰黄色砾岩、含砾砂岩、复矿砂岩，灰黑色泥质粉砂岩的沉积韵律为主。在老沟—古站一带其上部夹薄层杂色砾岩及泥灰岩凸镜体，含多层薄煤层及煤线，以含植物化石为主，厚度 300～4 000 m；在二十二站至开库康一带厚度大于 1 945 m。在二十一站至依西肯一带夹煤层或煤线，富产植物化石，厚度大于 1 910 m。

本组属一种频繁振荡环境，早期局部有深水相的钙质沉积和湖相浊流沉积，晚期盆地中心为浅水细碎屑沉积，并多次发生沼泽化，盆地边部则多为含砾的砂质沉积。含介形虫及植物化石，所产植物仍属 *Coniopteris-Phoenicopsis* 植物群晚期组合，应置于中侏罗世，但不排除进入晚侏罗世的可能。

（4）开库康组

开库康组呈 EW 向带状分布于上黑龙江坳陷东部北侧黑龙江南岸一带（北进入俄罗斯境内）。为一套河流相粗碎屑沉积，可分上、下两部分：下部为曲流砂坝相沉积，以灰色、黄褐色复成分砂岩为主，砾岩次之，夹灰黑色细砂粉砂岩、泥质粉砂岩；上部为河道相沉积，以灰色、灰褐色砾岩为主，黄绿、灰色复成分砂岩次之，夹灰黑色细砂粉砂岩、粉砂岩。剖面未见顶底，厚度大于 741 m。本组下部含植物化石，主要有 *Coniopteris burejensis*，*Nilssonia*，*Sphenozamites* 等。另于灰褐色砾岩中见腹足类化石。本组所含的化石以 *Coniopteris-Phoenicopsis* 植物群晚期组合常见分子为主，但在鱼亮子岛剖面已采有 *Ruffordia－Onychiopsis* 植物群分子，时代为中晚侏罗世。

上述较充分地反映了上黑龙江坳陷盆地的发育过程，即早期为山前冲、洪积与河湖相，中期为湖泛期，晚期则以河流相结束。时代从中侏罗世至晚侏罗世早期。

二、中、晚侏罗世中基性火山岩地层——塔木兰沟组

指平行不整合于万宝组之上，被土城子组平行不整合覆盖或满克头鄂博组角度不整合覆盖的中基性熔岩、火山碎屑岩及沉积岩，厚 421.5 m。层型剖面位于呼伦贝尔盟牙克石市绰尔镇塔木兰沟。本组呈 NE 向带状展布于大兴安岭地区。

在大兴安岭北部地区其不整合在中、晚侏罗世额木尔河群之上，被白音高老组不整合覆盖。黑龙江省在此自西而东划分三个火山喷发带：西带为漠河-约古斯根河带，以夏威夷型中基性熔岩为主，面积 50 km^2，厚度大于 526 m；中带为东天山喷发带，NNE 向展布，自额木尔河下游，经东兴至海亚鲁山，玄武岩夹玄武集块岩，下部见凝灰质砂砾岩，出露面积 700 km^2，厚度大于 325 m；东带为露里-翠岗火山喷发带，NNE 走向，以溢流相玄武岩、玄武安山岩、橄榄玄武岩为主，面积约 500 km^2，厚度大于 187 m。根据全岩 K-Ar 法年龄为 152～158 Ma，K-Ar 等时线年龄为 144.5 Ma，Rb-Sr 等时线年龄为 145.1 Ma，时代置于晚侏罗世（黑龙江省地矿局，1997）。

在大兴安岭中部（博克图-二连浩特地层小区）的额尔古纳左旗木瑞农场、七一牧场、满洲里至新巴尔虎右旗地区（原七一牧场组），为灰绿色、灰褐色、灰黑色及灰紫色橄榄玄武岩、玄武岩、辉石安山岩、玄武安山岩、英安岩夹凝灰质杂砂岩和砂砾岩，厚 441 m。东乌珠穆沁旗额仁高比地区为褐紫色伊丁玄武岩，厚度小于 100 m。在霍林郭勒市西浑迪汗乌拉为灰色、灰绿色安山玄武岩、安山岩夹中酸性凝灰岩，厚 858.8 m，在这里其平行不整合于万宝组之上，被土城子组或满克头鄂博组不整合覆盖，时代置中侏罗世（内蒙古地矿局，1996）。在南部（宁城-敖汉地层小区），本组伸入辽西与中侏罗世髫髻山组相当。

上述资料表明，塔木兰沟组的岩石特征总体为中基性火山熔岩夹火山碎屑岩及不稳定的沉积岩，厚度变化较大，横向上有从北向南逐渐由基性熔岩向中性熔岩过渡的特点。根据在各地的层位和接触关系，及在中基性火山熔岩的沉积夹层所含少量植物化石 *Pityophyllum*、*Podozamites* 和同位素年龄值 145～158 Ma，其时代可置于中—晚侏罗世。其可能为一穿时的岩石地层单位（图 5－2）。

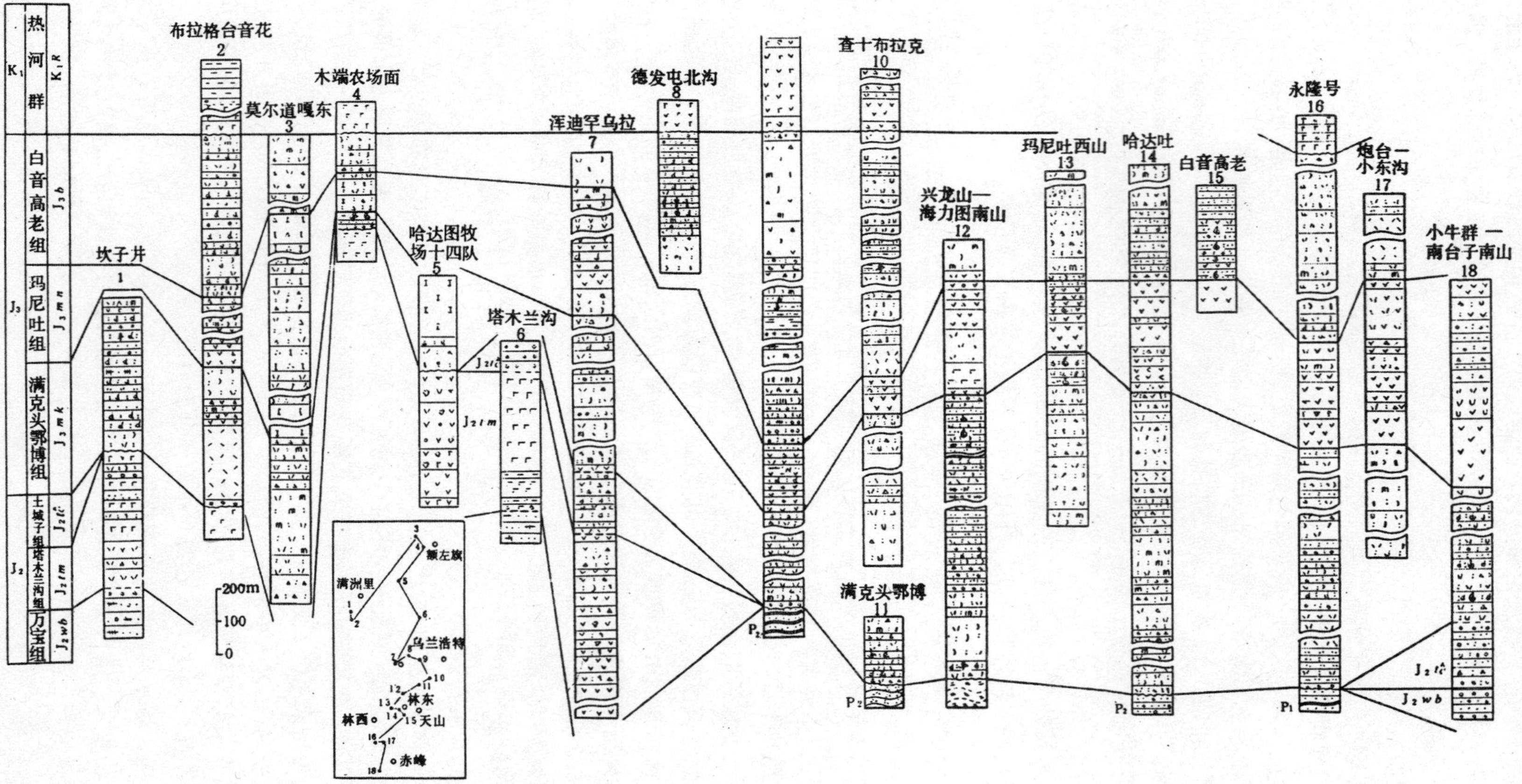

图 5-2 大兴安岭地区侏罗纪地层剖面对比图

（内蒙古地矿局，1996）

Fig. 5-2 Correlation of Jurassic columnar section in Da Hinggan Ling region

三、中侏罗世红层——土城子组

土城子组（后城组）是由辽西、冀北地区引入本区的，在内蒙古敖汉和喀喇沁旗零星出露。为紫色、灰色的砂砾岩、砂岩，厚度0～200 m。平行不整合于万宝组或塔木兰沟组之上，被满克头鄂博组不整合覆盖。在大兴安岭中部有无该组曾存有争议，根据内蒙古岩石地层对比研究结果（内蒙古地矿局，1996），在牙克石市的塔木兰沟、霍林郭勒市的浑迪汗乌拉、林西县五家子等地均有出露。这套地层以紫色陆源碎屑为特征，与其上、下的火山岩或煤系地层易于区分，在区域上是一个重要标志层。

四、晚侏罗世中酸性火山岩地层——兴安岭群

根据东北区岩石地层对比研究，将满克头鄂博组、玛尼吐组、白音高老组并组为兴安岭群，反映由酸性—中性—酸性构成的完整的火山喷发旋回，以含尼斯托叶肢介为特征与冀北张家口组对比，时代为晚侏罗世。各组的主要特征如下：

1. 满克头鄂博组

指平行不整合于万宝组之上的一套酸性火山熔岩，火山碎屑沉积岩地层。呈NE－SW向带状展布，以夏威夷型火山溢出为主，组成大兴安岭山脉的主体，地貌上常形成陡山。但东北、中和西部岩性特征及厚度变化不一。

东北部以暗色富钠的流纹质火山熔岩及火山碎屑岩为主，大致可分为大兴安岭主峰带、大兴安岭东坡带、大兴安岭西坡带。东坡带及主峰带以布特哈旗乌包厅山剖面为代表（原吉祥峰组），岩性以碱性流纹岩、英安岩、霏细岩、流纹斑岩与碱性流纹质熔结凝灰岩、凝灰岩互层，夹少量的紫色砂岩，厚1 955.8 m。西坡带满克头鄂博组（原吉祥峰组）厚度小，多呈斯通博理型火山管道相产出，岩性以凝灰角砾岩、含角砾晶屑岩屑凝灰岩、熔结凝灰岩及凝灰质砂砾岩等组成，厚100余米。只在陈巴尔虎旗额尔古纳河东岸，厚度较大，为1 076 m。该组与下伏万宝组（原太平川组）及塔木兰沟组不整合接触。

中部主要分布在霍林河、乌兰浩特、扎鲁特旗、洮南县、万宝镇一带，岩性为英安质凝灰岩、酸性熔结凝灰岩、流纹岩夹凝灰质砂砾岩、沉积火山岩、碎屑岩，厚度200～1 000 m不等，与下伏万宝组或二叠纪地层为角度不整合接触。在扎鲁特旗民主乡联合村煤矿见满克头鄂博组（原呼日格组）整合在万宝组之上，在赤峰北见满克头鄂博组仅在阿鲁科尔沁旗新民乡奶头山以流纹岩角度不整合在新民组之上。向东至吉林省万宝镇、铁庄—新发—德富屯一带，厚度变化不一，铁庄厚300余米，而德富屯一带厚达1 425 m。这套酸性火山岩、火山碎屑岩夹凝灰质砂砾，原称“巨宝组”，不整合于万宝组之上，被玛尼吐组（原付家洼子组）整合覆盖，多处可见。

西部的满克头鄂博组，原称“查干诺尔组”，它主要在集二线以东沿NE方向呈带状展布，集二线以西只在西里庙和脑木根零星出露。在东乌珠穆沁旗哈查拉盖图农场、贺斯格乌拉一带，本组可分四个段：一段以英安质、流纹质火山碎屑岩及砂砾岩为主，夹安山质熔岩，厚度大于1 544 m；二段以流纹岩或流纹质火山碎屑岩为主，夹火山碎屑沉积岩，含叶肢介，厚度大于920 m；三段岩性单一，为流纹质晶屑熔结凝灰岩，厚度大于920 m；四段以流纹质、安山质火山碎屑岩为主，夹黑曜岩及凝灰质砂岩、砾岩，局部可相变为流纹岩及安山岩，厚

度大于818 m。本组由东向西火山熔岩和火山碎屑岩减少，厚度变薄。在锡林浩特—毛登一带，岩性以流纹质火山碎屑岩为主，夹安山岩，厚780～2 608 m；在阿巴嘎旗—米格尔军马场一带，岩性为火山碎屑岩与沉积岩互层，火山熔岩缺失，火山碎屑物质成分大量减少，厚度千余米；在二连一带为一套浅灰、灰白色凝灰岩、粉砂岩，厚643 m。至西里庙、脑木根一带火山熔岩略有增加，以流纹质岩屑晶屑凝灰岩为主，局部为碱性熔岩、粗面岩夹黑曜岩，厚804 m。本组含尼斯托叶肢介及植物化石。

2. 玛尼吐组

指整合于满克头鄂博组之上的中性火山熔岩、火山碎屑岩夹粗安岩、火山碎屑沉积岩、正常沉积岩及少量的酸性火山岩地层（包括原道特诺尔组、付家洼子组、兴仁组）。与满克头鄂博组以安山岩出现为界，与上覆白音高老组以酸性火山岩出现为界。厚783 m。

在横向上，从北向南由偏基性火山岩向酸性火山岩过渡。在东乌珠沁旗哈拉盖图农场、宝力格庙及贺根山等地，岩性以玄武安山岩、片理化安山岩、玄武岩为主，夹安山质凝灰岩和火山碎屑岩，厚度340～1 084 m；在乌兰浩特地区为辉石安山岩、安山岩及英安质火山碎屑岩；到洮南县万宝盆地付家洼子一带以火山沉积岩为主，厚度240～446.5 m；至兴仁则相变为安山岩、火山碎屑岩及上部出现的安山玄武岩，厚达近千米；向南至赤峰北巴林右旗玛尼吐西山为安山岩、英安岩及英安质火山碎屑岩，厚183 m；至西阿巴嘎旗—苏尼特旗为玄武岩、安山岩、角砾安山岩、凝灰角砾岩、凝灰熔岩、英安岩夹凝灰质砂岩及泥灰岩薄层，厚239～1 075 m不等。

3. 白音高老组

白音高老组全区均有出露，由酸性火山碎屑岩、酸性熔岩、酸性熔结凝灰岩夹中酸性火山碎屑岩、火山沉积岩、正常沉积岩，局部夹中性火山岩组成。整合在玛尼吐组中性火山岩之上，被龙江组中基性火山岩角度不整合所覆盖。岩石特征及厚度各地区均有一定的差异，建组剖面为一套凝灰质砂岩、沉凝灰岩夹少量酸性火山岩，含双壳类 *Ferganoconcha sibirica*，叶肢介 *Keratestheria rugosa*，厚度小于200 m。自建组剖面向北延伸至扎鲁特旗查干布拉克和科右前旗哈图英河一带，上、下两套酸性火山岩夹沉积岩含叶肢介 *Magumbonia*，*Jibemnodia lexidensa* 及植物化石，厚达1 500 m。至吉林省洮南县突泉县等地（原称桂林组、宝石组、任家沟组），岩石组合为灰黄色、黄绿色、灰绿色（夹灰白色）酸性火山碎屑岩夹正常沉积岩（局部夹薄层中性火山岩或火山碎屑岩），厚343～943 m，与下伏玛尼吐组不整合接触。向西延展至东乌珠穆沁旗（原布拉根哈达组），岩性组合下部为岩屑晶屑凝灰岩及珍珠岩、松脂岩、黑曜岩等；上部为流纹岩、流纹斑岩。厚60～457 m。地貌上常呈帽状分布在山顶，或形成陡山地形。再向北延至大兴安岭地层小区，以及小兴安岭地层小区，呼玛、黑河等地亦有零星出露。在大兴安岭地层小区，中酸性火山岩曾称壮志组；含化石的沉积岩、中酸性火山碎屑岩曾称木瑞组，主要出露在白卡鲁山至塔河连线以南地区，面积约6 000 km^2，可划分成西、中、东三个火山喷发带。

西带：位于磐石—白卡鲁山—卡马兰河一线以西，呈半环状分布于上黑龙江坳陷的南缘，以中酸性火山碎屑岩为主，夹英安岩及流纹岩，覆于塔木兰沟组或前中生代花岗岩之上，厚度大于241 m。产叶肢介 *Nestoria* 等化石。

中带：东以二十一站东—塔河—三十一公里与东带分界，主要出露在白卡鲁山至塔河连线以南，岩石组合以英安质熔岩、熔结凝灰岩类为主，夹英安岩、流纹质火山角砾岩、凝灰岩，中部夹凸镜状钙质泥岩，含叶肢介 *Sentestheria* 等化石。底界多整合在塔木兰沟组之上，顶部被龙江组安山玄武岩所覆盖，厚度大于 480 m。

东带：以鸥清—十七站—松茂一线与小兴安岭地层小区分界。为一套中酸性火山岩，以流纹质、英安质凝灰岩为主，夹流纹质熔结凝灰岩及流纹岩，不整合在塔木兰沟组之上，被龙江组中性熔岩覆盖，厚度大于 787 m。

兴安岭群火山活动的规律以酸性火山喷发开始→中酸→酸性构成完整的酸、中、酸喷发旋回。西南延入辽西与冀北，与张家口组对比。

五、早白垩世火山-沉积含煤地层——热河群

热河群系顾知微 1962 年创建于辽西地区，指土城子组以上，孙家湾组以下一套地层，包括义县组、九佛堂组和阜新组。

东北区的热河群包括龙江组、九峰山组、甘河组、大磨拐河组和伊敏组，其中前三组相当于义县组。

1. 龙江组

龙江组广泛分布于大、小兴安岭地区。下段为灰紫、灰绿色中基性熔岩与中性凝灰熔岩互层。下部夹酸性、中酸性熔岩，岩石普遍轻微蚀变，底部蚀变安山岩不整合在中侏罗世万宝组（原南平组）之上，厚度 1 882.1 m；上段以灰白色酸性凝灰岩、沉凝灰岩、粘土岩为主，夹灰绿色凝灰质砂岩和三层灰紫色安山岩（局部含珍珠岩），含淡水双壳类、腹足类、叶肢介、介形虫等动物化石及植物化石，上部灰绿色流纹斑岩质凝灰岩与甘河组灰黑色次玄武岩呈侵入接触，厚 505 m 。

小兴安岭地层小区以孙吴至北安为界，可分东西两个火山喷发带。西带属坳陷型，东带属断陷型，其特点如下：

西带：主要分布在内蒙古大杨树盆地，黑龙江省嫩江、黑河、呼玛等地，呈 NNE 带状分布。下段以灰紫色、灰绿色中性熔岩为主，夹中性火山角砾岩及中酸性、酸性火山岩，底部多具一层火山碎屑岩，在余庆老沟整合于含尼斯托叶肢介的白音高老组之上，厚度在 900～2 000 m之间，向北厚度稳定，东西厚度变小；上段灰白色、灰绿色酸性火山碎屑岩和流纹岩为主，夹中酸性火山岩、珍珠岩和松脂岩，具有工业意义。

东带：主要见于粘河等地。下段以灰紫色、灰绿色中性熔岩与火山角砾岩互层为主，上部出现碱性安山岩，厚 330 m；上段为酸性熔岩及火山碎屑岩，夹凝灰砂砾岩，中酸性火山岩含珍珠岩，厚 1 000～2 000 m。

大兴安岭小区可划分三个火山喷发带。

西带：下段分布于古站以南，以玄武安山岩为主；上段分布于古站南及大结鲁当河上游，以酸性火山碎屑岩为主，夹中性、中酸性熔岩及火山沉积岩，厚 315～630 m 之间。

中带：呈带状分布。仅下段见于北部的马林西沟至蒙克山林场一带，以溢流相中基性熔岩为主，厚 116～137 m。

东带：本组不发育，仅见下段中基性熔岩及中酸性熔岩，厚度在 750 m 左右。

这套地层由黑龙江省向西南延入内蒙古扎赉特旗、布特哈旗以及大兴安岭北段东坡，出露零星，各地岩性、厚度变化大。在丰荣一带以中酸性火山碎屑岩夹沉积岩为主，厚 832 m。在柞木梁子以中酸性火山岩、火山碎屑沉积岩为主，含双壳类、鱼类，叶肢介等化石，厚 7 398 m。在孔家沟一带以火山碎屑岩、沉积岩为主，厚 292.9 m。该组在内蒙古境内变化趋势，向

大兴安岭主峰靠近，地层厚度变薄，生物化石少见，中酸性熔岩减少，火山碎屑岩相对增厚。

2. 九峰山组

九峰山组呈 NE 向分布于大兴安岭东坡与小兴安岭西北坡之间，其主体部分在内蒙古大杨树盆地、黑龙江省嫩江北的建边农场、呼玛县椅子圈等地，在黑河、孙吴、辰清等地也有零星出露，为火山断陷型盆地含煤沉积。下部以灰黑色泥岩、灰白色中粗粒砂岩、粉砂岩为主，夹凝灰砂岩、凝灰岩和一层杏仁状玄武岩，向上煤层变厚；上部以灰黑色泥岩、凝灰质泥岩、粉砂质泥岩为主，夹多层玄武岩。含多层工业煤层，含植物化石。

厚度由南向北，由西向东均有减小趋势，在建边农场一带，为 800～1 250 m 之间，在呼玛县翻身屯一带为 835 m，在三合站一带为 606 m。在建边黑宝山煤田，九峰山组砾岩不整合于印支期花岗岩之上；在黑龙江江畔三合站西南，九峰山组底部浅灰绿色凝灰粗砂岩整合在龙江组上段晶屑玻屑凝灰岩之上，顶部被甘河组气孔状玄武岩覆盖。由于所处的部位不同，各盆地的九峰山组时限不完全一致，具有一定的穿时特点。如三合站和建边的九峰山组，其下部多含酸性凝灰物质，与龙江组呈渐变关系，反映这两个盆地的九峰山组与龙江组有一定的同时性；而椅子圈盆地的九峰山组，上下为玄武岩夹层，中间夹有多层玄武岩，反映此处的九峰山组与甘河组中下部具有同时异相性。

3. 甘河组

甘河组广泛分布于大、小兴安岭地区，为一套以溢流相为主的中基性火山岩类沉积岩组合。由玄武岩到凝灰岩或沉积岩组成，可划分出四个韵律层，由下至上，玄武岩厚度变小，凝灰岩及沉积岩厚度增大。凝灰岩见于下部，以夹层产出。沉积岩夹层见有 4 层，为砂岩、凝灰砂岩和粉砂质泥岩，主要见于上部。在砂质泥岩中含植物化石 *Ginkgo*，*Podozamites*，*Pytiophyllum* 等，底部为厚层拉斑玄武岩，平行不整合于九峰山组砂砾岩之上，厚度大于 403.3 m。

在小兴安岭地层小区可划分东西两个带：

西带为甘河组典型发育区，呈 NE 向分布于一系列火山断陷盆地中。主要见于甘河以北、嫩江的卒虎滩—霍龙门、呼玛县的铁帽山至呼玛镇及白银纳三合站等地。以溢流相的玄武岩、安山玄武岩、安山岩为主，多发育气孔、杏仁构造及氧化红顶。在南部霍龙门，下部多见橄榄玄武岩，具有基—中基—基性的演化规律。底部玄武岩平行不整合于九峰山组之上。厚度 610～2 075 m，并由东向西增大。在北部铁帽山至呼玛镇一带，其上多为玄武粗安岩，具有基—中基—碱性演化规律，与下伏九峰山组含煤沉积整合接触。控制厚度 400～513 m。

东带的甘河组呈 SEE 向平行黑龙江河谷分布，主要见于美丰林场至阿延河一带，于辰清北黑虎山一带有小面积分布，为喷发至溢流相的中基性火山岩（即原称美丰组）。下部以橄榄玄武岩、安山玄武岩及凝灰熔岩为主，夹安山岩、火山碎屑岩和粗面岩；上部以安山岩、火山角砾岩、集块岩为主，夹中酸性火山岩，同西带相比，火山碎屑岩明显增多，演化特点为基—中基—中酸性。厚度大于 1 634 m。

大兴安岭地层小区甘河组不发育，多零星分布，覆盖于龙江组或白音高老组之上，主要见于长缨北、二十四站林场、马林西沟、伊西步等地，以塔河—白卡鱼山以北分布较多，曾命名为依列克得组。

4. 大磨拐河组

指甘河组之上、伊敏组之下的一套陆相含煤碎屑岩系。下部由灰色砾岩、砂砾岩夹粉砂岩、凝灰质粗砂岩组成，含植物化石；上部以深灰色泥岩、粉砂岩、砂岩为主，夹砾岩及煤层或煤线，产植物化石 *Acanthopteris* 和叶肢介化石，时代为早白垩世。与下伏甘河组呈不整合接触，与上覆伊敏组连续沉积，层型剖面在内蒙古嘉桂图大磨拐河。

本组在大兴安岭东坡仅见于西岗子至三道沟一带，为一套河流、湖沼相含煤碎屑沉积。厚623.81 m。

在大兴安岭西坡，除二连、海拉尔两个大型盆地出露外，亦广泛零星出露于小型盆地中，呈NE-SW向排列。由北向南依次为呼玛盆地、满归盆地、牙克石（嘉桂图）-乌尔汗盆地、锡林浩特盆地、苏尼特左旗查干诺尔盆地等。下部少量细砂岩、油页岩与辽西九佛堂组含油页岩极为相似；上部为砂泥岩夹煤沉积，可与辽西阜新组对比。

5. 伊敏组

伊敏组由深灰色、灰白色粉砂岩、泥质粉砂岩、粉砂质泥岩及煤层组成，含*Ruffordia-Onychiopsis*植物群晚期组合分子，厚度大于551 m。

本组在满洲里市的扎赉诺尔为灰色砂岩、粉砂岩夹泥岩、砾岩和煤层，厚214～605 m。在海拉尔一带，根据钻孔资料，以灰、灰绿色泥岩为主，夹黑色泥岩、灰色粉砂岩，厚达1 535 m以上。在大兴安岭东坡黑河市三道沟一带，伊敏组下部以河床相、河漫滩相砾岩、砂砾岩为主，夹细砂岩、粉砂岩；上部为湖泊、沼泽相灰白色粉砂岩夹细砂岩、泥岩及可采煤层，厚度为247 m。与下伏大磨拐河组呈整合接触。

六、晚白垩世杂色层沉积——二连组

本组在二连盆地极为发育，海拉尔盆地仅在北部有零星出露，为一套湖相碎屑岩沉积。下部为浅灰、浅灰绿色泥质砂岩、砂岩和含砾砂岩、砂砾岩；中部为红褐色、砖红色泥岩、砂质泥岩；上部以黄绿色、灰黄色泥岩为主夹泥灰岩。下限不整合于伊敏组或其他老地层之上，厚80～331 m不等，含动物化石及孢粉化石，时代为晚白垩世。

第二节　松辽地层分区

本区主要由松花江群、嘉荫群两大套地层组成。前者分布于松嫩盆地；后者分布于嘉荫盆地。

一、早白垩世中晚期—晚白垩世含油气盆地沉积——松花江群

指松辽盆地发生—发展—衰亡过程中所形成的一套地层组合。以湖相细碎屑岩为主，含多门类淡水生物化石，蕴含丰富的油气资源。自下而上包括登娄库组、泉头组、青山口组、姚家组、嫩江组、四方台组和明水组。其底界不整合于侏罗纪火山岩系或石炭—二叠纪砂板岩之上，时代为早白垩世晚期至晚白垩世。

1. 登娄库组

登娄库组是指松辽盆地沉降初期形成的一套河湖相碎屑沉积。下部为灰白色砾岩夹砂岩，砾岩、砂岩呈互层；中部为暗色的泥岩，含丰富的孢粉化石；上部灰白色块状砂岩与粉砂质泥岩，互层中见石膏和灰屑；顶部为紫色、灰褐色粉砂质泥岩与灰白色、绿色砂岩互层，含铁质结核、钙质团块。产植物化石，总厚度1 570 m。不整合于侏罗—白垩纪火山岩之上，与泉头组渐变过渡。

本组在吉林省境内分布局限，仅于盆地东缘双阳县放马岭、舒兰县的汪屯、梨树县吴家屯、怀德县五台子等地零星出露。以黄褐色、灰色砂岩、含砾砂岩为主，厚325～420 m，产少量植物化石。在登娄库—双坨子，以深灰色泥岩、砂质泥岩与灰色泥质砂岩、含砾砂岩互层，厚362 m；扶余县城一带，以灰、暗紫色泥质粉砂岩、泥岩为主，厚500 m以上。黑龙江省境内主要局限于中央坳陷区及东部隆起区的坳陷带，明显受基底控制。盆地东缘汪屯—五台一带，北部松基6井至葡萄花和古龙一带，岩石粒度较细，泥岩颜色较暗，其岩石组合基本相同；而在三肇和东部隆起区岩石粒度较粗，泥岩颜色以红色为主。其厚度在安达市、葡萄花一带为1 547 m；在朝阳沟一带大于1 010.97 m。属早白垩世晚期。

2. 泉头组

指松辽盆地登娄库组之上、青山口组之下的湖相碎屑岩沉积。以杂色泥岩、砂质泥岩、砂岩、砾岩组成的一套杂色层，顶部为绿色泥岩，盆地边缘多出现砾岩。分四个岩性段，产少量植物化石，不整合于老地层与登娄库组之上，上被青山口组整合覆盖，厚度一般为1 500 m左右，松基2井最厚2 198.5 m。泉头组在松嫩盆地分布广泛。在吉林省境内，长春—登娄库地区发育齐全。向北至黑龙江省境内，主要分布于绥棱、北安—德都—纳河以南地区；南延至松辽盆地的开鲁县、通辽市、科尔沁左翼后旗东部和敖汉旗北部。可分成四个岩性段：一段以洪积相、冲积相的紫红色、灰绿色砂砾岩、砂质泥岩为主，含钙质团块，炭屑及菱铁矿。在林甸、明水一带，超覆盆地基底之上；在大庆、葡萄花与登娄库组整合接触，厚191.5 m。二段为滨湖相、河流相沉积，以紫红色，杂绿色泥岩与灰白色砂岩互层，含炭屑。在克山一带超覆盆地基底之上，厚80 m。三段以浅湖相为主，下部为灰白色砂岩、钙质砂岩与紫红色、褐色泥岩、粉砂质泥岩互层夹砂砾岩；上部为紫红色泥岩、粉砂质泥岩与泥质粉砂岩互层，夹灰白色粉砂岩、砂质及钙质砂岩，含双壳类及介形虫，厚293.5 m。四段为浅湖相沉积，以杂色泥岩、粉砂质泥岩及粉砂岩、细砂岩韵律互层，含钙质泥砾，产植物、双壳类、介形虫，与上覆青山口组连续沉积，厚49.5 m。三、四段沉积范围明显扩大，在盆地边部多超覆在前中生代地层之上。

3. 青山口组

青山口组为一套以深湖至半深湖相为主的暗色细碎屑沉积。下部以黑色泥岩、页岩为主夹薄层泥灰岩和油页岩，局部可见到介形虫灰岩，底部泥岩中含粉末状黄铁矿，分布稳定，为区域标志层，厚73～131 m；上部以黑色、深灰色泥岩、页岩为主，夹粉砂质泥岩、细砂粉砂岩、泥质灰岩及介形虫层，含丰富的介形虫、叶肢介、鱼、双壳类等化石，厚270 m。

青山口期为松辽盆地第一次大规模湖侵，湖水侵淹全区。

松花江以南的吉林省境内具有浅湖向深湖过渡的特色：在盆地内部主要为深水湖泊相细碎屑沉积，由灰黑色、深灰色调为主的一套泥岩、泥质粉砂岩、砂质泥岩组成，产丰富的介形类化石和鱼化石碎片，沉积厚度在700 m以上。西部白城地区，青山口组边界在白城—双岗—胜利一线，再向西逐渐尖灭，最大厚度为200 m。在白城—安广铁路两侧，构成一个向盆地内部舌状延伸的三角洲相砂体。总的沉积物从西向东粒度变细，并出现大量灰黑色泥岩，斜层理发育。西南长岭地区，在两家车站—黑帝庙—伏龙泉以北地区，以黑色泥岩夹泥质粉砂岩为主，产丰富介形虫、叶肢介、鱼化石碎片和植物化石，含黄铁矿及菱铁矿。东部农安地区，榆树—长春—公主岭以西，以棕色泥岩为主，夹绿、灰色泥岩、粉砂质泥岩、粉砂岩，下部以黑色泥岩、油页岩为主。向北至怀德—双城堡一带，岩性变粗，以砂岩、砂质泥岩为主，缺少油页岩。总的沉积特征是从东到西岩石颜色由棕红向灰黑变化，即从氧化到还原的发展过程，沉积厚度一般 300 m 左右，接近长岭地区，厚度在 500 m 以上。

松花江以北的北部地区（黑龙江省境内），向盆地边缘砂岩增多，粒度变粗，并出现红色泥岩，厚度 30～80 m。盆地中部喇嘛甸一带厚度可达 130 m，东部呼兰对青山一带为 90～100 m。下部生物不发育，除介形虫外，仅于北部见零星的植物化石。与下伏泉头组整合接触。在中央坳陷区为灰黑、灰绿色泥岩、砂质泥岩夹粉砂岩、细砂岩和钙质砂岩。在西部昂昂溪至泰康一带见有介形虫灰岩。在北部及东部地区，则出现红色泥岩。其厚度在中央坳陷区的安达至古龙一带为 400～500 m；向北在克山—北安一带为 130～160 m；西部地区厚度较小，一般为 53～124 m。青山口期是松辽盆地生物繁盛期的开始，计有介形虫、叶肢介、鱼、双壳类、轮藻、腹足类、鳄、植物等十余个门类。

关于松辽盆地是否存在海侵问题，过去只限于嫩江组一、二段沉积时期，根据近年研究资料，在青山口组一段黑色泥岩中发现微咸水至半咸水沟鞭藻 7 属 12 种，以口堪斯藻属和拟裸沟藻属为主，属于海侵影响下较深水泻湖环境下的生物组合。联系过去在嫩江组中发现的与海侵有关的咸水至半咸水生物，可以认为早白垩世晚期至晚白垩世早期北半球最大海侵时期影响到松辽盆地。在青山口期早期，湖水与海水之间是有过短暂的沟通，其通道可能通过北安北、逊克至结雅盆地与海沟通；也可能从东部的苏昌盆地进入松辽盆地，这个问题尚须今后工作中证实。

4. 姚家组

姚家组以杂色泥岩与灰白、灰绿色砂岩互层为特点，可分上下两部分：下部为灰白色中、细粒砂岩与灰绿色、紫红色泥岩、砂质泥岩互层，夹钙质砂岩，底部砂岩多具泥砾，泥岩中常见钙质结核；上部为灰、灰绿色、灰黑色、棕红色泥岩、砂质泥岩与灰白、灰绿色细砂岩、粉砂岩、泥质砂岩互层，夹钙质砂岩和介形虫钙质砂岩，局部见油页岩。下部地层厚 60 m 左右，上部地层厚 150 m 左右，总厚 200 m。产介形虫、叶肢介、双壳类、鱼等化石。为松辽盆地主要储油层。

松花江以南姚家组分布在榆树—小南—长春西—公主岭西一线，南部通辽市莫力庙一带也有零星出露。以棕红、暗紫色泥岩、粉砂质泥岩为主。怀德县三台子—卡伦一带，地表见棕黄色砂砾岩，夹紫色泥岩；德惠县姚家车站为一套红色泥岩层；通辽市莫力庙一带以砂岩为主夹灰绿、棕红色泥岩，顶部为灰绿色粗砂岩，厚 50～90 m。西南部长岭一带姚家组从南向北沉积厚度有增厚趋势，大 4 井厚度 201 m。西部白城一带，姚家组分布西界在镇西—向海一带，沉积厚度西薄东厚。

松花江以北姚家组分布范围基本同青山口组，除北部嫩江—德都一线以北无沉积，基本遍及全区。下部地层以泥岩和砂岩为主，在盆地中心古龙、葡萄花一带为灰黑、灰绿色泥岩与砂岩互层，厚 60～73 m；向东、东南则为棕红、灰绿色泥岩互层，厚 14～45 m；西部地区较薄 6～13 m。下部生物不发育。上部砂岩减少，粒度变细，为灰黑色泥岩夹粉砂质泥岩及油页岩。在东部、北部区则为棕红、灰绿色泥岩夹灰白、灰绿色细砂岩，底部见泥砾岩，基本不出现红色泥岩，厚 60～100 m；东部朝阳沟一带厚 86～97 m；西部地区较薄，为 17～33 m。与青山口组在盆地中心为连续沉积，在北部、西部区底部砂岩常见泥砾和冲刷面。

据大庆油田研究设计院资料，姚家组深湖至较深湖相仅分布于安达以南至葡萄花一带，其东部为大面积的山前淤积平原相，北部及西部以三角洲平原相为主，靠近盆地中央有部分沼泽相及滨湖相沉积。

对姚家组的时代划分，虽然有不同认识，但目前多数门类化石鉴定者持晚白垩世意见。

5. 嫩江组

为最大湖侵期及湖盆萎缩期形成的一套地层。粒度下细上粗，颜色由黑至红。可分五个岩性段：一段以黑色泥岩、页岩为主，夹油页岩及粉砂质泥岩，底部黑色泥页岩区域分布稳定，以此与姚家组分界，厚 27～222 m；二段为黑色泥岩与粉砂质泥岩互层夹泥质粉砂岩，底部黑色油页岩，厚 50～252 m；三段下部以灰黑色泥岩为主，上部为灰白色细砂岩与粉砂质泥岩互层，厚 42～119 m；四段以灰绿色泥岩、粉砂质泥岩为主，夹泥质粉砂岩及灰白色细砂岩、粉砂岩，厚 0～300 m；五段为棕红色、灰绿色粉砂质泥岩、泥岩夹灰绿、灰白色细砂岩、泥质粉砂岩，厚 0～355 m。本组一、二段为松辽盆地的主要生油岩系之一。

嫩江组是松花江群生物最发育的一个地层单位，含植物、恐龙、昆虫、鳄、鱼、鳖、龟、叶肢介、介形虫、腹足类、轮藻、沟鞭藻等十几个门类，达到松花江群生物演化的鼎盛时期。

嫩江组在松辽盆地广泛出露，仅个别地区缺失。松花江以南地区，盆地东部边界大约位于大房身——间堡—黑林东一线。岩性横向上分布稳定，下部以黑色泥页岩为主夹油页岩；上部为灰黑、灰绿、棕红色泥岩或砂岩互层，沉积厚度一般在 200～400 m。接近盆地中部厚度增大（吉 2 井 699 m）。盆地东缘德惠县大青咀—三青咀一带，以青灰—深灰色粉砂质泥岩、泥岩为主夹生物碎屑岩。盆地中部嫩江组沉积特征基本同东部，但沉积厚度一般在 300～600 m，沉积中心大约在大安—黑帝庙一带，向两侧厚度逐渐变薄。盆地西缘嫩江组岩性组合与上述相同，但总的特征是厚度从西向东逐渐加厚，粒度由粗变细，颜色由灰变灰黑色，反映从浅滩向浅水湖过渡。西南科尔沁左翼后旗巴彦毛都苏木开 68 井见嫩江组，下部为灰—灰黑色泥岩；上部为灰绿、紫色泥岩。松花江以北地区，兰西县的呼兰河沿岸及北部嫩江、德都县部分地区，以盆地中部和东部地区发育较全，但东部边缘海伦、铁力、拉林等地因后期隆起多被剥蚀，北部和西部缺失第五段。在泰康一带仅见有一、二段沉积。其厚度中部 500～1 000 m，二肇坳陷、大庆、古龙等地大于 1 000 m；东部地区为 504～645 m；北部、西部一般为 170～400 m，乌裕尔较厚，可达 535 m，富拉尔基西一带最薄，小于 140 m。其岩石组合，各地大致相同。

6. 四方台组

四方台组为盆地收缩期沉积，主要限于盆地的中部和西部，东部大多被剥蚀或无沉积。四方台组是一套杂色砂泥质岩石组合，由粗至细可划分两个旋回：下部旋回以棕红、灰绿色泥岩为底，下部为褐红色、灰绿色块状石英长石砂岩、砂岩与砂质泥岩、泥岩互层，上部为灰绿色块状泥岩、砂质泥岩、泥质砂岩；上部旋回以褐红色长石石英砂岩为底，向上由灰绿色粉砂岩过渡为褐红、灰绿色砂质泥岩，具有红绿相间的特点，多见钙质结核。底部在盆地中心为棕红、灰绿色泥岩与嫩江组整合接触。顶部为褐红夹灰绿色砂质泥岩与明水组底部灰绿色含钙质细砂岩分界。厚 160 m。

松花江以南地区主要分布于盆地中部，长岭—白城等地，沉积中心在黑帝庙—乾安一带，厚度约 200～400 m，向两侧逐渐变薄。沉积物以灰、灰绿、棕红色泥岩、粉砂质泥岩为主，与灰白、灰绿色粉砂岩、细砂岩组成旋回层，局部地区夹砂砾岩层，具交错层、斜层理，属于浅湖相沉积。在两家车站—黑帝庙以东，以砂岩、砾岩为主，其中泥岩多为棕红色，化石少，反映一个浅滩—滨湖相沉积。白城一带一般沉积厚度 80～150 m，总的变化西薄东厚。镇来南—套保—黑水、兴隆山一线以西地区，缺失沉积。该线以东以灰绿、灰黑、棕红色泥岩、泥质粉砂岩、粉砂岩组成旋回，含黄铁矿，产介形虫、叶肢介等化石，反映浅水湖相沉积。农安一带缺失四方台组，西南内蒙古开鲁县保安乡已见 203 m 厚沉积。松辽盆地中心由东向西迁移，造成湖盆萎缩。

松花江以北地区与南部沉积大体相似，东部大多数地区无沉积，西界在富拉尔基—泰来，北界在依安青岗以南，东界限于中部坳陷区东界。东部仅分布于四方台至青岗一带，为棕红至砖红色块状泥岩、砂质泥岩夹灰绿色细砂粉砂岩，可分两个旋回。中央坳陷区为0～283 m厚，沉积中心有2个，齐家至古龙、卧里屯至开平；在四方台为30～60 m，东厚西薄；北部区为40～89 m；东部区为0～125 m。本组生物不多，仅见介形虫、双壳类、腹足类等化石。

四方台期盆地处于湖水变浅，湖盆缩小，气候干燥，植被不发育，水体中除介形类及少数双壳类、腹足类等门类外，其它繁盛于嫩江组的生物已难觅踪迹。沉积物以浅湖相和河流相为主，处于氧化环境。

7. 明水组

明水组为一套浅滨湖至河流相砂泥质沉积，分上下两段：下段厚243 m，由灰绿色、棕红色、灰棕色砂岩、砂质泥岩与黑色泥岩组成两个正旋回层，黑色泥岩被称为第四、五标准层；上段厚301 m，为灰至灰白色粉砂岩、砂岩与棕红色、灰棕色、黑色块状泥岩互层，局部夹泥砾岩，可构成多个正韵律层。底部灰绿色砂岩含钙质细砾，与四方台组红色砂质泥岩整合或平行不整合接触；顶部多发育砖红色块状泥岩，被第三系不整合覆盖。明水组化石较四方台组丰富，叶肢介以大兴叶肢介属为主，属特殊大兴叶肢介组合带，其它门类如双壳类、腹足类、轮藻、孢粉等特点与四方台组基本相同。

松花江以南的明水组仅分布在盆地中部和西部白城地区，以及西南内蒙古开鲁县道德乡，东部农安地区缺失。在中部长岭地区大安—浪享井—长岭以西一带沉积厚度100～200 m，黑帝庙—长岭地区最厚，可达617 m，向两侧变薄。向西延至开鲁沉积厚度118 m，以泥岩为主，见黑色泥岩标志层，发育各种类型层理，反映出浅水湖沉积特点。白城地区一般厚100～200 m，变化趋势东厚西薄。镇来—舍力—太平川以西缺失沉积，以东为灰绿、棕红色泥岩、泥砾岩、粉砂质泥岩形成的韵律层，其中上部的黑色泥岩较稳定。松花江以北地区，地表露头仅见于四方台附近的克音河两岸，以杜尔伯特县和古龙地区发育最好，厚度可达410～496 m，一般地区厚100～350 m。由中心向北、向西厚度变小，东部大部分地区缺失。中部的安达—茂兴一带，缺失一段地层。一段与下伏四方台组为连续沉积，在依安北超覆于嫩江组之上；二段分布范围少于一段，限于依安—明水地区，为泥岩、砂质泥岩与粉砂岩，夹钙质砂岩及泥砾。在西部及北部地区出现粗砂岩及砾岩。色调西部以灰黑、灰绿色为主，北部则以棕红、砖红及灰绿色为主。

明水期为松辽盆地最后一期湖侵，由于盆地已处于萎缩阶段，所以湖侵的规模较嫩江期小得多，东部大多数地区，仍未能被湖水淹没。一段为浅湖相为主，为还原环境；二段已开始抬升，沉积只限于盆地中心，主要为滨湖相、河流相沉积，以氧化环境为主；至晚期湖盆封闭，整体抬升，结束了松辽盆地沉积演化的地质历史。

明水组时代问题，过去有早第三纪与晚白垩世之争，目前趋向为晚白垩世。

二、晚白垩世湖相地层——嘉荫群

主要分布于嘉荫小区永安村—太平林场一带，向西沿黑龙江沿岸也有出露，包括永安村组、太平林场组、鱼亮子组、富饶组，总厚度1 911 m。富含被子植物化石，时代为晚白垩世。本次对比研究沿用其名称及含义，时代为晚白垩世土仑期至马斯特里赫特期。

1. 永安村组

指分布于嘉荫盆地的滨湖—浅湖相细碎屑岩，底部不清楚，推测与早白垩世宁远村组不整合接触，顶部以粉砂岩或凝灰岩与太平林场组油页岩或页岩分界，厚度为158.9 m。层型剖面嘉荫县朝阳镇永安村西北黑龙江南岸。永安村组为一套正常碎屑岩夹蒸发岩及火山碎屑岩组成，以灰绿、灰、黄灰色泥岩、砂质泥岩、粉砂岩、细粒长石砂岩为主，夹含砾砂岩、粗砂岩、砾岩薄层及泥灰岩、石膏，含凸镜状薄煤层，顶部普遍发育一层酸性凝灰岩。可划分六个韵律层，煤层厚约15 cm，厚度大于540.5 m，产介形虫、植物化石。与松辽盆地姚家组为同期沉积的异相地层，与俄罗斯结雅-布列亚盆地上扎维钦组下部可进行对比。

永安村组仅见于黑龙江畔的永安村，在火烧桥一带厚度为440.6 m，下部出现凝灰岩及凝灰质砂岩，含叶肢介、介形虫、植物化石。在太平林场仅见上部地层，厚度大于103.6 m。在永安村一带厚度为158.9 m，含介形虫、叶肢介、软体动物及恐龙化石。

2. 太平林场组

太平林场组由灰色泥岩、泥质粉砂岩、细粒长石砂岩夹钙质砂岩和油页岩组成。可分上下两部分，下部由厚层油页岩、泥岩、泥质粉砂岩构成；上部为细粒长石砂岩、粉砂岩、砂质泥岩和泥岩的韵律层，含黄铁矿结核，并见硅化木和煤线。底部油页岩与永安村组整合接触，上部泥岩被鱼亮子组平行不整合覆盖。厚度635.20 m。

太平林场组生物组合有叶肢介、介形虫和植物，叶肢介以链叶肢介属和瘤叶肢介属为主，为松辽盆地嫩江组的主要化石；介形虫以女星介属为主，亦为嫩江组主要化石。故此太平林场组与嫩江组为同期异相地层。

太平林场组呈NW向分布于永安村至乌云镇之间的黑龙江畔，以太平林场出露最全。永安村一带出露中下部层位，整合于永安村组之上，以砂质泥岩为主，底部为油页岩。往上砂岩增多，含泥灰岩凸镜体，控制厚度155.3 m。在双河镇至向阳一带出露本组的下部层位，为一套杂色泥岩夹砂岩，含铁质及钙质结核。底部砂岩不整合于燕山期花岗岩之上，上部被孙吴组砂砾岩覆盖，厚度在139～239 m之间。在火烧桥一带，下部泥岩含叶肢介及介形虫化石；在永安村一带含叶肢介、介形虫及琥珀化石，砂岩及粉砂岩中含鱼、植物化石；在孙吴县城S10孔本组地层中产叶肢介及恐龙化石。

本组沉积初期，盆地下降快，补偿速度低于沉降速度。永安村期的浅湖至滨湖环境迅速转变为较深水环境，水位稳定，适于生物生长，有厚达十几米的油页岩形成和叶肢介、介形虫等淡水动物繁殖。至中期沉降速度变缓已发展成浅湖至滨湖，水体变浅，以厚度较大的泥岩、泥质粉砂岩为特点，局部为沼泽环境。晚期湖盆封闭，为鱼亮子组河流相、三角洲相沉积所替代。

3. 鱼亮子组

指出露于嘉荫县朝阳镇南和鱼亮子一带的三角洲相、滨湖相粗碎屑层堆积，由灰绿、黄色砂砾岩、砾岩，含砾砂岩组成，厚度大于207.5 m，时代为晚白垩世。含丰富的恐龙、鱼、龟等脊椎动物化石。以富含脊椎动物的粗碎屑岩为本组划分标准。层型剖面在嘉荫县鱼亮子，厚287.5 m。

鱼亮子组主要由砂砾岩、含砾砂岩、砾岩组成，三者在平面上和剖面上交错出现，砾石呈圆状、滚圆状、次圆状，成分以酸性火山岩为主。富含恐龙化石，可分出9个化石层，底部砾岩与太平林场组粉砂岩之间产状一致，二者间由于环境突变，有过短期间断。

鱼亮子组地表露头仅见于鱼亮子，尚未在其它地区发现本组层位。本组生物以爬行动物为主，主要为鸭嘴龙科的恐龙，并见少量肉食恐龙牙齿和鸟类化石，反映气候温湿，水草繁茂的滨湖环境。

4. 富饶组

富饶组为湖沼相沉积。岩石组合以灰褐色碳质泥岩、粉砂质泥岩和粉砂岩为主，夹细砂岩、层凝灰岩及薄煤层，局部夹含砾砂岩和薄层砾岩。其下限不清，上限以黄灰色粉砂岩与乌云组底部灰色砾岩分界，厚度大于299.2 m。产植物化石。与松花江群明水组为同期异相沉积。

富饶组仅见于乌云镇小河沿一带，呈NW向沿黑龙江南岸分布，在小河沿北山出露富饶组上部层位，厚105 m，以泥岩和粉砂岩为主夹碳质泥岩及薄煤层。在乌云镇西北白头山附近出露的含砾砂岩、砂岩夹煤层，相当本组中下部层位，并含丰富的植物化石。

第三节　张广才岭-南楼山地层分区

本区以内陆盆地沉积和火山喷发带并存发展为特征。内陆盆地以双阳盆地为代表，晚三叠世以大酱缸组为代表，早、中侏罗世叠加板石顶子组及太阳岭组；火山喷发带以南楼山火山洼地为代表，由玉兴屯组、南楼山组、二浪河组、太安屯组中酸性火山岩组成，缺失晚侏罗世火山岩地层。进入白垩纪，过渡带的特点更加明显：同一地质时期，古气候条件相同，相隔不远的盆地确有火山盆地与沉积盆地并存；同属火山盆地由于所处的构造部位不同，断裂深度不一，所喷出的火山物质酸碱度也有差异，构成同期异相不同类型的火山盆地。早白垩世早期火山活动从西至东由弱到强。西部的火石岭组火山旋回不明显，而东北部毗邻盆地的德仁组、久大组、安民组、帽儿山组、板子房组、宁远村组分别构成一个完整的火山喷发旋回。早白垩世中期为成煤期，亦可分为两类：一是近松辽盆地边缘以沙河子组、营城组为代表的火山间歇期煤系地层；二是以长安组、建兴组为代表的正常沉积煤系。早白垩世晚期地层不发育，仅于松辽盆地东缘见有零星出露的登楼库组、金家屯组、淘淇河组被泉头组覆盖，缺失油页岩及晚白垩世红层沉积。

一、晚三叠世—中侏罗世继承性内陆盆地堆积

晚三叠世火山活动的同时，在松辽盆地以东零星发育一些内陆盆地（图5-3)，一般均坐落在晚古生代裂陷槽上。典型的例子是长春南部的双阳盆地、九台县的卢家盆地和磐石县的烟筒山盆地。现以双阳盆地为例，将地层序列介绍如下。

1. 大酱缸组

大酱缸组现在定义是：不整合于晚古生代地层之上、早侏罗世板石顶子组之下，由砾岩、砂岩和粉砂岩夹煤层组成的湖沼相沉积，厚度大于1 000 m。建组剖面上部火山物质增加，常有晶屑凝灰岩和凝灰质砾岩出现，表明随盆地的扩大、加深，物质来源广泛。这些火山物质可能是围岩再剥蚀的产物。本组所产植物化石以*Drepanozamites-Glossophyllum*组合为主。时代为晚三叠世。

大酱缸组延伸有限，在吉林省磐石县烟筒山盆地也为一套湖沼相含煤沉积，厚达千余米，由于热变质常形成石墨矿。此外，在吉林省桦甸县的白水滩、东丰县的小四平也确认了一些晚三叠世地层，这些近EW和NW向的线状小盆地均坐落在槽台边界上，受深大断裂控制，对

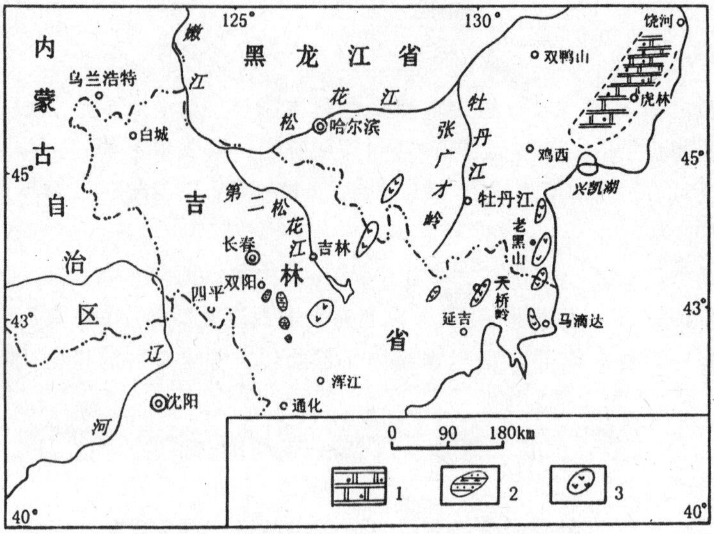

图 5-3 东北区中、晚三叠世地层分布图

Fig. 5-3 Map showing distribution of Mid—LateTriassic strata in Northeast China

1. T_2—T_3 海相沉积；2. T_3 陆相沉积；3. T_3 陆相火山岩

槽、台边界的研究具有重要意义。

2. 板石顶子组

板石顶子组仅出露于双阳盆地南部板石顶子东，大酱缸至柳树河子北部一带，面积约 7 km^2，厚 312～654 m，主要为一套由粗至细的碎屑岩组成，产植物化石。

3. 太阳岭组

主要出露在吉林省双阳盆地太阳岭、裤裆沟及柳树河子一带，面积 10 km^2，厚 182～794 m。由砾岩、中细粒砂岩夹粗砂岩、薄层砾岩、粉砂岩、泥岩及煤层组成。产锥叶蕨-拟刺葵植物群化石。

二、早、中侏罗世南楼山火山-沉积岩系

在大酱缸盆地发展的同时，在其东侧形成了南楼山-张广才岭火山喷发带。组成的地层有玉兴屯组、南楼山组、二浪河组、太安屯组。

1. 玉兴屯组

发育于南楼山火山洼地南部。下部以凝灰质砂岩为主，中部与上部以凝灰质砂岩与中性火山碎屑岩互层出现。凝灰质砂岩中产植物化石 *Coniopteris* cf. *asiatica*，*C.* cf. *penctata*，*Phoenicopsis angustifolia* 等 ，厚 434 m，时代为早侏罗世 。

2. 南楼山组、太安屯组、二浪河组

南楼山组，主要由安山质集块岩、安山质角砾岩屑凝灰岩、流纹质晶屑凝灰岩、安山岩组成的斯通博理型锥体，厚度 1 896～1 002 m 不等。从区域上看，它不整合于前中生代地层之上，形成高峰或陡峰。因此，前述的玉兴屯组只是南楼山火山喷发时期的一个间歇期沉积。

本组北延至黑龙江尚志县高岭子、太安屯，宾县的板子房，铁力县神树西山的一套同期火山-沉积建造称太安屯组。分上下两部分：下部以砾岩、熔岩质砾岩为主，夹中性熔岩、砂

岩及板岩，板岩中产植物化石；上部以酸性熔岩、熔凝灰砾岩为主。总体看，自下而上火山岩增多，沉积岩减少；细碎屑增多，粗碎屑减少。

至张广才岭主峰高岭子至海浪林场一带，面积约 300 km²，以二浪河组为代表，岩性以灰黑、灰绿色中性熔岩为主，多具蚀变，显示裂隙喷溢的火山活动特点，厚度在 217～2 976 m。

三、晚侏罗世斯通博理型火山堆积——帽儿山组

帽儿山组为一套斯通博理型为主的中酸性火山岩组合，基本不含沉积岩夹层。主要为中酸性、酸性熔岩和中性凝灰岩及角砾凝灰岩。其中熔岩分布不稳定，多相变为凝灰岩。总体上可划分为两个中酸至酸性喷发旋回，每个旋回可划分出小的韵律。底部灰黑色中酸性凝灰岩不整合覆于太安屯组之上；上为板子房组不整合覆盖。厚度大于 1 517 m。

本组呈 NNE 向分布于松嫩盆地以东的尚志、阿城、宾县、巴彦、伊春等地。在木兰、巴彦交界的蒙古山一带，为灰黑色酸性凝灰岩、凝灰熔岩夹流纹岩，局部见近火山口相的集块岩、火山角砾岩，厚度大于 1 396 m。在铁力—伊春一带，以灰—灰绿色酸性含角砾凝灰熔岩或熔凝灰岩为主，夹酸性熔岩，不整合于二叠纪地层之上，厚度大于 1 000 m。

帽儿山组与大兴安岭-燕山地层分区的白音高老组、冀北的张家口组上部、鸡西地区的滴道组、饶河地区的朝阳组为同一期火山活动的产物，系燕山运动最强的一幕之一（按Ⅴ幕划分属第Ⅲ幕，按Ⅲ幕划分应属中幕）。从活动方式来看，受 NNE 向断裂控制，以中心爆发式活动为主，主要岩石类型为流纹岩、英安岩，δ 值小于 8.64～3.30，属钙碱系列正常太平洋型。本组时代置于晚侏罗世。同位素年龄 140～150 Ma。

四、早白垩世火山-沉积含煤地层

分布于松辽盆地东缘与东部山区的过渡地带。前者于吉林省九台的营城、长春市的羊草沟、石碑岭和公主岭市的陶家屯等地，平行松辽盆地东缘展布，以火石岭组、沙河子组及营城组为代表；后者常见于辽源的平岗盆地和长春东南的双阳盆地，以德仁组、久大组、安民组、长安组及金家屯组为代表。向东北于黑龙江省的尚志等地为板子房组、宁远村组、建兴组、淘淇河组。

1. 火石岭组

火石岭组主要由灰绿、紫红色安山岩、安山玄武岩、安山集块岩、凝灰岩，夹砂岩、碳质泥岩及煤线组成，产 *Ruffordia - Onychiopsis* 植物群常见分子，厚度为 427 m。反映一个以中性火山喷发为主的火山岩系，火山间歇期沉积了碎屑岩夹煤层，构成两个火山喷发旋回。营城、长春石碑岭和大顶山一带，下部为中基性火山岩夹凝灰岩及煤层，上部为安山岩及安山玄武岩。时代为早白垩世早期。

2. 沙河子组

沙河子组下部为灰白、灰色砂岩、粉砂岩夹五个煤层；中部以黑色泥岩夹砂岩为主；上部为灰白色、灰黑色砂岩、粉砂岩及薄煤层。产茹伏德蕨-伸长拟金粉蕨植物群化石及狼鳍鱼及费尔干蚌等动物化石。底以砂岩与火石岭组凝灰质角砾岩分界，其上被营城组底部安山岩或砾岩平行不整合所覆盖。厚 200～690 m。从岩性组合及生物面貌反映出一湖沼成煤环境。

在九台县六台、三台一带出露地表。三台—张家屯一带以黄色砾岩、含砾砂岩、粉砂质

泥岩为主，含较丰富的植物化石，沉积厚度 232～462 m。于张家屯一带不整合在前中生代地层之上。沉积物自下而上由粗变细，并出现火山沉积碎屑岩。张家屯—三台乡一带，以河流—湖沼相交替出现。长春石碑岭—陶家屯一带主要为河流沼泽相沉积，下部以粗碎屑岩为主，夹煤线，沉积厚度 250 m。怀德县刘房子一带，主要以正常沉积祖碎屑岩为主，夹细碎屑岩、煤、膨润土为特征，沉积厚度 612 m。不整合于花岗岩之上。

3. 营城组

营城组分布于松辽盆地的东部边缘九台县的三台、上河湾、六台、营城—九台，长春以东的石碑岭、陶家屯、怀德县刘房子，呈 NE 向狭长带状断续出露。在营城煤矿，下部以中基性火山岩为主，夹沉积岩；上部为酸性火山碎屑岩及熔岩，厚度、岩性不稳定，厚度大于 1 497 m，平行不整合于沙河子组之上。在回回营至官马山一带缺失下部中基性火山岩，只出现上部酸性火山岩夹火山沉积岩，产丰富的 *Ruffordia*－*Onychiopsis* 植物群化石及昆虫化石。在马鞍山—于家店一带底部出现复成分砾岩层，沉积厚度 1 175 m。在长春净月—大顶子一带为灰白—灰紫色流纹岩，底部出现少量含砾砂岩夹煤线，厚度 165 m，中部流纹岩，上部为碎屑岩夹煤层，厚度 600 m 以上，不整合于花岗岩之上。

4. 德仁组

主要分布在平岗盆地、东丰-渭津盆地及仙人沟盆地等边缘，可划分为两部分：下部由砾岩、安山质火山角砾岩、安山岩组成，产 *Ruffordia*－*Onychiopsis* 植物群常见分子；上部为中性火山岩夹中性火山碎屑岩，沉积厚度达千米以上。

在平岗盆地，分布在新生村—老龙村一带，以安山岩、安山集块岩、凝灰岩为主，底部见砾岩、含砾砂岩，厚度变化大，在 640～980 m。其中沉积夹层多呈凸镜状和薄层状，沿走向尖灭再现。

在东丰-渭津盆地，分布在小城子、孙家湾、夏家街一带。孙家湾一带沉积厚度变化大，下部为砾岩，安山质火山角砾岩可达 280 m 以上，夹劣质煤，产丰富的植物化石；上部为多斑安山岩、安山质熔角砾岩、晶屑岩屑凝灰岩，夹少量凝灰质砂岩，厚度 150～500 m，沉积夹层分布不稳定。该组在孙家湾、夏家街一带不整合于华力西晚期花岗岩之上。

5. 久大组

久大组以湖沼相细碎屑岩沉积为主，反映一个火山活动间歇期湖沼沉积特点。本组在平岗盆地出露于赵家街、久大一带，呈环状分布，岩性组合相同，厚度在 200～300 m。东丰-渭津盆地主要分布于小城子—夏家街一带，由于后期断裂错动，将本组截成三段。夏家街一带久大组为砂岩、粉砂岩、页岩、泥质粉砂岩夹薄层状玄武安山岩、安山岩，产丰富的植物化石；灵镇以西—小城子一带火山活动相对加强，出现大量的岩屑晶屑凝灰岩及安山岩；辽源盆地的久大组主要分布在辽河源—峰岗村，以砂岩、粉砂岩为主夹煤层，厚度在 50～150 m。煤层在盆地内部较厚，向边缘变薄及尖灭。

在桦甸-辉南盆地，主要分布在龙王庙、解放屯、苏密沟一带。主要以含砾砂岩、粉砂岩、泥岩及薄层煤组成。厚度变化较大，龙王庙—苏密沟地区厚 350～500 m；解放屯一带厚度约 50 m。产丰富的植物化石。

6. 安民组

发育于平岗、辽源、东丰-渭津、桦甸-辉南和双阳等盆地。下部为中酸性火山岩，个别地区出现酸性火山岩；中部为凝灰质砂岩夹薄煤层；上部以中性火山岩为主。其顶界以安山岩消失，碎屑岩出现与长安组分界，底界以流纹岩或安山岩的出现与久大组分界。前者为不整合，后者为整合接触。厚 1 212.5 m。

平岗盆地主要分布在平岗煤矿四周，为一套中酸性火山岩夹煤层，厚达千米以上。辽源盆地发育在盆地边缘部位，主要为一套灰、紫色安山岩夹凝灰质砂岩薄层。沉积厚度在 500 m 以上。在东丰-渭津盆地零星出露于灵镇、杜家街、郭家街、小城子一带，以安山岩、玄武岩为主，厚度在 900 m 以上。桦甸-辉南盆地分布在苏密沟一带，以安山岩为主，沉积厚度上千米，吉林省区调队曾将其归入苏密沟组上部，称上安山岩段。双阳盆地分布在小蜂蜜顶子、聂家街、炮顶子、二道梁子煤矿一带，岩性为一套中酸性火山碎屑岩、熔岩，夹少量凝灰质含砾砂岩。厚度在 350～1200 m。

7. 长安组

为含煤岩系。底部见有少量砾岩、含砾砂岩，中上部均为砂岩、粉砂岩、泥岩、煤层组成。含 *Ruffordia - Onychiopsis* 植物群，沉积厚度达 800 m 以上。与下伏安民组呈不整合接触，其上被金家屯组中性火山岩整合覆盖。

平岗盆地长安组发育广泛。下部砾岩（称麻家沟砾岩）、含砾砂岩为主；中部页岩（大营村页岩）、砂岩；上部为砂岩、页岩夹煤层（长安夹煤层）。砾岩层厚 20 m。煤层在全区较为稳定，产丰富的植物化石，总厚度大于 650 m。辽源盆地，主要分布在金洲岗、白泉、太平沟、辽源煤矿一带。以砂质页岩、页岩、煤层为主，局部地区夹少量砾岩及凝灰质砂岩。本组在辽源盆地划分上下两个含煤层（金洲岗含煤系，辽源含煤系），沉积厚度大于 1 000 m，属湖沼相含煤建造。本盆地以一座英山、横虎山为界，东西沉积稍有差别。东部沉积物较细，以页岩、砂质页岩为主，沉积厚度 350～760 m。主要见到是第一含煤层，煤层较厚，最厚可达 33 m。煤层多呈复煤层，一般由 1～6 个分煤层组成，产丰富的植物化石。西部沉积物较粗，以粗砂岩、细砂岩、粉砂岩、泥岩互层出现，夹含砾砂岩，沉积厚度大于 1 000 m。有上下两个煤层，下部煤层多为复煤层，最厚达 6 m；上部煤层多呈线状或扁豆状，局部可采。双阳盆地，本组分布于二道梁子煤矿、田家街、刘家街一带，以含砾砂岩、长石砂岩、泥质粉砂岩为主，夹薄煤层及少量凝灰岩层，厚度 50～200 m，产植物化石。桦甸盆地，分布于苏密沟—天合兴一带。曾称为天合兴组含煤层，其岩性主要为一套黑色页岩夹煤层。

8. 金家屯组

金家屯组为一套中酸性火山岩系夹正常沉积碎屑岩。下部以灰绿色安山岩、安山质火山角砾岩为主；上部以酸性凝灰岩为主，夹粉砂岩、砂岩及薄层煤，厚度 248 m。双阳盆地本组较为发育，分布在金家屯、拉腰子、长岭子、田家街、刘家街、鸡冠山、双龙泉等地。岩性组合除上述特征外，下部安山岩及安山角砾岩厚度在 150～1 000 m，平行不整合在长安组之上。在平岗盆地本组分布于房身屯、汪泉屯、永安屯一带，呈狭窄条状及环状分布。由于受后期断层切割，呈断块出露，主要为一套中酸性火山岩夹火山碎屑岩，底部普遍有一层厚约 30 m 流纹质凝灰岩。沉积厚度为 273 m。平行不整合在长安组之上，被泉头组不整合覆盖。

9. 板子房组

以安山岩及安山质凝灰熔岩为主，夹火山碎屑岩。与下伏帽儿山组，上覆宁远村组均为不整合接触。同位素年龄为 121.7 Ma，时代置于早白垩世，厚 657 m。

零星见于宾县的板子房大顶子山，伊春市的翠峦等地。在大顶子一带厚度大于 233.2 m；在伊春翠峦本组曾划归友好组下段，其最大厚度大于 1 400 m。

10. 宁远村组

为一套喷溢至爆发相为主的陆相酸性火山岩组合，其颜色以灰紫色为基调，在区域上具有对比意义，多直接不整合于前中生代地层基底上。

宁远村组呈 NNE 向分布于尚志小区，主要见于宾县中心屯和嘉荫县的大滚子沟等地。

11. 建兴组

建兴组主要见于绥棱县的建兴、宝山和木兰县的青山及逊克县的红锈沟等地。为一套含凝灰质的陆源碎屑沉积，由砂岩、粉砂岩及泥岩组成的韵律层十分发育，底部为角砾岩，煤层见于下部。厚 300～600 m。于青山煤矿见其不整合于宁远村组之上。

12. 淘淇河组

淘淇河组呈 NNE 向分布于张广才岭东西两侧。为一套冲洪积—河湖相沉积。以黑龙江省宾县胜利镇和嘉荫县大砬子发育最好，厚达 2 500 m。下部砾岩发育；上部以泥砂质细碎屑沉积为主；顶部夹灰绿、灰紫色泥岩，常含有流纹质凝灰岩。在延寿、伊春及嘉荫之间尚见有层位不稳定的凸镜状煤层。

综上所述，张广才岭-南楼山地层分区火山-沉积盆地的发展经历了两个阶段：第一阶段为沿断裂火山喷发，形成由中性至酸性的喷发旋回。火山间歇期，于洼地内形成火山沉积碎屑岩及正常的沉积岩。第二阶段为含煤盆地形成和发展阶段，出现了正常沉积夹煤层与火山碎屑沉积夹煤层两种盆地并存的格局。成煤期后，尚有局部的火山活动。

第四节　延吉-鸡西-饶河地层分区

本区中、晚三叠世至白垩纪地层发育齐全，这一时期的沉积作用具有几个鲜明特色：一是向太平洋方向火山—沉积地层越来越发育；二是沉积作用从东部的海相，向西变为海陆交互相至陆相火山喷发；三是大陆火山岩形成 NE 向火山-岩浆带（见图 5-3）；四是古生物十分丰富，既有海相动物组合，又有陆相动植物群落。反映出与古生代截然不同的地层特征。

经吉林、黑龙江两省地层多重划分对比研究，主要有以下几个岩石地层单位：完达山蛇绿岩群、南双鸭山组、大秃山组、大兴沟群、凯北群、龙爪沟群、鸡西群、延吉群等。现就其内容及问题讨论如下：

一、中、晚三叠世海相地层

黑龙江省东北部完达山、那丹哈达岭地区（饶河地层小区）出露一套由深海相放射虫硅质岩、浊积岩以及包含其中的镁、铁质熔岩和石炭—二叠纪岩块组成的地层。由于其特殊的沉积建造和大地构造位置的意义，长期以来一直为中、外地质学家所关注，而且众说纷纭。

1997 年，《黑龙江省岩石地层》一书中，综合区调工作成果和野外核查资料，按“三位一体”的模式，将前人划分的一些地层单位系统化，建立了“完达山蛇绿岩群”，代表那丹哈达岭活动陆缘沉积，自下而上划分为大顶子堆积岩、驼腰山枕状熔岩、大佳河组（放射虫硅质岩）、大岭桥组（深海浊积岩）和上覆的海相磨拉石沉积永福桥组。并根据大佳河组和大岭桥组产出的放射虫及牙形石，将这套地层时代置于中、晚三叠世—早侏罗世。

（一）关于“完达山蛇绿岩群”的讨论

对“完达山蛇绿岩群”的成因和就位机制，《黑龙江省岩石地层》（1997）一书认为是大洋板块作用下不同构造部位的产物，即俯冲带及海沟沉积，属于原地系统。唐克东等

(1995) 认为，它们是晚侏罗世以前形成的沉积混杂体，蛇绿岩、大洋玄武岩和硅质岩都是不同时代外来岩块。并作为外来地体于晚侏罗世拼贴到陆缘上。还有人认为是敦密断裂（郯庐断裂）左旋滑动的中生代外来地体，等等。为了便于讨论，这里将完达山蛇绿岩群以及与之相联系的有关地层关系介绍如下。

1. 大顶子层状堆积岩的组成及就位方式

根据饶河县大顶子剖面，下部主要岩性是辉石橄榄岩、辉石岩、橄榄辉石岩；上部为层状辉长岩，并见有辉绿岩墙侵入。这个组合反映的是洋壳特征，但缺少大洋斜长花岗岩。剖面中的超基性岩岩石化学资料的 M/F 多数小于 6.5，属铁质超基性岩。表明地幔物质加入很少，远离大洋中脊。上述岩石与围岩均呈断层接触。或以岩块存在于上覆地层中，明显具外来岩块和构造侵位特征。

2. 基性-超基性火山岩岩块（驼腰山枕状熔岩）

基性-超基性熔岩没有一个完整的剖面，多呈岩块存在于大岭桥组砂板岩中。在大带南山的剖面为玄武岩、细碧岩，见其与镁铁质堆积岩呈断层接触；在驼腰山剖面，主要岩性为科马提岩、橄榄岩、气孔状玄武岩、细碧岩。上述两条剖面对比，后者似应偏下，两者的细碧岩为富钠基性熔岩，总体可以反映原始的层序是由超基性向基性演化的规律。岩石化学资料为富 TiO_2、Na_2O，充其量只是大洋拉斑玄武岩，而非大洋中脊玄武岩。这些不同岩性组成的岩块作为外来岩块出现在以泥砂质为基质的大岭桥组中。

3. 关于大佳河组、大岭桥组、永福桥组的关系

代表完达山蛇绿岩群上部的深海相硅质页岩沉积（大佳河组）和浊积岩系（大岭桥组）及永福桥组广泛出露于完达山周围的饶河、宝清、同江、抚远等地（见图 5-3）。在三江平原地区可能为新生代地层的基底岩系。三个组的含义及关系如下：

（1）大佳河组的新含义

黑龙江地矿局（1993）根据饶河地区岩石组合特征自下而上划分为十八垧地组、大坝北山组、大佳河组、大岭桥组和永福桥组。从剖面资料分析，前三个组岩石组合基本一致，均以硅质岩为主，夹泥岩。唯大坝北山组泥砂成分比例稍高，呈硅质岩与泥岩、粉砂岩互层产出。因此，黑龙江省地层多重对比研究时，将三者合并，用最具代表性、分布最广泛的大佳河组以统称是合乎岩石地层单位定义的。就是说，重新定义的大佳河组是一套以灰褐色、灰—灰白色、猪肝色的硅质岩、硅质页岩、碧玉岩为主，夹粉砂岩、泥质粉砂岩、泥岩。为富含放射虫、牙形刺的深海相硅质页岩建造。大佳河组横向变化不大，总厚度 3 500 m。实际上，大佳河组又可分出上、中、下三个部分：大佳河组下部（原十八晌地组）主要是硅质岩，所产放射虫为中三叠世安尼—拉丁期 *Pseudostylosphaera - Triassocompe deweveri* 组合带（简称 *P - T* 组合带）；中部（原大坝北山组）为泥质粉砂岩与硅质岩互层，产晚三叠世放射虫 *Livarella - Camptum* 组合带（简称 *L - C* 组合带），而牙形刺为中三叠世；上部（原大佳河组）以硅质岩为主，上部出现灰岩夹层和凸镜体。放射虫组合带为早侏罗世 *Bipedis - Palaeosaturnalis* 组合带（简称 *B - P* 组合带）。

这里须指出的是，上述的化石组合在剖面上并没有严格的界线，而且在具体运用上带有一定的人为选择，因此时代出入较大。如：饶河县大坝北山剖面大佳河组上部 24—30 层产 *Tricolocopsa*，*Dictyomitra*，*Capnuchosphaera*，*Cenellipsis* 及 *Conosphaera* 等，属于下部 *P - T* 组合带的分子。这些化石与其上覆的大岭桥组根本分不开，而且见不到 *B - P* 组合的分子。这说明大佳河组时代不能延至早侏罗世，最高到晚三叠世。

(2) 大岭桥组的归属

大岭桥组的原始定义和现在定义（黑龙江地矿局，1997）均以“整合”于永福桥组之下，大佳河组之上的一套浊流沉积，在解释上又认为与大佳河组是同时异相的产物，这似乎是矛盾的，分析大岭桥组建组的饶河县二联桥南山剖面（正层型）可知：

(i) 含有大量的外来岩块：基性熔岩、石炭—二叠纪灰岩岩块、甚至还有下伏的硅质岩块。这些岩块被原地沉积的含放射虫硅质岩层及泥质粉砂岩胶结，反映具有混杂堆积的特征。

(ii) 岩性以粉砂岩、凝灰质粉砂岩、长石石英砂岩、岩屑砂岩居多，占剖面总量的50%，其间夹硅质岩。在横向上，大坝北山以北岩性稳定，南部则碎屑增多，并且由南向北厚度加大。说明南部近陆缘区，物质来自围岩。

(iii) 剖面上所列的放射虫名单均为 $P-T$ 组合带重要分子。如 *Cenosphaera*，*Dictyomitra*，*Thecopsa*，*Tricolocopsa* 等，并没有 $B-P$ 组合带和 $L-C$ 组合带的分子。因此，其时代也限于中晚三叠世。

(iv) 与上覆永福桥组的关系：永福桥组下部是中粒长石岩屑砂岩，中部为粉砂质板岩，上部是中粗粒岩屑长石砂岩，厚度为 1 017 m。硅质岩消失，不含化石。永福桥组的沉积环境显然是高水位的大陆架沉积。

基于上述几点，大岭桥组作为一个岩石地层单位存在是合理的，其与大佳河组和永福桥组是侧向堆积的差异所致。

总结上述，笔者认为“完达山蛇绿岩群”可以两分：下部的大顶子铁镁质堆积岩和驼腰山枕状熔岩系外来岩块。如果考虑到其与石炭—二叠纪岩块一起就位，那么其形成的时间至少在此以前，因此唐克东等（1995）推断为泥盆纪是可能的。岩块主要被大岭桥组的沉积物原地胶结，说明大岭桥组的浊流携带了从水下断层和斜坡至异地洋壳残片剥蚀下来的物质在其中沉积就位。这涉及古亚洲洋封闭和新太平洋打开前似乎还存在另一个大洋。这不是本书讨论的范围。

“完达山蛇绿岩群”上部的大佳河组、大岭桥组和永福桥组是一个形成于中三叠世—晚三叠世的完整的原地沉积体系。严格的说，三者都是浊流沉积。这种层状和互层状的硅质与泥质沉积，常见于世界各地中生代深海盆地，一般都是含硅质岩的浊流沉积。从三个组的沉积特征看，基本上是由深海盆地向大陆坡过渡，自下而上由细到粗、由深到浅的沉积体系。本群与上覆的早侏罗世凯北群呈不整合接触。世界上许多放射虫硅质岩层浊流沉积不一定都是洋壳上部的独有的沉积建造，在大陆边缘海盆中出现也比较常见。因此，本书认为完达山地区不曾出现过大洋，最大可能也不过是一个深海盆地。如果联系本书下面将要介绍的南双鸭山组的沉积环境，就更能说明这些原地沉积的演化关系。

二、陆内坳陷火山-沉积岩系——南双鸭山组、大秃山组

中、晚三叠世大陆边缘深海盆地形成的同时，在大陆边缘近陆一侧发育一系列的裂陷槽沉积，其中堆积了含大量火山物质的火山-沉积岩系，南双鸭山组就是一例。

1. 南双鸭山组

本组具有如下特点：第一，其分布围绕着“完达山蛇绿岩群”分布区的西侧和南侧的虎林、密山县的兴凯、宝清的大煤窑等地，与“完达山蛇绿岩群”在空间上关系密切。第二，正层型（虎林县方山林场后山剖面）岩石组合为灰黑色凝灰质细砂岩、凝灰质粉砂岩、杂砂质

长石杂砂岩和灰白色流纹凝灰岩，沉积物中火山物质含量较高，各地岩性基本稳定，厚度2 383 m。产海相双壳类化石，上部为 *Olapiria* - *Oxytama* 组合，下部为 *Monotis* (*Entomonotis*) *ochatica* - *M.* (*E*) *ochatia baoqingensis* 组合。时代为诺利中期。第三，本组底界与华力西晚期花岗岩呈不整合接触，底部由花岗岩风化壳组成的砾岩、砂岩中产植物化石 *Neocalamites carreri*，*Podozamites distans*，时代应为晚三叠世。本组上覆地层为大秃山组，为陆相类磨拉石沉积建造。因此本书认为这是一个平行不整合界面，表明沉积环境发生质变。

以上实际资料表明，南双鸭山组与“完达山蛇绿岩群”上部的大佳河组、大岭桥组和永福桥组有着成因联系。它们同处于晚三叠世大陆边缘陆内裂陷槽/深海盆地同时发展的构造背景。说明太平洋板块早期活动是拉张环境，随着大陆边缘深海盆地的扩大，在大陆上必然形成裂陷槽，并伴有大陆中酸性火山岩的喷发。随盆地的扩大，海侵范围向陆地扩大，陆源碎屑随浊流向海里推进，在晚期海退过程中，陆地面积扩大，沉积物则以陆源碎屑为主。因此，从沉积相分析，二者是大陆侧向增生，从陆地—浅海陆架—大陆斜坡—深海的沉积体，基本是在陆壳基础发展起来的原地沉积，而非外来地体。

2. 大秃山组

本组以类磨拉石建造为特征的杂色、紫红色陆相碎屑沉积岩，其组合以砾岩为主，夹不同粒级砂岩、粉砂岩，偏中部出现多层中酸性火山碎屑沉积岩及火山碎屑岩。产数量及品种单一的 *Cladophlebis* 植物化石，厚2 104 m。其呈NE方向从密山县兴凯乡北山延至虎林县杨岗乡青年队，厚度相对变薄。青年队剖面上部的细碎屑岩在兴凯剖面上没有出露，而是火山凝灰岩直接被第三纪玄武岩覆盖。从层位对比上，青年队剖面的层位要比兴凯剖面的层位高些。

大秃山组与饶河地层分区的完达山蛇绿岩群上部的永福桥组层位相当，一个是陆相类磨拉石建造，一个是海相磨拉石建造，所以大秃山组的时代置于晚三叠世—早侏罗世为宜。

三、晚三叠世继承性裂陷火山-沉积岩系

近二十年来，吉林和黑龙江省东部晚三叠世陆相火山-沉积地层的研究取得了很大的进展，最具有代表性的是出露于吉林省汪清县的大兴沟群和黑龙江省东宁县的“老黑山群”。二者基本特征相似，均为NE向展布的火山喷发带，主要岩性为中酸性熔岩及其碎屑岩、火山间歇期的湖盆和河流水道沉积的陆源碎屑岩，含有丰富的植物化石。现以大兴沟群为代表论述如下：

大兴沟群（彭玉鲸、王友勤等，1982）是将前人（吴水波，1980）在汪清县大兴沟地区自下而上建立的托盘沟组、马鹿沟组、三仙岭组及天桥岭组并组为群而成。1997年《吉林省岩石地层》一书中，将天桥岭组与三仙岭组合并，现在的大兴沟群包括托盘沟组、马鹿沟组、天桥岭组和南村组、罗圈站组五个组级岩石地层单位。

（一）托盘沟组与南村组的关系

托盘沟组不整合于华力西晚期花岗岩或二叠纪地层之上，由安山岩及其碎屑熔岩夹少量流纹凝灰岩、凝灰砾岩组成。顶部以流纹岩与上覆的马鹿沟组整合接触，厚度约1 660 m。黑龙江省东宁县老黑山地区出露的南村组与托盘沟组相当，二者的区别是后者偏基性的熔岩——安山玄武岩、辉石安山岩占较大比重。应视为托盘沟组同时异地异相的产物。

托盘沟组、南村组的对比范围已扩展到吉林省东部的珲春、敦化，向南延至通化闹子沟盆地，向北于东宁县附近消失。

（二）马鹿沟组与罗圈站组

马鹿沟组以产晚三叠世须家河植物群而闻名中外，不少中、外地层工作者做了大量研究工作。这次的定义是指整合于托盘沟组之上，顶部以出现流纹岩与天桥岭组分开，主要由黑色凝灰质砂岩、黑色粉砂质板岩夹少量安山质凝灰岩及薄煤层组成的湖沼相沉积。厚度1 067 m。马鹿沟组产丰富的植物化石，以 *Dictyophyllum* - *Clathropteris* 组合为代表，即天桥岭植物群，时代为晚三叠世诺利期。马鹿沟组分布范围有限，但其所产的植物化石群对生物地层研究却有重要意义。

老黑山地区的罗圈站组与马鹿沟组只是化石组合代表的时代具有可比性。二者岩性及沉积环境差异很大。罗圈站组是短期酸性火山活动间歇期堆积，由火山灰流相层凝灰岩组成，汇水盆地的规模、深度均不大，而且是以酸性火山岩为主，正常沉积岩占的比重很小。实际二者也是同时异地异相。罗圈站组所产植物化石以 *Cycadocarpidium* - *Tersilla*、*Mixella* 组合为代表，即老黑山植物群，时代为晚三叠世。但这里没有发现双扇蕨科。老黑山植物群与天桥岭植物群可对比。本组下部的层凝灰岩分布仅限于老黑山一带，上部的酸性火山岩可与天桥岭组对比，延伸比较远。

（三）关于天桥岭组的上限问题

重新定义的天桥岭组（吉林地矿局，1997）包括原来的三仙岭组。实际上天桥岭组的原始定义是原大托盘沟组之上的一套酸性火山岩，其时代置晚侏罗世。但 1978 年吴水波从原托盘沟组中划分出马鹿沟组和三仙岭组后，就改变了天桥岭组的位置。这次研究，将三仙岭组底部含化石的酸性凝灰岩夹黑色粉砂岩归入马鹿沟组中。这样，余下的酸性火山岩就是天桥岭组的一部分，使天桥岭组有了比较合理的位置，时代置于晚三叠世也顺理成章。但是其上限问题到此并没有得到根本解决。王友勤等（1983）在黑龙江省东宁县老黑山地区建立的罗圈站组剖面上，直接看到印支晚期的闹枝沟二长花岗岩体（锆石 U - Pb 年龄值为189 Ma、203 Ma）侵入其中，同时黑龙江省还获得了 Rb - Sr 等时年龄 231 Ma、K - Ar（19 个样）年龄 190～226 Ma。因此，以天桥岭组为代表，包括罗圈站组上部（含松树山组）以及伊春市十二林场出露的酸性熔岩夹凝灰岩（郝家屯组、风山屯组）都是晚三叠世酸性火山活动的产物。

四、早侏罗世海陆交互相沉积——凯北群

凯北群指不整合于“完达山蛇绿岩群”之上，平行不整合于龙爪沟群之下的一套早侏罗世海陆交互相陆源碎屑沉积，包括大架山组、白鹤山组。含海相双壳类、菊石、腹足类及植物化石，夹薄煤层，厚度大于 1 317 m。

1. 大架山组

大架山组仅见于大架山一带，面积约 32 km²，为印支运动后，早燕山旋回形成的滨海至浅海相陆源碎屑沉积，岩石普遍具轻微变质，以绢云母化、绿泥石化为主，按岩石类型可分三个岩性段：下部砾岩段厚度大于 296.21 m，以灰白至灰褐色硅质砾岩、砂砾岩为主，夹中粗粒砂岩、粉砂岩，在横向上往往相变为砂砾岩或含砾粗砂岩，在代王砬子南本段硅质砾岩

不整合于三叠纪硅质岩之上；中部砂岩段厚150.75 m，以灰黑色粉砂岩、黄绿色中细粒砂岩为主，夹灰黑色粉砂质板岩，本段岩性横向变化不大，以含泥质、砂质条带为特点，含多门类海相动物化石，尤以底栖双壳类繁盛；上部板岩段厚178.56 m，以黑色粉砂质板岩为主，夹灰黑色细砂岩及凸镜状砾岩，板岩具有水平层理和显微水平层理，富含菊石、双壳类、腕足类、腹足类、珊瑚、放射虫等多门类海相动物化石。底部砾岩层不整合于晚三叠世至早侏罗世的“完达山蛇绿岩群”之上。

2. 白鹤山组

指整合于大架山组之上的海陆交互相泥砂质沉积。可分三个岩性段：底部黄绿色中细粒砂岩，整合于大架山组灰黑色粉砂质板岩之上，厚度大于651.63 m；中段以板岩为主夹凸镜状砾岩，富含双壳类、菊石、腕足类、腹足类、珊瑚、放射虫等海相动物化石；上段以砂岩为主夹板岩。

白鹤山组在饶河地区仅见于大架山一带，与大架山组相伴出现。在绥滨—密山地区云山一带，为一套海陆交互相的砂泥质沉积。以黄绿色至黄褐色砂岩为主，中部夹灰黑色粉砂质板岩，含海相双壳类化石及薄煤层；上部夹砂砾岩层，与龙爪沟群裴德组底部黄色砾岩平行不整合接触，厚度大于 294 m。Rb-Sr 等时年龄为 188、182 Ma。

五、中侏罗世—早白垩世海陆交互相含煤地层——龙爪沟群

龙爪沟群指分布于虎饶、密山、宝清等地的中侏罗世—早白垩世以海陆交互相沉积为主的一套含煤地层。自下而上划分为裴德组、南大塔山组、七虎林河组、红星城组、朝阳组、曙光组和东安镇组。含丰富的海相菊石、腕足类、双壳类、介形虫、沟鞭藻等及植物化石。局部具工业煤层。

1. 裴德组、南大塔山组

裴德组呈 EW—NE 向带状分布于勃利盆地南缘，向东经兴凯、龙爪沟至云山。属近海山间盆地型沉积。下部砂砾岩段属冲积扇相，厚 362 m。岩性以黄褐色砾岩、含砾中粗粒砂岩及长石砂岩为主，夹灰黑色泥岩、泥质粗砂岩、凝灰岩及薄煤层，含植物化石。本段可划分两个正旋回，底部砾岩不整合于二叠纪地层之上，厚 103 m。上部火山岩段属火山-沉积相。岩性以中性、中酸性火山角砾岩、凝灰岩为主，夹细粒岩屑长石砂岩，产 *Coniopteris-Phoenicopsis* 植物化石。火山岩以喷发至爆发相的火山碎屑岩为主，其中夹灰绿色英安质熔凝灰岩，亦称火山泥球凝灰岩。

南大塔山组仅见于小北沟剖面，面积约 2.5 km^2。为一套英安质熔岩为主的火山岩地层，未见沉积夹层。由英安岩至流纹岩可划分两个韵律，主要岩石类型有英安岩、流纹岩和流纹质角砾岩、凝灰岩，厚度大于 155.7 m。其与裴德组为同期异相。

2. 七虎林河组

七虎林河组呈条带状分布于勃利盆地南缘青年水库至云山农场一带，与下伏裴德组及上覆红星城组相伴出现。七虎林河组为黑龙江省东部中侏罗世第一期海侵产物。其岩性组合：下部砂岩段以灰黑色、灰黄色粉砂岩、泥质粉砂岩为主，夹泥岩、碳质泥岩和粗砂岩至细砂岩，顶部出现凝灰质砂岩，含海相双壳类、腕足类及植物化石，厚度为 319.81 m，属退积型沉积，以扇三角洲前缘亚相为主，间有扇三角洲平原亚相及前三角洲亚相，局部含沼泽相；上部泥岩段以灰黑色泥岩、粉砂质泥岩为主，夹粉砂岩及凝灰岩，水平细层理发育，含丰富的海相菊

石、双壳类等动物化石，厚 212 m，属加积型沉积，以前三角洲亚相为主。

3. 红星城组

本组主要分布于青年水库以东至云山水库一带，另外在过关山至新村、大桦树、饶河分区的独木河小北沟也有零星出露。属海陆交互相沉积，进积型结构。下部以粉砂岩和泥质粉砂岩为主，夹凝灰质粉砂岩、凝灰岩及少量细砂岩；中、上部以细粒长石砂岩和粉砂岩为主，夹凝灰砂岩和灰白色钙质砂岩。其中的钙质砂岩为本组特征性岩石。富含海相双壳类及植物化石。底部凝灰质砂岩整合于七虎林河组板状黑色泥岩之上，厚度大于 640 m。

在云山一带，以中细粒砂岩、粉砂岩为主，夹多层钙质砂岩，含双壳类及植物化石，厚度为 631 m；在龙爪沟一带粒度变粗，夹有中粗粒砂岩、凝灰岩和煤层，以含植物化石为主，厚度大于 577 m；在裴德一带，岩性以灰黄色细砂岩为主，夹粉砂岩及砂质泥岩，整合于七虎林河组之上，上部未见顶，厚度大于 234 m，主要含植物化石；在过关山至新村一带粒度变细，以粉砂岩、泥岩为主，夹中细粒砂岩，厚度大于 261 m；在桦树一带岩性为砂岩、粉砂岩；在虎林县小北沟一带本组以细砂岩为主夹粗粉砂岩，与下伏七虎林河组整合接触，控制厚度为 184.2 m。

4. 朝阳组

朝阳组主要见于云山水库至新村一带，在云山农场有零星出露，为陆相火山岩夹河湖相沉积。主要由灰色、褐灰色中酸性火山角砾岩、含砾凝灰岩和黑色含粉砂质泥岩、粉砂岩夹砂岩、凝灰砂岩组成。黑色泥岩为厚层状，层理不发育，含淡水腹足类、双壳类和植物化石。火山岩以爆发相为主，具多期活动的特点，由火山角砾岩或含角砾凝灰岩至凝灰岩或凝灰砂岩构成，可分出 4 个韵律层。底部黄绿色中性凝灰角砾岩平行不整合于红星城组之上，上部以灰色火山角砾岩与曙光组之底黄色长石砂岩为界。厚度大于 462 m。

5. 曙光组

曙光组可分上下两段：下段主要分布在虎林县云山、密山县青年水库、宝清县大桦树一带。底界与朝阳组整合接触。属退积结构，以黄褐色、浅黄色，中—细粒长石砂岩夹粉砂岩、泥岩及煤线组成，产海相双壳类、腹足类、介形虫等化石，厚 385 m。上段属加积—进积型结构，以黄褐色、灰黄色粉砂岩与细砂岩互层为主，夹中粒长石砂岩、灰黑色泥岩和粉砂质泥岩及多层煤，厚 543 m。

上段在龙爪沟群中最发育、分布最广的一个地层单位。出露于密山县的煤窑沟西山、青年水库、珠山、虎林县云山水库以北地区外，还广泛分布于勃利盆地东部及鸡西盆地南部和集贤盆地的绥滨、东荣等地，为黑龙江省东部晚侏罗世—早白垩世最大海侵产物，约占龙爪沟群分布总面积的 50%。在密山县炭窑东山主要由黄褐色至灰黄色细砂岩、中粒砂岩、粉砂岩、泥岩、凝灰岩和薄煤层组成，厚度大于 408 m。炭窑东山到煤窑西山一带，岩性变为黄褐、浅黄色细粒岩屑长石砂岩、凝灰质砂岩，夹粉砂岩、含砾粗砂岩、熔凝灰岩。在二龙山林场至过关山一带，上段为黄褐色、灰褐色长石砂岩夹粉砂岩、火山角砾岩和薄煤层。青年水库东侧主要由细粒长石砂岩夹粉砂岩、泥岩等组成。奶子山一带的上段向东延至青年水库，岩性稍有变化，以细粒长石砂岩为主，夹粉砂岩—粉砂质泥岩，水平层理发育，韵律明显，厚度大于 232 m。密山县珠山地区上段也以细砂岩居多，粉砂岩、泥岩次之，夹薄层煤及煤线。在宝清县大桦树至密山县龙头煤矿一带主要由灰褐色细砂岩、泥质粉砂岩和粉砂岩组成，底部夹中粗粒砂岩和煤层。厚度大于 290 m。在永红一带下段具有代表性，以粉砂岩和泥质粉砂岩为主，夹多层凝灰岩、泥岩、中粒砂岩及煤层。

在鸡西盆地，本组底部的砂砾岩、砂岩超覆盆地基底之上，厚度425 m。在勃利盆地的茄子河至青龙山一带，过去划在石河北组，厚度200～400 m。在集贤盆地，本段呈向东凸起的近SN向条带分布于绥滨、东荣等地，过去划归过石河北组、东荣组和绥滨组。底部具砾岩，超覆盆地基底之上。

6. 东安镇组

东安镇组为一套海相陆源细碎屑沉积，分上、中、下三个岩性段，岩性以灰黑色、墨绿色细砂岩、粉砂岩、粉砂质泥岩为主，含丰富的海相双壳类化石，总厚度大于715.3 m。

东安镇组为晚侏罗世至早白垩世早期黑龙江省东部最大海侵期形成的浅海粗砂泥质沉积。目前仅发现于东安镇至下营一带，与其他地层单位关系不清楚。

六、早白垩世早期陆相含煤地层——鸡西群

鸡西群代表延吉-鸡西-饶河地层分区中生代陆相含煤地层，自下而上划分为：滴道组、屯田营组、城子河组、穆棱组。不整合于前中生代基底之上，顶被延吉群不整合覆盖。产茹伏德蕨-伸长拟金粉蕨植物群，时代为晚侏罗世晚期至早白垩世早期。

1. 滴道组

本组见于鸡西盆地北部和勃利盆地东堡、四海店、青龙山等地。属盆地沉积初期边缘凹陷充填型沉积。下部为山麓堆积砾岩、砂岩，砾岩厚度变化大，延伸不稳定，砾石成分以下伏花岗岩、变质岩为主。中部为河流相、沼泽相的砂岩、凝灰质砂岩和碳质泥岩，夹煤层，含植物化石 *Onychiopsis elongata*, *Coniopteris hymenophylloides* 等。上部为喷发相至溢流相的中性火山岩夹沉积岩。底部砾岩不整合于元古宙花岗岩之上，上部的凝灰质粉砂岩被城子河组底砾岩平行不整合覆盖。厚度大于396 m。

在鸡西盆地，本组岩相组合基本同暖泉子剖面，但下部砾岩不稳定，向东西两侧变薄至尖灭。厚度在80～400 m之间。

勃利盆地南缘虎山、东堡等地，本组为中性火山岩与沉积岩互层，不整合于元古宙地层之上，顶与城子河组平行不整合接触，厚度400～900 m。在北部的青龙山、安乐、桃山等地，以中性凝灰岩和凝灰角砾岩为主，夹薄层砂岩，厚度300 m左右。

在茄子河一带本组为中性火山角砾岩与沉积岩互层，偶夹煤层，产植物化石，但岩相、岩性和厚度变化较大。

2. 屯田营组

屯田营组分布于安图盆地，延吉盆地的西缘老头沟，汪清盆地的天桥岭以及罗子沟、苍林、地荫沟、城墙砬子、天宝山、屯田营等盆地均有出露。向北延至黑龙江省勃利盆地南缘虎山、东堡等地，原划为东堡组中性火山岩。

屯田营组主要由灰绿色、灰紫色安山岩、火山碎屑和少量安山玄武岩组成，常夹有正常碎屑沉积。不整合于华力西晚期花岗岩之上，被城子河组或穆棱组不整合覆盖，厚度在150～1 500 m之间。

延吉盆地西缘老头沟一带，下部为安山质角砾岩、凝灰岩、安山岩；上部为安山质岩屑凝灰岩、安山岩夹凝灰质砂岩，岩石组合与层型相似。在安图盆地明月沟、五峰一带，岩性以安山角砾岩、安山岩为主，厚近千米。在城墙砬子—刺猬沟一带，下部仍为中性火山岩；中上部出现有流纹英安岩屑晶屑凝灰岩夹安山质凝灰角砾岩的夹层，但以中性火山岩为主。在

勃利盆地南缘虎山—东堡一带以中性火山岩与沉积岩互层，不整合于古生代地层之上，上与城子河组平行不整合接触，厚度400～900 m。

3. 城子河组

该组层型剖面位于黑龙江省鸡西市哈达乡杏花村。可分上、中、下三部分：下部以灰白色中细粒砂岩与灰黑色泥岩、粉砂岩互层，夹凝灰质砂岩、碳质泥岩，含薄煤层；中部为灰白色中粒砂岩夹灰白色细砂岩、深灰色粉砂岩和碳质泥岩及多层工业煤层；上部由灰白色中粗至中细粒砂岩与深灰色粉砂岩、泥岩组成的韵律层，含菱铁矿结核，靠近下部含工业煤层。底部为厚层灰白色石英砾岩夹中粗砂岩，不整合于滴道组之上；顶部粉砂岩与穆棱组泥砾粗砂岩整合接触。厚400～900 m。

主要分布于黑龙江省的鸡西盆地、勃利盆地、双桦盆地、双鸭山-绥滨盆地、鹤岗盆地；吉林省境内，这时期大部地区尚未下陷接受沉积，仅在和龙县土山子盆地、蛟河盆地见城子河组沉积。前者原称“西山坪组”，后者原称“奶子山组”。

鸡西盆地西缘，主要由粉—粗砂岩组成。上下多见砾岩或含砾砂岩，以柳树河子一带粗砂岩最厚。煤层多见于下部，其底部以砾岩为主，不整合于元古宙花岗岩或晚太古代片麻岩之上。顶部为含粗碎屑的细—粗砂岩与穆棱组整合接触，厚度200～300 m。

在勃利盆地城子河组分布广泛。下部以细砂、粉砂岩为主，夹中粗砂岩及泥质粉砂岩；中部仍以细砂岩、粉砂岩为主，夹中粗砂岩或凝灰砂岩，含多层工业煤层；上部以细砂岩、粉砂岩为主，夹薄层中粗砂岩。以平行不整合、整合关系覆于滴道组、龙爪沟群曙光组之上，与上覆穆棱组多为渐变关系。南部边缘虎山—四海店一带厚度300～500 m；北部七台河—龙湖一带100～2 000 m；沉积中心青龙山一带最厚可达2 300 m。

双鸭山-绥滨盆地南部的双桦煤田，城子河组为一套灰白色至深灰色粉砂岩、细砂岩夹含砾砂岩，夹多层工业煤层。底部黄色含砾粗砂岩，不整合于晚元古代花岗岩之上，上部粉砂岩夹凝灰岩与穆棱组灰白色中粒砂岩整合接触。其厚度在400～700 m之间。双鸭山煤田城子河组为一下粗上细的正旋回，其下部以灰白色中粗粒砂岩为主，夹厚层泥岩及粉砂岩，含多层工业煤层，不整合于元古宙花岗岩之上；中部为中、细、粉砂岩为主，夹多层薄层凝灰岩及泥岩，含多层工业煤层；上部为灰白—深灰色粉砂岩至中粒砂岩夹细砂岩及泥岩，含工业煤层，与穆棱组以砂砾岩或粗砂岩分界，厚度在600～700 m。在四方台至岭西，城子河组缺失下部层位，厚300～400 m之间。

鹤岗盆地城子河组以灰白至灰色中细粒砂岩、细砂岩、粉砂岩为主，夹多层碳质页岩及砾岩，含多层工业煤层。底界以砾岩或粗砂岩为主，不整合于前古生代基底之上；顶部中粒砂岩夹碳质页岩与穆棱组底砾岩分界。厚度500～1 000 m之间。

土山子盆地，分布于土山子、西山坪和松下坪一带。下部为灰白色砂岩夹灰黑色泥岩、凝灰质泥岩及薄煤1～5层，厚30～40 m；中部灰黑、灰绿色泥岩和砂质泥岩夹薄层砂岩，厚100 m左右；上部黄色砂岩夹砂质泥岩和薄煤层，厚200 m。底部为一层黄褐、灰绿色砾岩，厚30 m，与下伏屯田营组整合接触。总厚度90～450 m。

蛟河盆地城子河组分布在奶子山、清河沟至关门砬子一带。下部以灰白色砂砾岩和含砾砂岩为主，在乌林一带底部赋存有大于40 m厚的角砾岩；上部以灰白色中粗粒砂岩为主，夹薄层砂质泥岩及灰黑色、黑色泥质粉砂岩，含四个煤组。厚度变化大，本区200～300 m，向南至关门砬子一带增至750 m。不整合于华力西期花岗岩或二叠系之上。

4. 穆棱组

穆棱组南、北分布广泛，北部主要出露在近SN向坳陷带中，继承了城子河组沉积格局。南部的吉林省境内，除土山子盆地、蛟河盆地外，尚有延吉盆地、汪清盆地等。穆棱组的岩石组合特征南北基本相似，均富砂岩，以砂岩夹煤为主要特征，但各盆地也有一定的差异。

鸡西盆地穆棱组岩性变化不大，为细砂岩、粉砂岩、泥质岩、碳质泥岩夹多层凝灰岩，含不稳定煤层。在西部的柳树，东部的永安、太平等靠近盆地边缘地区，穆棱组以砾岩或粗砂岩为底，与城子河组界线清楚；在盆地中部穆棱、平岗、小恒山等地，则以中细粒砂岩为底，与城子河组渐变过渡；北部的穆棱组主要见于麻山、滴道、城子河、东海、永安、太平、黑台等地，与城子河组界线比较明显，多以粗砂岩或含砾砂岩为界；在麻山一带，穆棱组底部砾岩厚度达80 m，全组厚度在500～1 100 m之间，以小恒山、荣华、城子河三个沉积中心最厚。

南部穆棱组在安图四岔子，延吉老头沟、屯田营，和龙长财、福洞、土山子、松下坪，汪清百草沟等盆地，下部为灰色砂岩、砂砾岩和灰绿色角砾岩，夹砂质泥岩、凝灰质砂岩，含煤6层；上部为灰色砂岩、砂质泥岩、粉砂岩夹砾岩，含薄煤8层，局部可采，厚50～500 m，与北部的鸡西盆地岩性组合相同，只是厚度递减。

七、早白垩世火山岩地层——东山组、泉水村组、皮克山组

东山组、泉水村组和皮克山组是吉、黑两省穆棱组煤系之上覆盖的一套中性火山岩，属同期异相地层。

1. 东山组

黑龙江省发育普遍，鹤岗、双鸭山、勃利、鸡西几个大盆地均与穆棱组相伴出现，而吉林省仅见于和龙盆地松下坪，福洞盆地的长财。指大拉子组（猴石沟组）之下，穆棱组之上中性火山岩夹沉积岩，含鱼、双壳类、植物化石，以间歇性多期火山爆发为特点的产物。

鹤岗盆地，东山组呈SN向条带与穆棱组相伴出现，南部宽约2 km，向北变窄，最窄处700 m左右，岩性以安山岩及火山碎屑岩为主夹英安岩。由南向北熔岩成分减少，火山碎屑岩成分增加，厚度则随之变薄。与大拉子组呈整合覆盖。厚度在700 m左右。

在双鸭山盆地，东山组仅见于向阳一带，下部出现粗安质火山角砾岩，上部出现玄武岩、玄武粗安岩，中部夹砂泥岩，厚度在300 m左右。

在勃利盆地，东山组见于七台河、龙湖、北兴、三分场、岗峰等地，NE向展布，与煤系相伴出现，岩石以安山质至英安质的凝灰岩、凝灰角砾岩、凝灰熔岩为主，夹凝灰砂岩及多层沉积岩。其底辉石玄武岩覆盖在穆棱组之上，厚度在500～1 200 m之间。

在鸡西盆地东山组见于北部，呈条带状分布于滴道、杏花、穆棱矿、柳毛、平阳镇、太平等地。与穆棱组相伴出现，岩性以安山质火山角砾岩、凝灰岩为主，夹砂砾岩及细粒砂岩。厚度在70～280 m。总的趋势由南向北沉积厚度增加，火山活动程度减弱。

2. 泉水村组

泉水村组分布于和龙盆地西部、南部，岩性以安山岩为主，但横向变化较大。泉水村一带厚295 m，向北至金厂一带仅33 m，火山碎屑岩增多，熔岩减少。福兴屯一带安山质角砾岩直接覆盖在“长财组”（穆棱组）之上。在汪清金沟岭火山盆地内，为中基性火山岩及凝灰岩夹沉积岩层（原称金沟岭组），含丰富的植物化石 *Ruffordia* - *Onychiopsis* 晚期组合的常见分子。时代为早白垩世早期。

3. 皮克山组

皮克山组主要出露于宝清、饶河两县交界的奇源林场至皮克山一带，另在东方红镇北有零星出露，总面积约 350 km^2。指饶河地区穆棱组之上、大塔山林场组之下的中性、中酸性火山岩组合。同位素年龄为 94.7～108.9、118 Ma。皮克山组具有斯通博理型和夏威夷型火山交替的特点，由中心爆发相的火山角砾岩至溢流相的熔岩，共划分九个韵律层，火山碎屑与熔岩的比例为 1∶5。下部以英安岩、英安质安山岩为主，夹安山岩、英安质火山角砾岩；上部为英安岩与英安质火山角砾岩互层夹流纹岩，厚度大于 3 670 m。

八、早白垩世陆相含油地层——延吉群

延吉群源于日本人西田彰一 1940 年创建的龙井统和大拉子统，1962 年全国地层委员会并两统为延吉群。经 1993 年内蒙古呼市东北区地层对比研究工作会议决定，用延吉群代表吉林省的大拉子组、龙井组，黑龙江省的猴石沟组、海浪组。

1. 大拉子组、猴石沟组

大拉子组主要发育于延吉、松江、和龙、罗子沟、蛟河等盆地，组成盆地的边缘。因盆地的发展演化由西向东迁移，西部层序最全，边缘往往表现大拉子组底部超覆在不同时代的地层与岩体之上，并缺失部分沉积。

大拉子组岩石组合特征，在各个盆地发育基本一致。下部砂砾岩段以灰黄色、黄绿色、黄褐色巨砾岩、砾岩、含砾粗砂岩、粗砂岩、中—细砂岩组成的韵律层，各盆地仅在此段厚度发育不一。延吉盆地东南大拉子—金谷村层型剖面一带，砂砾岩段仅发育一套从巨砾岩、砾岩、含砾粗砂岩至中—细粒砂岩组成的韵律层，而此盆地的西缘老头沟—铜佛寺一带（选层型）则发育四套由粗至细组成的韵律层。此段以松江盆地的小沙河至羊草沟发育最厚，共有七套由砾岩—中细粒砂岩组成的韵律层。底部的巨砾岩除和龙盆地不整合覆在泉水村组之上，其余盆地全部以角度不整合覆盖在穆棱组之上。蛟河盆地原称磨石砬子组相当于砂砾岩段：下部为灰白色砂岩、含砾砂岩夹粉砂岩及不稳定的煤层；上部为灰黑色泥岩夹砂岩（原称保家屯组）。上部砂泥岩段由黄灰、绿灰色的粉砂岩、砂质泥岩、纸片状页岩、泥岩、夹黄褐色砂岩和褐色油页岩组成。油页岩以罗子沟盆地发育最丰富，延吉盆地东西缘亦有出现，但含油率低。满洲鱼往往产于此层位。蛟河盆地、松江盆地上段以黑灰色纸片状页岩（含油）、黑色块状泥岩为主夹灰色砂岩，含满洲鱼化石。各盆地的沉积厚度不一，延吉盆地是东部山区最大的内陆盆地，面积在 1 500 km^2，沿西缘沉积最厚达 3 627.7 m，东南缘盆地翘起，沉积厚度仅 1 618 m。其次松辽盆地，厚达 2 849.5 m，蛟河盆地厚 1 200 余米，和龙盆地最薄 177～470 m，仅见砂岩、粉砂岩、页岩互层。这一沉积充分反映湖盆发展、演化过程中从山麓相—河流相—湖相发展演化过程。

猴石沟组可分上下两段：下段砾岩段以黄色砾岩、砂砾岩为主，夹长石砂岩及泥质砂岩；上段砂岩段为黄、灰白、黄绿色砂岩、含砾砂岩与页岩互层，与大拉子组砂砾岩段岩性完全相同，所差的只是缺失油页岩段。猴石沟组总体上呈 SN 向条带分布于牡丹江至鹤岗等一系列山前或山间盆地中。下段为河流相沉积，以牡丹江、鸡西盆地发育较好；上段河湖相各盆地比较发育。在鸡西盆地下段厚度稳定在 300～500 m 之间；上段北部发育较好，厚达千米，在盆地南缘多超覆在穆棱组之上。在牡丹江盆地，猴石沟组呈 NE 向分布于牡丹江沿岸的卧龙、温春、东村、青梅、磨刀石等地，控制厚度 110～1 500 m 之间，覆于古生代地层之上。温春

一带厚达 2 197 m。勃利盆地猴石沟组出露面积最大，约 1 600 km²，自密山县爱林村北山至桦南县八虎力河，呈 EW 向至 NW 向分布，韵律特点明显，厚度在 2 500 m 左右，不整合于元古宙地层之上；在佳木斯附近，猴石沟组仅见松花江南岸西格木一带，砾岩段厚约 100 m，不整合于东山组或超覆于前古生代地层之上。局部见煤线，厚 400 m。鹤岗盆地与煤系相伴出现，与下伏东山组平行不整合接触，具有粗—细韵律结构，厚达 1 216 m。分布在兴东、鸭蛋河一带的猴石沟组，下段厚 600 m，夹凸镜状薄煤层；上段厚约 1 400 m，含十多层薄煤。

2. 龙井组

龙井组为一套红色沉积建造，岩性和厚度变化较大，一般可分上下两段。下段砂砾岩段由粗砂岩、砾岩组成，夹紫色、绿色粗砂岩，底部为巨砾岩；上段砂泥岩段，由红色、紫色、灰绿色粉砂岩、砂质泥岩、砂岩组成，夹含砾砂岩和薄层泥灰岩，局部夹有薄层石膏。与下伏大拉子组平行不整合接触，上被第三纪珲春组不整合覆盖。厚 290～1 150 m。

龙井组在延吉小区主要分布在延吉盆地及和龙盆地。在延吉盆地，西起朝阳川太兴三屯，东至延吉市、延吉岭，北至八道河，南至龙井镇南，岩性组合与前述一致，底界与大拉子组呈渐变过渡（太兴三屯），厚度大于 557.1 m；在和龙盆地分布在长财、南阳、土山子等地，仅见龙井组下段紫色砂岩、砾岩、粉砂岩，厚度 127 m。

在鹤岗-东宁小区原称“海浪组”。主要由紫红色砾岩、砂岩夹粉砂岩、泥灰岩组成，岩性特征与延吉小区一致。其底往往以紫红色砾岩与大拉子组砂岩为界，顶界层位不定。龙井组在本小区呈 NE 向分布于牡丹江、穆棱、三江等白垩纪断陷盆地中，以牡丹江盆地分布面积最大，以三江盆地松基 2 井发育最全。这些盆地岩石组合基本可比，总体可分上下两段，下段厚 1 014 m，可称紫色岩段，以紫色含砾砂岩、长石砂岩为主夹粉砂岩，底部为紫色砂岩；上段厚度为 462 m，称杂色岩段，以杂色长石砂岩、粉砂岩、泥岩为主夹含砾砂岩。底界在三江盆地不整合于猴石沟组之上。

九、晚白垩世火山岩地层

1. 大塔山林场组

大塔山林场组，主要由流纹岩及角砾熔岩、角砾岩、集块岩组成，厚度大于 451 m，根据同位素年龄时代定为晚白垩世。

本组下部为爆发相的流纹质火山集块岩、角砾岩、角砾凝灰熔岩；上部为溢流相灰白色流纹岩夹流纹质凝灰熔岩，并伴有次流纹岩。顶部流纹岩被四平山硅质岩平行不整合覆盖，厚度为 226 m，同位素年龄为 87.92 Ma。

大塔山林场组仅见于独木河地区大架山至南大塔山一带，呈环状分布于晚侏罗世断陷盆地边缘，面积为 40 km²。在南大塔山一带以流纹质火山角砾岩为主，厚度 451 m；在四平山一带，下部为流纹质火山角砾岩、集块岩，上部为流纹岩，厚度在 120～170 m。底部不整合于鸡西群之上。

在皮克山、大架山、南大塔山，本组火山岩以及流纹斑岩等充填于火山口周围环状裂隙中，也见顺层侵入大架山组砂岩中。

2. 松木河组

主要见于穆棱、双桦、佳木斯、鹤岗等地。松木河组为一套陆相中酸性火山岩组合，是多受近 SN 向断裂构造控制的 SN 向火山岩带，时代为晚白垩世，总厚度大于 1 935 m，K－Ar

法同位素年龄为 67.77、92.0 Ma。

第五节　生物群特征简述

一、中、晚三叠世主要生物群简述

本区中、晚三叠世生物特别繁盛，研究程度也很高，专著、论文较多。这里只概略介绍，借以说明岩石地层的时限。

（一）植物群

包括天桥岭植物群、老黑山植物群和大酱缸植物群。

1. 大酱缸植物群

产于大酱缸组中。以 *Drepanozamites*－*Glossophyllum* 组合为代表，为南、北方混生型。主要分子有：*Neocalamites carrerei*，*N. hoerensis*，*Hausmannia*（*P.*）*ussuriensis*，*Anomozamites*，*Nilssonia opteris*，*Phoenicopsis angustifolia*，*Carpolithus* sp.，*Taeniopteris tenuinervis*。该植物群双扇蕨科不如天桥岭植物群发育，没有发现格子蕨和网叶蕨，其代表属 *Drepanozamites* 见于世界各地的晚三叠世地层中，*Glossophyllum floria*，*Sphenobaiera crassinervis* 为华北延长群常见分子。总之，以 *Drepanozamites*－*Sphenobaiera crassinervis* 组合为代表，与天桥岭、蒙古盖植物群可对比，代表时代为晚三叠世诺利期。

2. 天桥岭植物群

产于马鹿沟组中，其以 *Dictyophyllum*－*Clathropteris* 组合为代表，可与四川的须家河，俄罗斯远东的蒙古盖植物群，日本的成羽植物群对比。该植物群包括 7 个目 38 个属 84 个种，主要有 *Clathropteris elegans*，*Ctenis* cf. *japonica*，*Cycadocarpidium erdmanni*，*Sphenobaiera pulchella*，*Phoenicopsis* cf. *speciosa*，*Cycadocarpidium giganteum*，*Hausmannia*（*P.*）*ussuriensis*，*Todites denticulatus*，*Glossophyllum shesiensis*。指示时代为晚三叠世诺利期。

3. 老黑山植物群

以 *Cycadocarpidium*－*Tersiella*、*Mixella* 三属为代表，主要有：*Cycadocarpidium swiabii*，*C.* cf. *erdmanni*，*C. giganteum*，*C. laoheishanensis*，*Todites* cf. *denticulata*，*Ginkgo* cf. *pulchella*，*Sphenobaiera* sp.，*S. spectabilis*，*S. pulchella*，*Podozamites distans*，*Taeniopteris laoheishanensis*。其特点 *Cycadocarpidium* 大量出现，没有发现双扇蕨科。上述化石均为世界晚三叠世植物群常见分子，罗圈站组属晚三叠世沉积是可信的。

（二）海相双壳类

据虎林县方山林场后山南双鸭山组剖面（正层型）所产的海相双壳类化石可分两个组合：

下部为 *Monotis*（*Entomonotis*）组合，本组合由 *Monotis*（*Entomonotis*）属的不同种组成，主要有 *M.*（*E.*）*ochatica*，*M.*（*E.*）*jakutica*，*M.*（*E.*）*ochatica eurachis*，尤以 *M.*（*E.*）*ochatica* 最为常见。

上部为 *Otapiria*－*Oxytama* 组合，不出现 *Monotis*（*Entomonotis*）。由 *Otapiria*，*Oxytama*，*Paranoceramus*，*Plearomya* cf. *submaseulides*，*Hokomuia*，*Uodiotus* 组成。

上述两个组合的时代为晚三叠世诺利中晚期。属北极-太平洋生物区。

（三）放射虫

放射虫类化石广泛分布于完达山地区深水沉积的大佳河组中。黑龙江省地层清理组和中国科学院南京地质古生物研究所杨群分别建立了3个组合带（黑龙江省地矿局，1997）。

（1）*Pseudostylosphaera* - *Triassocampe deweneri* 组合带（简称 *P* - *T* 带）

该组合带由黑龙江省地层清理组建立于虎林县和平桥剖面（正层型），主要分子有：*Pseudostylosphaera longispinosa*，*P. helicata*，*P. japonica*，*Triassocampe deweneri*。*P* - *T* 组合带是目前完达山地区放射虫组合中层位最低的一个带。

其中 *Pseudostylosphaera* 的一些种和 *Triassocampe deweneri* 分别为中三叠世安尼期和拉丁期的常见分子。故 *P* - *T* 组合带的时代为中三叠世安尼—拉丁期。

（2）*Livarella* - *Camptum* 组合带（简称 *L* - *C* 带）

系杨群创建于饶河县大坝北山剖面。主要分子是：*Livarella longus*，*L. gifuensis*，*Camptum rhaeticum*，*Pseudoheliodiscus*，为三叠纪放射虫最高层位的一个带。

（3）*Bipedis* - *Palaeosaturnalis* 组合带（*B* - *P* 带）

主要分子是：*Palaeosaturnatis*，*Bipedis*，*Parahsuum*，*Jacus*，*Mesosaturnelisartus*，*Syringocapsa*，*Gorgansium*，*Pseudochelisdiscus*，*Praemesoturnalis* 等。为早侏罗世最低层位。

由于上述放射虫组合带建立的层型剖面与岩石地层剖面不是同一个正层型，因此与岩石地层剖面上出现的化石与划分的组合带出入较大，这在大佳河组和大岭桥组均有反映。这个问题还有待深入研究。

（四）牙形石

产于大佳河组和大岭桥组中，根据中国科学院南京地质古生物研究所王成源对饶河胜利农场一带所产牙形石的研究，可划分如下几个带：卡尼期为 *Hodosus* 带，*Polygnathifomis* 带；诺利期为 *Posthersteini* 带，*Bidentata* 带，*Spatulata* 带。

牙形石化石几乎在大岭桥组顶部都可以出现，如结合大岭桥组中的放射虫组合带，显然，都不能定为早侏罗世的产物。因此，这些生物问题还有待研究。

简单总结如下，可以认为本节前述的岩石地层单位，包括大兴沟群，大酱缸组，大佳河组，大岭桥组，永福桥组的时限基本上是晚三叠世。尽管化石不同门类，个别属种时代有所差异，但总的时限以晚三叠世为主。如果考虑到早侏罗世的凯北群，大秃山组，板石顶子组分别与下伏的完达山蛇绿岩群（大岭桥组），南双鸭山组和大酱缸组均为不整合接触。那么，这个界面非常重要。其限定了下伏地层的时限，也是印支运动的体现。因此，生物定时还必须考虑地层的接触关系。

二、侏罗纪生物群

（一）植物群

大兴安岭-燕山，张广才岭-南楼山，鸡西-延吉-饶河地层分区均有大量的古植物产出。主要是 *Coniopteris* - *Phoenicopsis* 植物群和 *Ruffordia* - *Onychiopsis* 植物群的早期组合。

1. *Coniopteris*－*Phoenicopsis* 植物群

早期组合的特点是有节类 *Neocalamites* 分布广泛，双扇蕨科的异叶蕨（*Thaumatopteris*）发育，常见属种有 *Neocalamites carrerei*，*N. hoerensis*，*Todites williamsoni*，*T. denticulata*，*Cladophlebis ingens*，*Ginkgoitis sibiricus*，*Baiera gracilis*，*Czekanowskia rigida*，*Phoenicopsis angustifolia*，*Anomozamitis* cf. *major*，*Cycadocarpidium* sp.。时代为早中侏罗世，常见于红旗组，板石顶子组，玉兴屯组，南楼山组中。限于张广才岭和大兴安岭地区。

晚期组合东，西部略有差异。西部大兴安岭地区万宝组，新民组中以 *Coniopteris burejensis*，*C. hymenophylloides*，*Cladophlebis asiatica*，*Czekanwskia rigida*，*Phoenicopsis angustifolia*，*Pityophyllum*，*Elatocladus* 为主，首次出现 *Raphaelia diamensis*；东部鸡西，延吉及饶河地区以 *Neocalamites*－*Todites* 组合为主。见于裴德组，七虎林河组；此外中部张广才岭地区太阳岭组，太安屯组所产化石介于东西之间。上述化石组合常见于中侏罗世。

2. *Ruffordia*－*Onychiopsis* 植物群早期组合

主要分子有 *Onychiopsis elongata*，*Elatocladus crurifolia* 为主，也保留了 *Coniopteris*－*Phoenicopsis* 晚期组合的分子。常见于滴道组，指示时代为晚侏罗世。

（二）动物群

1. 热河动物群早期组合

以 *Nestoria*－*Keratestheria*，*Ferganoconcha*，*Beipiaostens* 为代表，时代为晚侏罗世。这一组合主要产于大兴安岭地区的满克头鄂博组，玛尼吐组，白音高老组火山岩夹层中。

2. 海相动物组合

(i) *Otapiria* 顶峰带。产于凯北群的大架山组和白鹤山组中部，时代早侏罗世。

(ii) *Parapeumussilum oleneleense*－*Lima* cf. *porua*－*Nuclana*（*Juyiteria*）*aeuminata* 组合带（简称 *P-L-N* 组合带）。产于大架山组。该组合带时限为早侏罗世晚期至中侏罗世早期。

(iii) *Mesosaccella movisi*－*Entolium demissum* 组合带。时代为中侏罗世中期，与 *Arctocephalites*（菊石）时代吻合。本组合带见于勃利盆地七虎林河组，红星城组中。

(iv) *Arctocephalites* 菊石组合带。产于七虎林河组，大架山组。为北极动物区的代表。

（三）同位素测年资料

同位素测年资料数据比较多，但大致可以看出三个年龄段，即 182～195 Ma，162～173 Ma，142～157 Ma。反映时代与古生物年代大致吻合。

三、白垩纪生物群

白垩纪生物演化水平及垂直分布都十分明显，从老至新有四个动物群，一个植物群。动物群有早白垩世早期的热河动物群。早白垩世中晚期大拉子动物群，早白垩世中晚期至晚白垩世松花江动物群和包括爬行类动物群。这四个动物群各个门类不断发展进化，其中以鱼类最具有代表性，从狼鳍鱼—满洲鱼—松花江鱼，代表三个阶段的演化过程；植物群以 *Ruffordia*－*Onychiopsis* 植物群为代表。

生物群的水平分布与所划的地层分区基本吻合（图 5－4）。热河动物群发育于大兴安岭－燕山地层分区；松花江动物群发育于松辽地层分区；张广才岭-南楼山地层分区热河动物群仅残存少量的分子，与茹伏德蕨-拟金粉蕨植物群混生，构成生物过渡带的特征；鸡西-延吉地层分区以大拉子动物群发育为特征；绥滨-密山地层小区为与海陆交互相地层相映的淡水，咸水动物混生区；东部饶河地层小区为海相生物区。

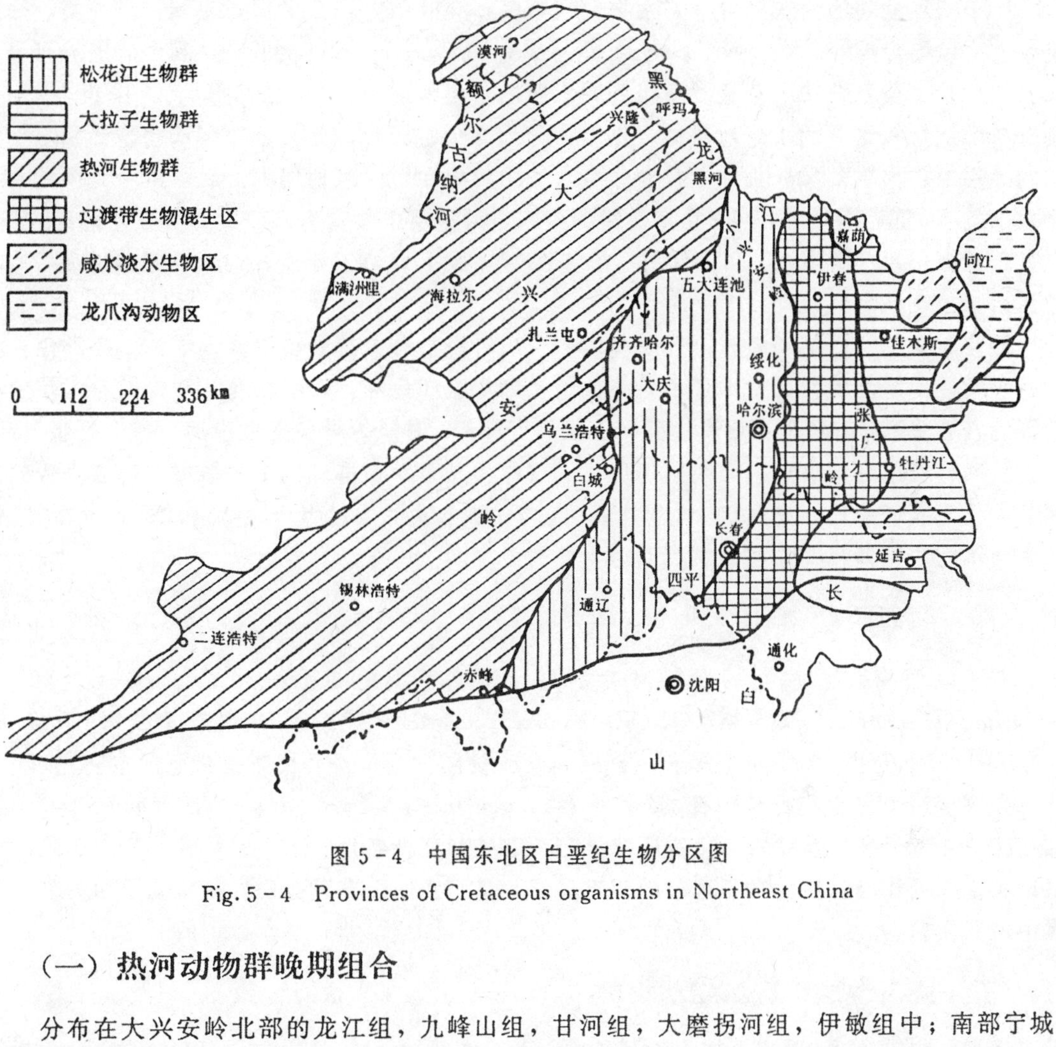

图 5-4　中国东北区白垩纪生物分区图

Fig. 5-4　Provinces of Cretaceous organisms in Northeast China

(一) 热河动物群晚期组合

分布在大兴安岭北部的龙江组，九峰山组，甘河组，大磨拐河组，伊敏组中；南部宁城，敖汉地区的义县组，九佛堂组，阜新组中也大量出现。早，晚组合的生物界线以白音高老组顶部尼斯脱叶肢介的消失，东方叶肢介的出现作为侏罗纪-白垩纪生物界线。从层位上以龙江组的底部作为晚期组合底界。在大兴安岭西坡虽未见化石，但甘河组中基性火山岩年龄值为137，111.8，114.6，113.4 Ma，龙江组为121～137 Ma，恰恰系白垩系底界时限。东部的张广才岭地区，仅在久大组和营城组中残存少量的 *Ferganoconcha* 及 *Lycoptera* 热河动物群的代表分子，尚未发现 *Ephemeripsis* 及 *Eosestheria*，显示该动物群由西向东逐渐衰退，这里正处在热河动物群即将消失的过渡带。

(二) 大拉子动物群

以 *Manchurichtys*, *Trigonioides*, *Nippononuia*, *Tulotomoides* 为代表。产于延吉群大拉子组和猴石沟组中。该动物群，明显比热河动物群进化，从层位上高于热河动物群，低于松花江动物群，与松花江下部组合混合。从层位上相当于松花江群的下部从登娄库组—青山口组。从时代上相当于早白垩世晚期，而松花江生物群从早白垩世晚期—晚白垩世。

（三）松花江动物群

产于松辽盆地的松花江群中，生物门类繁多，有叶肢介，介形虫，轮藻，双壳类，腹足类，鱼类和爬行类等。以 *Pseudohyria*，*Cypridea* 和 *Sangarichtys* 为代表。其中叶肢介可分为 10 个组合带，分别分布于从登娄库组到明水组的各组地层中；介形虫可分为 13 个组合带，分别分布于从泉头组到明水组地层中；轮藻可分为 3 个组合带，分别分布于从登娄库组至明水组的地层中；沟鞭藻类分别见于登娄库组，青山口组和嫩江组地层中，后两组中为微咸水—半咸水类型，证明海侵的影响；在泉头组到明水组的地层中发育有双壳类的类三角蚌组合；鱼类见于青山口组（满洲鱼）和嫩江组（松花江鱼）；爬行类亦见于青山口组（鹦鹉嘴龙等）和嫩江组（松花江副鳄）。

松花江动物群的早期组合（登娄库组—青山口组）有大拉子动物群分子，如满洲鱼；晚期组合则显示了新的特征，出现了新的分子，如松花江鱼等。证明松花江动物群与大拉子动物群的亲缘关系，前者是在后者的基础上发展起来的，时限为早白垩世中期—晚白垩世晚期。

该动物群至嘉荫地区，为晚期组合，一般称为嘉荫动物群。其中介形虫，叶肢介等的主要分子见于嘉荫盆地永安村组，太平林场组，与松嫩盆地的姚家组—嫩江组化石组合相似。但在鱼亮子组中则以鸭嘴龙类的爬行动物为特征。

（四）爬行类动物

产于晚白垩世二连组的爬行类动物是以鸭嘴龙科的 *Bactrosaurus johnsoni*，*Mandschurosaurus mongoliensis* 和鸟龙科 *Ornithomimus asiaticus* 为代表，其与被子植物 *Platanuscuneifolia* 和双壳类 *Pseudophyla* aff. *tuberculata* 为同一层位，时代属晚白垩世中期。

鱼亮子组也富含爬行类化石，以恐龙 *Hadroanrinae*，*Saurolophinae*，*Rhithomimus* 等，鳖属 *Trionyx* 为代表。鸭嘴龙科化石广泛分布于北美和亚洲各地，迄今所知它们仅产于晚白垩世地层。被视作晚白垩世陆相地层的标准分子，见于我国山东王氏群。故鱼亮子组为晚白垩世中晚期为宜。

（五）饶河地层小区海相动物群

仅见于曙光组，东安镇组。是龙爪沟群上部的生物组合带。主要有海相双壳类，腹足类，腕足类，介形虫，有孔虫以及植物化石。双壳类有 *Sinopsammobia ovalis* 等，腹足类有 *Rhynchocerithium* 等。尤以双壳类最为繁盛。

东安镇组含海相双壳类，菊石，腹足类化石等。双壳类主要有 *Buchia* cf. *inflata*，*B. volgensis*，*B. unschensis*，*B. lerebratutaide*，*Parvamusstum*，菊石有 *Lyloceratidae*，双壳类化石可分 4 个 *Buchia* 组合带，时代为晚侏罗世中伏尔加期至早白垩世凡兰吟期。

（六）茹伏德蕨-拟金粉蕨植物群

该植物群全区广泛分布，可分早，中，晚三个组合（郑少林，1982）。

早期组合，见于西部大兴安岭地区的龙江组，九峰山组，甘河组及南部义县组。以 *Cladophlebis browniana*，*Equisetum*，*Pityophyllum lindstroem*，*Czekanowskia rigida*，*Pseudoza-*

mites, *Coniopteris*, *Ginkgoites dihitata* 与热河动物群晚期的 *Ephemeripsis*, *Lycoptera* 共生。龙江组、九峰山组、甘河组三个组并含有 *Ruffordia*-*Onychiopsis* 植物群早期组合少量分子，且龙江组底界的同位素年龄为 137 Ma，甘河组顶界的年龄为 111.8 Ma，故其时代为早白垩世早期无疑。在东部见于张广才岭地区的火石岭组，沙河子组，营城组及德仁组，久大组，安民组，长安组和建兴组中。

中期组合，在西部大兴安岭地区存在两个不同类型，海拉尔盆地分布的大磨拐河组，伊敏组所含的植物化石酷似“阜新植物群”。小兴安岭仅见少量茹伏德蕨-伸长拟金粉蕨植物群常见分子。见于大磨拐河组，伊敏组（原巴彦花组）和阜新组的植物化石以蕨类为主，主要分子有 *Coniopteris burejensis*, *C. setata*, *Acanthopteris onychioides*, *Onychiopsis elongata*, *Ruffordia goepperti* 等，银杏类次之，有 *Ginkgo sibirica*，*G. digitata*，*Phoenicopsis*，*Sphenobaiera langipolia*，*Czekanowskia* 和少量松柏类 *Podozamites*, *Pityophyllum*, *Elatocladus*。时代为早白垩世晚期。该组合在东部出现于鸡西群的城子河组，穆棱组中（包括同物异名的西山坪组，长财组，奶子山组，乌林组）。其组合特征以真蕨类最为繁盛，其次是银杏，松柏类和苏铁类，最具有代表性的分子是 *Ruffordia goepperti* 和 *Nilssonia sinensis*。

晚期组合是指张志诚等 1986 年所划分的 *Achanthopteris* 型植物群。东部鸡西—延吉地区见于大拉子组下段，东山组，猴石沟组。常见分子有 *Asplenium dicksoni*, *Ruffordia goepperti*, *Coniopteris onychioides*, *Elatocladus manchurica* 等。属 *Neozamites* 植物组合，以松柏类常见，以 *Nilssonia* 为代表，未发现被子植物，混有 *Ruffordia*-*Onychiopsis* 植物群中期组合分子。这一组合还见于辽宁省的孙家湾组，陕北保安群，六盘山群，西藏多尼组，时代为早白垩世晚期。在中部的张广才岭地区主要见于位于煤系之上的金家屯组，淘淇河组中。淘淇河组植物组合与东部延吉群大拉子组，东山组，猴石沟组有一定的差异性，缺失大拉子组下部常见的 *Rufforidia goepperti*, *Asplenium dicksonianum*, *Elatocladus machurica*，而本组合的代表分子 *Neozamites* 亦没发现，其层位可能低于大拉子组。

（七）嘉荫植物群

以落叶乔木和灌木的被子植物为主，包括松柏，银杏，苏铁，真蕨等科目，其中 *Platanus*, *Trochodendroides* 两属最多，可达 60.7%，水生漂浮植物 *Quereuxia* 亦较繁盛，松柏类 *Taxodium*, *Metaseguoia* 也占重要位置，银杏类，苏铁类，真蕨类等很少。本植物群含有少量早白垩世分子，在国内仅见于永安村组，太平林场组和富饶组。

第六章

第 三 纪

第三纪本区进入以内陆湖沼盆地和沿断裂的火山喷发的发展—衰亡阶段。始新世—渐新世从西向东都有一批新生盆地形成。其一是NE向地堑型断陷盆地，以伊通-依兰断陷、敦化-密山断陷、桦甸-梅河断陷盆地最著名；其二是继承性叠加盆地，这些盆地往往叠加于晚白垩世地层之上，二连盆地、新巴尔虎右旗盆地、松嫩盆地、嘉荫盆地均为这类盆地；其三为新生坳陷盆地，以珲春盆地、土门子盆地为代表。由于东西部古气候的不同，两地的沉积物、矿产也表现出一定的差异。西部始新世—渐新世以脑木根组、阿山头组、伊尔丁曼哈组、沙拉木伦组、乌兰戈楚组、呼尔井组以湖相砖红色碎屑岩沉积为主，有石膏或钙质结核，反映了干燥炎热的气候环境；而中部的达连河组、宝泉岭组、舒兰群和东部的黄花组、虎林组、梅河组、珲春组均系一套湖沼相含煤沉积，其中桦甸组、黄花组、虎林组、宝泉岭组、达连河组还有油页岩沉积。反映出温暖湿润的气候环境。

中新世为第三纪盆地萎缩阶段，湖沼已转化为湖河相，西部以通古尔组和宝格达乌拉组为代表，中部以大安组为代表，东部以土门子组为代表，多为粗碎屑沉积为主，东部以含粘土岩、硅藻土为特征。

上新世以玄武岩溢出为主，自西向东分别称为五叉沟组、西山玄武岩、大罗密玄武岩、宁安玄武岩、船底山组，表明喜马拉雅构造运动进入火山活动高潮，形成异地同相玄武岩。

第一节　大兴安岭-燕山地层分区

一、二连盆地第三纪地层序列

二连盆地第三纪杂色层沉积继承于晚白垩世二连组之上，广泛分布于二连浩特—苏崩、道特音敖包脑木根、额尔登敖包、沙拉木伦河两岸、苏尼特右旗西北、四子王旗及达茂旗东北部等地。其岩石地层单位及主要特征如下。

1. 脑木根组

为一砖红色泥岩沉积，由棕红色泥炭类粉砂质泥岩，灰绿色、黄绿色泥岩及灰白色粉砂岩、薄层泥灰岩组成，出露厚度大于10 m。产多瘤齿兽和蒙古兽化石，根据现有的资料大致可划分为上下两个化石带。下部为多瘤齿兽化石带，产 *Prionenssus lucifer*（小锯齿兽），*Sphenopsalis nobilis*（伟楔剪齿兽），*Lambdopsalis bulla*（鼓泡斜剪齿兽），*Palaeostylops iturus*（小古柱齿兽），*P. macrodon*（大古柱齿兽），*Pseudictops lophiodon*（棱齿假古猬），*Prodinoceras* sp.（原恐角兽）。本带以伟楔齿兽为特征化石，与蒙古格沙特动物群、北美迪法尼阶动物群可比。上部为蒙古兽化石带，产 *Mongolotherium efremovi*（艾氏蒙古兽），*Prionessus lucifer*（小锯齿兽），*Mimotana borealis*（北方模鼠），? *Lambdotherium* sp.（祖雷兽），? *Heptodon* sp.（七模属）。本带以蒙古兽为特征分子，它是蒙古奈迈格特盆地的挪兰布拉克组的特征分子，大致相当北美的华沙溪阶。所以脑木根组的时限为古新世晚期—始新世早期，下限不清，上限与始新统阿山头组呈平行不整合接触。

2. 阿山头组

为棕红色泥岩类夹绿色泥岩、粉砂岩、砂质泥岩，底部含石膏，并见有小砾岩。产有哺乳动物化石，厚 4.2 m。下限与脑木根组，上限与伊尔丁曼哈组均呈平行不整合接触。

阿山头组含有以貘类占优势的哺乳动物群，动物组合有：*Ehodopagus*（红山貘），*Hyrachus crista*（冠犀貘），*Breuiodon? minits*（小短齿貘），*Schlosseria magister*（首施氏貘），*Hyrachyus nigrecans*（黑犀貘），*Cophialates*（脊齿貘），*Teleolophus*（全脊貘），*Gobiatherium mirificum*（奇异戈壁兽），*Asiamys mldius* 等。这一动物组合大部分与北美布瑞支早期相当，常见于北美等地中始新世层位中，是北美和亚洲中始新世晚期典型化石。时代属中始新世。

3. 伊尔丁曼哈组

为一套湖相泥岩—碎屑岩沉积。岩性为灰白色砂岩、粉砂岩夹少量灰绿色泥岩、砖红色泥岩，厚度大于 50 m，产哺乳类动物化石。下限与阿山头组呈平行不整合接触，上限与沙拉木伦组呈平行不整合接触。伊尔丁曼哈组化石，以奇蹄目占优势，其中脊齿貘科、进步的冠齿兽、特化巨型中兽类、原始巨犀以及各种雷兽类的繁盛为特征。*Lophialetes*（棱齿貘），*Teleolophus*（全脊貘），*Microtitan mongoliensis*（蒙古小雷兽），*Protitan*（原雷兽）最为常见，这些均为北美和亚洲始新世晚期的典型化石。

4. 沙拉木伦组

下部为灰绿色泥岩、砂质泥岩，含钙质结核及石膏晶屑，产脊椎动物、轮藻及介形虫化石；上部为灰绿色泥岩、红色泥岩及钙质结核，厚度大于 26 m。下限与伊尔丁曼哈组，上限与乌兰戈楚组均呈平行不整合接触。沙拉木伦组动物化石组合有：*Rhinotitan kaiseni*，*Pachytitan ajax*，*Titanodectes minor*，*Eomoropus*，*Amynodon mongoliensis*，*Sianodon*，*Deperetella cristata*，*Caenolophus*，*Snamolagus* 等。仍以奇蹄目占优势，主要由两栖犀类、蹄齿犀类、雷兽类和原始兔形类组成，显示出沙拉木伦组动物群比伊尔丁曼哈组更为进步，依化石组合属始新世晚期。

5. 乌兰戈楚组

自下而上为灰白色中粗粒长石砂岩、粉细砂岩、泥岩，含钙质结核增多，形成了从粗—细两个沉积旋回，厚度 60 m，时代为渐新世早期。与上覆呼尔井组，下伏沙拉木伦组均呈平行不整合接触。该组富含脊椎动物化石，以奇蹄目占绝对优势。其中以雷兽和两栖犀为特征分子，同晚始新世比较更有明显的进步性。乌兰戈楚组的哺乳动物群主要有谷氏大角雷兽、阿拉善两栖犀、阿尔丁两栖犀、粗壮强中兽。这些分子常见于亚洲及北美渐新世地层中，时代属渐新世早期。

6. 呼尔井组

为一套粗碎屑沉积。岩性由灰白色、桔黄色、锈黄色砂砾岩、粗砂岩组成，夹薄层泥岩，含脊椎动物化石，厚 12 m。下限与乌兰戈楚组呈平行不整合接触或超覆在伊尔丁曼哈组、沙拉木伦组之上，上限被第四系覆盖。呼尔井组所产化石以 *Indricotherium*（巨犀）和 *Entelodon*（裂齿兽)为特征分子，与其相伴有 *Schizotherium*(裂爪兽)，*Giantpig* sp.(巨猪)。它们都是渐新世中晚期发展起来的巨形动物，常见于欧洲及亚洲渐新世地层中，时代属渐新世中—晚期。

7. 通古尔组

为一套河湖相沉积。岩性：下部为灰白色与杂色泥岩互层，局部夹淡水泥质岩、砂岩，交错层理发育，泥岩中含钙质结核；上部为黄色、灰白色含砾粗砂岩、砂岩，含腹足类化石及脊椎动物化石。出露厚度大于 42 m。时代为晚中新世。

8. 宝格达乌拉组

为平行不整合或角度不整合于通古尔组之上，被第四系覆盖的砖红色砂质泥岩、砂岩、含砾粗砂岩、砂砾岩，局部含钙质结核及淡水泥灰岩。一般厚 20～50 m。含三趾马化石，时代为上新统。

二、大兴安岭北部晚第三纪地层

1. 呼查山组

本组源于海拉尔盆地，代表了分布于鄂伦春旗东南古里、欧肯河、大杨树、新巴尔虎左、右旗、克什克腾旗克鲁伦河、呼伦湖，贝尔湖等地的中新世地层。岩性由褐黄色、灰白色砂砾岩、灰白色砂岩、细砂岩、粉砂岩及含砾砂泥岩组成，普遍含钙质结核，含孢粉、腹足类及双壳类化石，厚度 150 m。下限不整合于早白垩世大磨拐河组之上，上限被第四系覆盖，时代属中新世。

2. 五叉沟组

本组分布于白狼、五叉沟、中蒙边界，根里河上游、西拉木伦河以北的地区。为一套基性熔岩。岩性为黑色块状玄武岩、气孔状玄武岩，底部为胶结疏松的砾石层，厚度大于 100 m，不整合于老地层之上。属陆相裂隙喷溢，地貌上形成高平台或帽状山，喷发达八次之多。时代置中新世晚期—上新世。

三、辽西地区晚第三纪地层——老梁底组

由一套黄色、灰黄色、浅灰色砂岩、页岩夹砾岩及泥岩、薄层粉砂岩组成，顶部是一层砂砾岩。页岩中赋存丰富的植物化石及孢粉，厚度 51 m。层型剖面位于赤峰市老梁底。老梁底组在区域上与汉诺坝玄武岩相伴。含植物化石，以 *Populus balsamoides*，*Alnus protomaxinowizi*，*Betula mioluminitfera*，*Ulmus paralaciniata*，*Carya miocathayensis*，*Prunus miobrahypada*，*Salix varians* 等为代表，为中新世山旺植物群组成分子，与山旺组组合基本可比，时代属中新世。

第二节　松辽地层分区

一、古新世基性火山岩——富峰山组

为紫红色气孔状橄榄玄武岩和灰黑色致密块状橄榄岩组成的锥状火山堆积，常切穿早白

垩世地层。出露于长春南的大屯、范家屯、双辽县双山，于松辽平原东部边缘形成串珠状孤山，分别称大屯火山群、双辽火山群。富峰山组玄武岩至少有三期喷发，熔岩厚100 m，熔岩多为拉斑玄武岩，不含超镁铁质包体。

取自大屯和双辽等地的玄武岩同位素测年（K－Ar法），年龄值分别为5.77、5.8、6.89、57.6 Ma和6.10、73.5、78.5、88.2 Ma。上述年龄数值表明，大屯火山群代表火山锥体富峰山活动的时限为晚白垩世末—古新世；双辽火山群所组成的大哈拉巴山—小哈拉巴山火山锥体形成的时限为古新世—始新世；而通辽大吐尔其山火山锥体形成为晚白垩世。因此，富峰山组的时代应为晚白垩世晚期—古新世。主要活动期为古新世。

二、始新世—上新世湖沼沉积

1. 乌云组

分布于嘉荫县乌云一带。下部为半胶结浅灰色砂岩和含砾砂岩；上部含褐煤层半胶结的砂岩夹粘土层。乌云煤矿为一套河湖相、湖沼相含煤建造，出露零星，仅在嘉荫县煤矿一带出露面积较大，含4层褐煤，最大厚度122 m，向西延至德都县幸福林一带，出露厚度仅2 m以上。乌云组产被子植物组合，以桦科、榆科双子叶植物较为丰富，代表分子*Platanus*，*Alnus*，*Betula*，*Cercidiphyllum*，*Trochodendron*，*Pterospermites*，*Menispermites*，*Celastrus*，*Fraxinus*，*Corylocarye*，*Anpelopsis*等。上述被子植物多视为晚白垩世－早第三纪常见分子，尤以第三纪最为丰富。乌云组的孢粉组合与抚顺群老虎台组、零子沟组孢粉组合比较接近，所产的植物化石为早第三纪常见分子。故此乌云组时代置于古新世—始新世早期。

2. 依安组

分布松嫩盆地西部的依安县、林甸县等地。由灰绿色泥岩、砂岩、黑色碳质页岩、褐煤组成，部分泥岩中含钙质结核，为一套湖相—湖沼相细碎屑含煤建造—时代为始新世—渐新世。

依安组地表未出露，均埋藏于地下。在依安县一带为深水湖相—湖沼相细碎屑沉积，有6～7个不完整的沉积旋回，厚260.95 m。向西南延至杜尔伯特蒙古族自治县一带，粒度由粗变细，形成多个不完整的小沉积旋回，为湖泊边缘碎屑沉积，厚84 m。向东南延至大庆市龙风一带，构成3个沉积旋回，为深水湖相细碎屑沉积，厚55.5m。沉积中心位于依安县、安达市，呈SN向展布，向四周厚度变薄。具可采煤1～2层。厚度达22 m。

3. 大安组

指晚白垩世明水组之上，泰康组之下的砂岩、泥岩层，由砂砾岩、含砾砂岩、砂岩、泥岩组成，下粗上细，韵律明显，与下伏地层呈角度不整合接触，与上覆地层呈平行不整合接触。大安组呈条带状分布于嫩江和洮儿河两岸，北起齐齐哈尔—泰来—大回镇一带，向南延入吉林省的大安县等地。地表未出露，以嫩江、松花江、洮儿河合流处大安县附近厚度最大，可达120 m，一般超过100 m。

4. 孙吴组

指分布于小兴安岭地区孙吴县、逊克县、呼玛县等地的一套弱胶结砂砾岩、砂岩夹灰绿色泥岩组成的地层。局部砂砾岩为铁质胶结或含铁结核，铁富集时构成孙吴式铁矿，为一河湖相粗碎屑沉积建造，时代为渐一上新世。孙吴组不整合于老地层之上，与上覆西山玄武岩呈平行不整合接触。嘉荫县乌拉嘎多出露最大厚度为635 m；呼玛金山屯一带63.4 m；黑河市大新屯一带最薄仅为9.2 m。

5. 泰康组

指广泛分布于松辽平原西部地下的一套陆相碎屑沉积，可分上下两部分：下部为白色疏松砂砾岩夹泥岩凸镜体，一般厚60～80 m；上部为灰黄色粉砂质泥岩夹灰白色泥质粉砂岩，一般厚10～30 m。与大安组和上覆第四纪地层均呈平行不整合接触。泰康组下部为河流冲积相，上部为湖泊相，在盆地西部边缘超覆于大安组之上，一般厚度50～80 m，总的变化趋势是东部厚，西部薄，厚度变化较大。泰康组产化石不多，以介形虫及植物化石碎片为主，介形虫 *Candoniella* aff. *suzini*（苏氏小玻璃介），*Cypris* aff. *privis*（独物真星介亲近种），*C.* cf. *stagnalis*（真星介相似种），*Ilyocypris* aff. *venustus*（风雅土星介亲近种），*Cypridea liaoheensis*（辽河女星介）。本组的时代定为上新世生物资料尚不充分。

6. 西山玄武岩

西山玄武岩分布于小兴安岭西部。主要岩性为灰黑色橄榄白榴岩、白榴玄武岩。该期玄武岩以低硅高钾为特征，出露厚30 m，向西北延至嫩江县百度为63.38 m，向西南延至嫩江县山河农场馒头山厚度为37.2 m。西山玄武岩获全岩K－Ar法同位素年龄值为2.90～7.22 Ma，故西山玄武岩时代置于中新世晚期—上新世。

第三节　张广才岭-南楼山地层分区

指舒兰—依兰—三江断陷的第三纪沉积，岩石地层单位及其特征如下。

一、依兰-三江断陷盆地的沉积

1. 达连河组

达连河组分布于依兰县达连河镇、方正县会发镇、尚志市丁山村。主要由半胶结杂色砂砾岩、砂岩、灰绿色泥岩、油页岩及褐煤组成，含丰富的植物化石，为一套河湖相—湖沼相细碎屑含煤沉积。达连河组的化石主要有：*Salix*（柳），*Alnus*，*Quercus*，*Acer*，*Tilia*，*Zizyphus*。这一植物组合与抚顺群的植物化石相近，其时代属早第三纪。

2. 宝泉岭组

宝泉岭组分布于三江地层小区的萝北县宝泉岭农场，富锦县大兴农场等地。主要为灰绿色、灰色或白色砂砾岩、砂岩、粉砂岩、泥岩夹多层褐煤及油页岩组成。为一套河湖—湖沼相细碎屑含煤沉积。宝泉岭组以产 *Protophyllum coritolsolium*，*P. renifolium* 为主的圆叶植物群显示晚白垩世—早第三纪的特色。

二、舒兰断陷盆地的沉积

1. 舒兰群

吉林省地层多重划分对比研究组将原舒兰组、棒棰沟组、缸窑组并组升为舒兰群，原舒兰组改名为吉舒组。代表舒兰-伊通断陷盆地第三纪沉积。

(1) 缸窑组

指一套碎屑岩夹泥岩沉积，个别地区夹碳质页岩或煤层。底部不整合面之上有砾岩分布。

其下与老地层不整合接触；上以粉砂质泥岩出现与棒棰沟组为界，两者为整合接触。系第三纪初期形成的湖滨三角洲沉积。层型剖面位于吉林省永吉县缸窑镇。在缸窑一带厚242.4 m。根据孢粉资料时代为古新世。

(2) 棒棰沟组

指吉舒组主要含煤段之下，以含粘土矿体为特征的灰色、灰绿色砂岩、粉砂岩夹薄煤层。其下与古新世缸窑组呈整合或超覆关系。本组为静水湖泊相沉积，孢粉资料说明形成于古新世末—始新世初。

(3) 吉舒组

下部夹多层工业煤层；上部岩层主要为灰白色或灰绿色砂岩、粉砂岩，褐色砂质泥岩、粉砂岩、泥岩。在上、下部岩层之间夹有不稳定的玄武质凝灰质砾岩层。下以砂岩、粘土岩消失、煤层出现与棒棰沟组分界；上以褐色泥岩消失面为顶界与水曲柳组分界。本组属沼泽与河流、湖泊交替环境形成的重要煤层。

2. 水曲柳组

水曲柳组是以砂砾岩、砂岩、粉砂岩、泥质粉砂岩夹泥岩，颜色呈灰绿、灰色，局部尚夹有1～2层劣煤或煤线，厚度170～1 300 m。不整合覆盖在吉舒组之上，被第四系不整合覆盖。时代属中新世。

3. 富锦组

指分布于依兰、尚志地层小区和三江地层小区的灰绿色、灰黄色、灰色砂砾岩、细砂岩、粉砂岩、泥岩沉积，含丰富的孢粉及动植物化石，为一套湖相碎屑沉积建造，厚20.97 m。时代为晚第三纪。

4. 大罗密玄武岩

指分布于尚志县赤山屯等地灰色、灰绿色凝灰角砾岩、气孔玄武岩、玄武质凝灰熔岩，时代为上新世。在尚志市高丽山一带厚为69 m；向东北延至方正县大罗密镇万宝山一带厚179 m；继续向北延至三江小区鹤岗市立春屯及桦川县万里河一带厚为12.5 m和8.12 m。大罗密玄武岩K－Ar法同位素年龄值为15.6、13.1、13.2、21.5Ma。故其时代定为中—上新世。

第四节　延吉-鸡西-饶河地层分区

一、敦化-密山断陷盆地的沉积

1. 黄花组

指分布于牡丹江市黄花粘土矿一带，为一套河湖相沉积—基性火山喷发岩石组合。岩性以绿灰色、灰黄色中粗粒砂岩、泥质粉砂岩、粉砂质粘土岩和油页岩，夹褐煤及多层拉斑玄武岩。时代为古新世。层型剖面在牡丹江市黄花粘土矿第十八勘探线钻孔剖面。自下而上由浅色调转为深色调，构成一个由粗—细的正沉积旋回和由细—粗的反沉积旋回，中部为粘土夹油页岩及褐煤组成。钻孔控制厚度为206.33 m。向东北延到林口县五星乡一带，自下而上由粗—细构成三个正旋回，出露最大厚度为276 m，并夹油页岩、褐煤、粘土岩。该组与黑龙江省地层表所划的八虎力组同物异名。黄花组黑褐色油页岩中产*Sequoia*，*Alnus*，*Betula*，*Nitophyllites*，*Dryophyllum*，*Carpinus*等多为早第三纪常见分子，所含孢粉以被子植物花粉占优势。K－Ar 法同位素年龄为 44～42 Ma，故其时代为古新世—渐新世。

2. 虎林组

该组广泛分布于兴凯湖—虎林平原及鸡东县平阳镇一带，均埋藏于地下。岩性为以灰白色、灰绿色含砾砂岩、砂岩、凝灰质砂岩及页岩、凝灰岩夹玄武岩、褐煤、油页岩组成的一套河湖相细碎屑含煤沉积夹基性火山岩喷发。时代为始新世—渐新世。在虎林盆地中以湖沼相为主夹河流相细碎屑沉积，并叠加多期基性玄武岩喷溢，厚度为 323.29 m。向西延至鸡东断陷盆地，下部以含砾粗—细砂岩为主，中部为砂泥岩夹多层褐煤，上部以粗砂岩为主夹泥岩及玄武岩，厚度为 465.25 m。下部不整合于鸡西群之上。根据所产的植物化石及孢粉化石时代为始新世—渐新世。

3. 下亮子组

指分布于宁安-密山小区一套半胶结的灰白色、灰绿色、灰色砂砾岩、砂岩、泥岩组成，局部地段夹多层深灰绿色、灰黑色玄武岩。含植物化石碎片及孢粉组合，为一套河湖相沉积—基性火山喷发，时代为渐新世—上新世，出露厚度 17.8 m。下不整合于中元古代黑龙江群变质岩之上，上被中新世—上新世宁安玄武岩覆盖。

4. 宁安玄武岩

指分布于宁安-密山小区的穆棱县大炮台、宁安县东村林场、鸡东县黑山头等地的灰色、灰紫色、褐色、黑褐色玄武岩、伊丁玄武岩、辉石玄武岩及少量玄武质火山角砾岩。为一套喷溢相基性火山喷发建造，整合或平行不整合于下亮子组之上，被第四纪残坡积层覆盖，出露厚度大于 20.5 m。宁安玄武岩全岩的 K－Ar 法同位素年龄值大体可划分为 3.36～4.09、8.65～10.6、15.0～16.49 Ma 三个年龄段，表明宁安玄武岩的喷发多期性，时代应为中新世中期—上新世早期。

二、梅河-桦甸断陷盆地的地层层序

1. 梅河组

分布于敦化-密山断裂带南端梅河盆地。岩性由砾岩、砂岩、粉砂岩、泥岩夹煤层组成。底界不整合于白垩纪地层之上，上被第四纪地层覆盖。自下而上为底砾岩段、下含煤段、泥岩段、上含煤段、绿色岩段，总厚 670～1 100 m。梅河组泥岩段产：*Metasequoia* sp.（水杉），*M. disticha*（二列水杉），*Sequoia* sp.（红杉），*S. chinensis*（中华红杉），*Ginkgo adlantoides*（铁线蕨型银杏），*Cercidiphyllum arctium*（北极莲香树），*Taxodim* cf. *dubium*（可疑落羽松）。其时代为始新世—渐新世。

2. 桦甸组

指桦甸盆地含油页岩及褐煤地层，以灰白色、灰色、灰绿色含砾粗砂岩、中细砂岩、粉砂岩、粉砂质泥岩夹油页岩及褐煤组成，为河流湖沼相沉积。与下伏地层呈不整合接触，上被土门子组不整合覆盖。沉积最大厚度为 1 935 m。桦甸动物群包括哺乳类、鸟类、爬行类、鱼类等脊椎动物化石：哺乳类 *Eochenus sinensis*，*Tupaiodon huadianensis*，*Ernosorex jilinensis*，*Asiomomys changbaicus*，*Zelomys orientalis*，*Ernoso rex*；鱼类 *Perciformes*，*Amiidae*，*Cotostomidae* 和 *Clupeiformes*；鸟类 *Threski orskiornithidae*，*Anatidae*，*Corvidae*；爬行类 Agamidae。桦甸动物群与北美尤因他动物群关系比较接近，而与欧洲同期不同，桦甸动物群的时代为中始新世—晚始新世。桦甸组时代属始新世。

三、珲春盆地、东宁盆地的地层层序

1. 珲春组

指由砾岩、砂岩、粉砂岩、泥岩、凝灰质砂岩及煤层组成的含煤岩系。分为上、下两个岩段。下段为河流沉积相、沼泽相，韵律结构及相的更替明显；上段为含煤段，以细碎屑沉积为主，夹较多较厚煤层，为重要的可采煤层。与下伏中生代地层及古生代地层呈不整合接触，其上被船底山组玄武岩或第四纪砂砾石层覆盖，最大厚度近千米。珲春组上含煤段发现植物化石 32 属 42 种，以被子植物为主，蕨类植物较少，并含有典型的热带—亚热带分子：*Metasequoia disticha*（二列水杉），*Sequoia chinensis*（中华红杉），*S. langsuorfii*（郎安格土多夫红杉），*Trochodendroides smilacifolia*（拔葜叶似昆兰树），*Alnus kefersteinii*（赤褐桤木），*Betula*（桦），*Glyptostrobus europaes*（欧洲水松）等种，广泛出现于早第三纪地层中，与抚顺植物群基本相似。根据所产的植物化石将珲春组的时代置于始新世—渐新世。

2. 土门子组

该组由下部砂砾岩，上部砂岩、砂质页岩和凝灰岩，夹硅藻土组成。下与五道沟群不整合接触，上被船底山组玄武岩不整合覆盖，厚 150 m。根据所产的翁格尔棒化石，时代为中新世至上新世早期。土门子组产硅藻植物群，以 *Melosira granulata-M. granulata* f. *curvata* 组合为代表，产于吉林省永吉县三官地土门子组硅藻土层中，可与山东山旺硅藻土层植物群对比，时代应属中新世。土门子组主要分布于土门子、汪清县罗子沟、敦化县秋梨沟、蛟河县杨家店、桦甸县联合村等地。

3. 船底山组

船底山组玄武岩是新生代以来规模巨大的一期基性喷出岩，广泛分布于吉林省东部长白山区，尤以张广才岭、老黑山、哈尔巴岭、珲春河上游等地最为发育，多为不整合或平行不整合覆盖于不同时代的地质体之上，已知最大厚度 495 m。船底山组玄武岩 K－Ar 法年龄值为57.6、35.6～37、23.6、14.5～20.4、4.43～11.3 Ma。上述年龄值表明，船底山组玄武岩从古新世开始活动一直延续至上新世。主要喷发期为中新世—上新世。

第五节　盆地分析

归纳全区第三纪盆地的成因，可分为三种类型：第一类为叠加继承盆地，第二类为断陷地堑盆地，第三类为拗陷新生盆地（图 6－1）。

第一类叠加继承盆地，以二连浩特盆地、松辽盆地最为典型，各地区盆地发育是在晚白垩世盆地衰亡的基础上经再次拗陷叠加原有盆地一侧或其中部，形成新生代早期新盆地。二连浩特盆地古新世阶段西起二连浩特，南至洪格尔，东至白日乌拉，沉积范围不大，以湖相沉积为主，形成一套含石膏的红色泥质岩沉积，沉积中心在脑木根，厚度仅有 10 m。而松辽盆地此期以上升为主，缺失沉积。松辽盆地东缘长春大屯—双辽一带有富峰山组玄武岩喷溢，形成大屯火山群、双辽火山群。始新—渐新世为盆地发展阶段，西部的二连浩特盆地向陡深方向发展，向东一直扩展至白日乌拉，由阿山头组、伊尔丁曼哈组、沙拉木伦组、乌兰戈楚组、呼尔井组，组成三个规模不等的向斜盆地，西端叠加于晚白垩世二连组之上。松辽盆地此期开始拗陷，在低深处形成依安组含煤碎屑沉积，叠加在晚白垩世明水组之上，沉积厚度

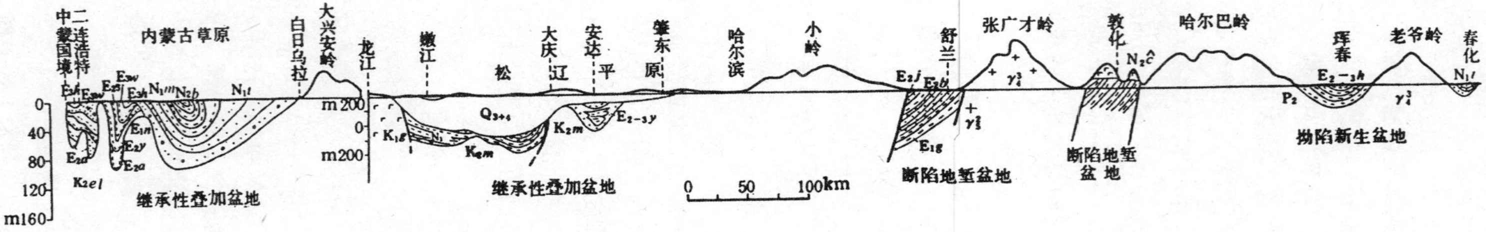

图 6-1　中国东北区第三纪二连浩特—珲春不同类型盆地横剖面图

Fig. 6-1　Cross section of Tertiary basins of various type from Erlianhot to Hunchun in Northeast China

N_2b. 宝格达乌拉组；N_1t. 通古尔组；E_3h. 呼尔井组；E_3w. 乌兰戈楚组；E_2s. 沙拉木伦组；E_2y. 伊尔丁曼哈组；E_2a. 阿山头组；E_1n. 脑木根组；$E_{2-3}d$. 大安组；$E_{2-3}y$ 依安组；K_2m. 明水组；K_1g. 甘河组；E_2j. 吉舒组；E_2b. 棒槌沟组；E_1g. 缸窑组；N_2c. 船底山组；N_1tm. 土门子组；$E_{2-3}h$. 珲春组；K_2el. 二连组

约200 m。晚第三纪盆地面积萎缩，由湖沼相向河流相退化，二连、松辽盆地均以粗碎屑沉积为主，晚期有玄武岩喷溢，从而结束叠加继承盆地的演化史，组成海拉尔-二连、松辽平原第三纪内陆盆地。

第二类断陷地堑盆地，发育于东部山区，以NE-SW向伊通-依兰、敦化-密山两条断裂控制盆地的形成与发展。断裂宽十至几十公里，长几百公里，呈地堑型盆地贯穿东部山区，第三纪地层沉积于地堑内。前者南起四平经伊通北至依兰；后者南起抚顺，经梅河口、桦甸、敦化北至密山县虎林。两地堑沉积物质几乎相同，早第三纪以含煤、油页岩碎屑沉积为主，前者南段称舒兰群（缸窑组、棒棰沟组、吉舒组）、北段称达连河组；后者南段称梅河组、桦甸组。北段称黄花组、虎林组。这套组合组成地堑的基底。晚第三纪分别以水曲柳组、下亮子组为代表的粗碎屑沉积，水曲柳组，在永吉岔路河一带夹硅藻土。晚期为宁安玄武岩的喷溢，往往组成地堑的盖层。

第三类拗陷新生盆地，以珲春盆地、土门子盆地为代表，早第三纪由珲春组煤系地层组成盆地的基底；晚第三纪早期土门子组含硅藻土的粗碎屑岩组成。晚期由船底山组玄武岩组成盖层。

第七章

地层发育与地壳演化

地层发育与地壳演化的关系是不言而喻的。地壳的演化如果引用地壳成熟度的概念，则经历了原始地壳(成熟地壳)—拉张型过渡壳—洋壳—挤压型(汇聚型)过渡壳—陆壳(地壳成熟)。地壳的演化包括多种因素，但地层发育却是最为重要的，它记录了地壳演化沉积作用阶段性和沉积环境的多样性。换句话说，就是反映了不同大地构造背景下，沉积作用（包括火山活动）发生、发展、演化的历史。这既包括无机界，也包括有机界。就本区而言，现在划分的三个自然断代各具特色，反映的地壳演化规律也有所区别：前寒武纪地层记录了原始大陆的分裂过程中，以克拉通为生长点垂向加厚和横向增生的过程；古生代的沉积发生在华北板块和西伯利亚板块及其之间的微板块的陆缘和新生褶皱带上。其沉积类型的多样，沉积环境多变，沉积体的巨大，均突出表现了大陆边缘沉积和陆壳的侧向增生速度，比大洋和稳定的大陆的沉积作用更具有主导地位，在很大程度上反映了地壳上的沉积作用主要发生在大陆边缘这一普遍规律。古生代的沉积史就是欧亚大陆从分裂到统一侧向增生及逐渐形成成熟地壳的历史；中生代亚洲东北部环太平洋是一个活动带，是太平洋板块发展并与欧亚大陆相互作用的历史时期，晚二叠世的成熟陆壳，在中生代进入后地壳发展阶段，首先表现的是拉张型过渡壳的特点，然后是挤压型。二者手风琴式的作用于欧亚大陆，欧亚大陆也必对这种作用作出反应，形成了一系列 NNE 或近 SN 向火山喷发带和大型裂陷盆地，它们有的继承了古生代裂陷，有的是新生的裂陷或陆内裂谷，展现出一个宏伟的盆岭体系。新生代是太平洋板块活跃时期，形成一系列 NE 向的拉分线状盆地和沿断裂基性熔岩的喷溢。

第一节　前寒武纪地壳的演化

在第三章已涉及了目前研究前寒武纪地壳演化的一些理论问题，以及本区演化的一些特点，基本上是在太古宙克拉通基础上来讨论演化问题，至于早前寒武纪以花岗质岩石为主的成熟地壳的形成是一个还在探索的问题，这里不去涉及。

目前的资料说明，本区前寒武纪地层是原始联合大陆分裂成华北和西伯利亚板块及其间大小不等的微板块的组成部分（可见图 7-1）。其实，华北和西伯利亚板块也只是面积大些和相对更稳定一些罢了。本区则为分裂过程地壳变动最为活跃的陆间区，其某些特征则与稳定区不同，前寒武纪是这样，后寒武纪更是如此。

晚太古代有无线状的绿岩盆地或裂谷沉积，目前国内对此尚没有统一认识，但从世界范围看，大洋在晚太古代及其以后是存在的。所以，地壳上的各种沉积作用主要是发生在大陆边缘，而古陆的垂向和侧向增生又是一个长期发展过程。

就本区而言，早元古代主要大陆边缘坳陷(裂陷)沉积，如兴东群、兴华渡口群和宝音图群都是一些富铝陆源碎屑、富镁碳酸盐和铁硅质建造，物源区主要来自克拉通。

中元古代是裂谷发育时期，在晚太古代-早元古代的大陆上，地幔上部的硅铝壳由于大陆水平扩张和地幔柱热流的上升，地幔物质超基性-基性岩浆进入裂谷底部以火山喷发和底辟侵入，甚至重熔地壳物质，形成裂谷下部的堆积，裂谷上部则接受陆源物质的沉积。因此裂谷的发育不是由上而下。岩石圈(板块)的拆离是在其下部失去重力稳定性的条件下才能进行，因此纯水平拆离是不存在。本区黑龙江群、新开岭群裂谷沉积就反映这一事实，同样的在阿尔丹地盾也存在的。但中元古代早期也只是古陆开始解体，其规模各地不一，在华北古陆的北缘，则表现为活动陆缘沉积，如温都尔庙，局部出现大洋盆地的蛇绿岩群。但整体到中元古代晚期还是陆表海沉积，但陆壳性质的火山活动还是十分活跃。

晚元古代早期在东部佳木斯地区主要表现岩浆型被动陆缘沉积，张广才岭群下部就是这一时期代表，火山岩具双峰式反映可能属裂陷槽沉积。大兴安岭地区基本是被动陆缘沉积，佳

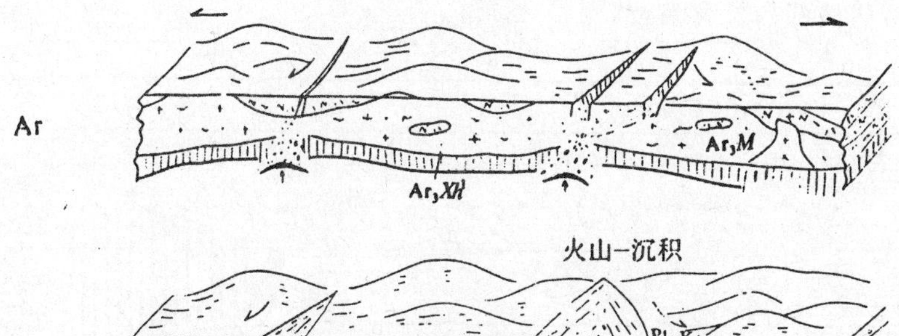

图 7-1 中国东北区前寒武纪地壳演化示意图

Fig. 7-1 Evolution of Pre-Cambrian crust in Northeast China

1. 地幔柱；2. 熔融带；3. 花岗质岩石；4. 表壳岩；5. 高压韧性变形带；6. 蛇绿岩

Ar_3M. 麻山群；Ar_3Xh^1. 兴华渡口群下部；Pt_1Xh^2. 兴华渡口群上部；Pt_1Xd. 兴东群；$Pt_{1-2}Hl$. 黑龙江群；Pt_2Df. 东风山群；Pt_2Xk. 新开岭群；Pt_3Lm. 落马湖群；Pt_3Wl. 倭勒根群；$Pt_{2-3}j$. 佳疙瘩组；Pt_3e. 额尔古纳河组；$Pt_3\dot{Z}$. 张广才岭群

疙瘩组、铁帽山组火山沉积比重很少，远不及东部发育。晚元古代晚期，东部佳木斯古陆裂陷范围扩大，以深海相的浊积岩沉积为主。西部大兴安岭地区东部则出现了裂谷或小洋盆沉积的大网子组和新林蛇绿岩（二者可称蛇绿岩群），额尔古纳地区则为稳定的台地碳酸盐岩。在呼玛—黑河一带则围绕古陆形成深海相的黑色粉砂岩、泥岩。

晚元古代末期（>587 Ma）则是一次造山运动，表现为额尔古纳与加格达奇古陆横冲，使大网子组和新林蛇绿岩形成一系列冲断推覆，并出现高压变质带；东部可能存在的松嫩地块（由新开岭群组成）与佳木斯地块碰撞，形成了以黑龙江群为主的韧性逆冲推覆构造，最终形成了统一的松花江地块（图 7-1）。前寒武纪地壳的演化是一个复杂的历史，随着资料的积累，认识也会逐渐深入。

第二节　古生代地层发育与演化

东北区古生代有四大块体：西伯利亚板块、华北板块、松花江地块和兴凯地块。这些块体制约着古生代地层的发育演化（图 7-2）。

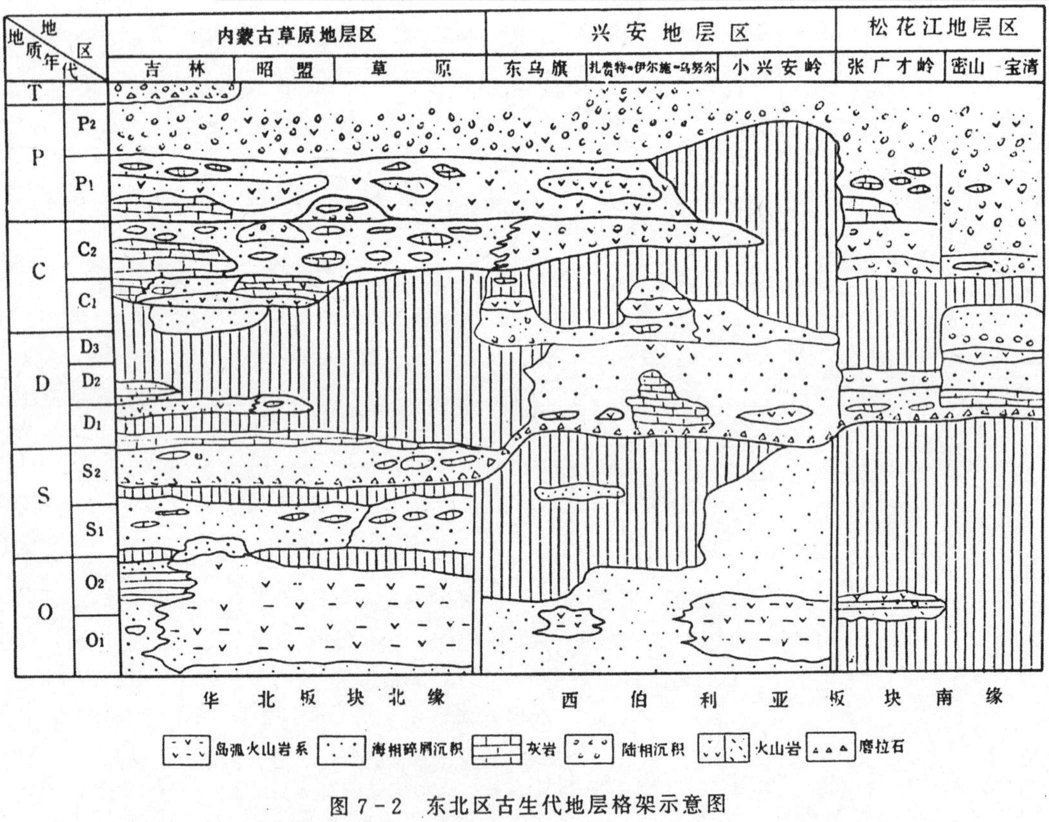

图 7-2　东北区古生代地层格架示意图

Fig. 7-2　Schematic Paleozoic Lithostratigraphic frame map in Northeast China

但总的来说，可分为两阶段，一是洋—陆发展阶段，二是在块体间碰撞形成新大陆以后，新陆壳的固化成熟阶段。我们在分区区域地层章节中已经讨论过松花江地块是佳木斯地块与松嫩地块或张广才岭微地块在 602～544 Ma 时期碰撞对接形成的。而兴凯地块的发育史并不清楚，只是在延边地层区有石炭—二叠纪的陆表海地层。因此，在这里，洋—陆阶段的历史，主要指西伯利亚板块和华北板块之间的亚洲洋及其两侧大陆边缘地层的发育历史。

一、洋—陆演化阶段——大陆边缘的侧向增生

中晚元古代亚洲洋打开是地质界所共有的认识，几乎没有异议，这也就是东北区古生代洋—陆阶段地层发育演化的开始时间。但这个阶段什么时候结束，也就是古亚洲洋什么时候封闭，西伯利亚板块和华北板块的碰撞发生在什么时候则是众说纷纭，意见十分不一致。其中最主要的是晚泥盆世—早石炭世和二叠纪两种意见。然而，东北区的区域地层发育特征却告诉我们，实际情况并非如此。

（一）西伯利亚板块与华北板块的碰撞事件

关于碰撞时间和碰撞带（缝合线）位置的不同意见，唐克东（1989）已有总结（图 7－3），不再重复。这里主要讨论东北区区域地层给我们的揭示和我们的认识。

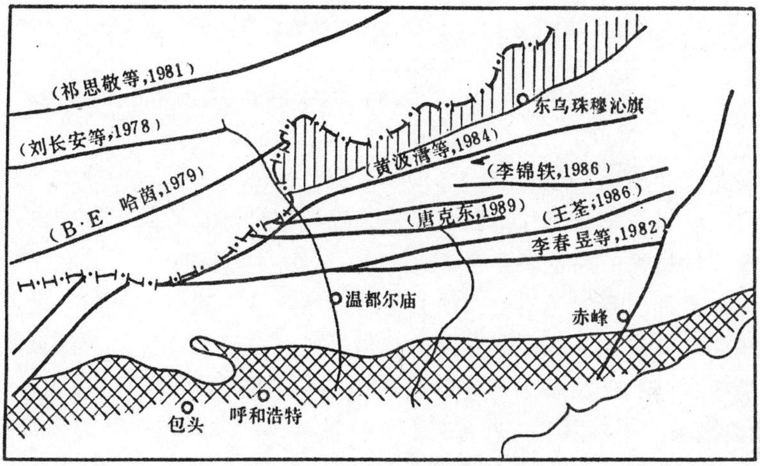

图 7－3　中朝和西伯利亚陆台之间缝合线位置的不同认识

Fig. 7－3　Map showing the suture between Sino-Korean and Siberian platforms by various authors

在进行西伯利亚板块和华北板块之间大陆边缘地层总结时，我们发现：①文献中记载的公认的而且有据的沟弧盆体系只有西伯利亚板块东南缘兴安岭地区和华北板块北缘内蒙古中部两处，时代都是奥陶纪。某些文献中所提到的泥盆纪、石炭纪、二叠纪等时代的所谓岛弧，多数没有提出依据，最多提一下是钙碱性火山岩，而没有其他地质条件的配合。凡是钙碱性火山岩就认作是岛弧火山岩，是一种误会。实际上钙碱性并不是岛弧火山岩的专属岩石化学特性，已为众多的事实和学者们所证实。②东北地区的早古生代地层之上广泛存在一个不整合（表 7－1、图 7－4），其上有晚志留世晚期的磨拉石，其覆盖的最新地层是中晚志留世地层，地层基本没有缺失。是晚加里东造山的最末期建造，或者覆盖有早泥盆世的地层。③西伯利亚板块南缘早古生代地层被截切。④西伯利亚板块南缘志留纪图瓦贝动物群分成互不相连的东西两部分（图 7－4，苏养正，1981）。⑤志留纪地层的总体海退层序（苏养正等，1987）。⑥晚志留世晚期北方型动物的南侵。这些现象使人不得不考虑在加里东晚期西伯利亚板块和华北板块碰撞的可能性。另外，文献中还有资料显露了这种可能性。①在内蒙古苏尼特左旗，晚泥

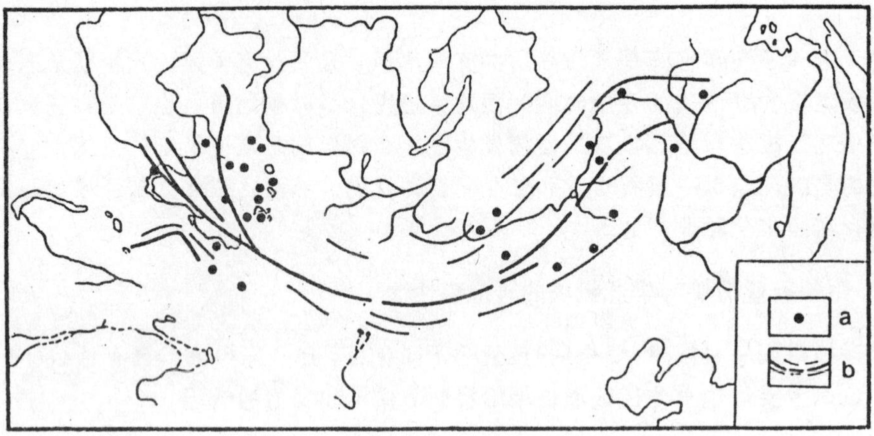

图 7-4 *Tuvaella* 的分布与蒙古弧的展布

（苏养正，1981）

Fig. 7-4 The relationship between the localities of *Tuvaella* and the Mongolia arc

a. *Tuvaella* 产地；b. 蒙古弧

盆世法门期海陆交互相地层不整合覆于北带“温都尔庙群”之上，即西别河组沉积混杂岩及奥陶纪加积楔之上。以往把它看作磨拉石，作为晚泥盆世—早石炭世碰撞的一个证据。但它是大民山裂陷槽南端边缘的超覆不整合(Su,1990)。②众所周知，华北陆台上晚奥陶世—早石炭世地层的缺失，这种现象表明有动力使其上升，暗示从晚奥陶世开始南北两侧向中央的挤压，使刚体的华北陆台整体上升。③近期的花岗岩研究，证明在苏尼特左旗一带及其南的火山弧和弧后盆地带普遍存在加里东期S型花岗岩，年龄大体是 410～455 Ma，其中 427～466 Ma 居多，即晚奥陶世—中志留世，以及在苏尼特左旗一带大面积出露的二长花岗岩，其磷灰石年龄 375 Ma。这些花岗岩的 R_1/R_2 图解表明都是同碰撞花岗岩(张允平,1992)。事实证明，在中奥陶世末火山弧的火山活动停止时，西伯利亚板块与华北板块即开始碰撞。这个碰撞有两次挤压高潮，一是晚奥陶世—志留纪，另一是中泥盆世—晚泥盆世。碰撞对接带应该位于二连南至锡林浩特北一线。这样，亚洲洋的闭合时期在晚奥陶世—志留纪。这个结论与卓年沙因等（1979）Zhang & Tang（1989）的认识相同，他们认为残余乌拉尔—蒙古洋(即亚洲洋)的闭合在奥陶纪—志留纪。东北区的洋—陆阶段结束于泥盆纪以前（见表 7-1）。

（二）被动陆缘阶段

这个阶段的沉积物都是邻接大陆的边界分布的，是从那里向洋的第一个带。沉积物时代为早寒武世。在华北板块北缘的代表地层是白云鄂博群，辽北的白石砬子组可能也是这个时期的产物。在白云鄂博群中发育有以石英砂岩为主要成分的碎屑岩，有滨浅海的砂泥和碳酸盐台地沉积(尖山组和哈拉霍格特组)，有滑塌堆积角砾岩、浊积岩和等深流复理石(比鲁特组)，亦有浅海半深海相的硅质岩—含磷板岩(尖山组)，并有中基性火山岩(呼吉尔图组)。在西伯利亚板块东南缘以苏中组的浅海古杯灰岩和页岩以及兴隆群的等深流复理石，局部含白云质的灰岩和少量中酸性火山岩。

表 7-1　中国东北区古生代区域地层发育演化

Table 7-1　Devlopment and evolution of Paleozoic regional stratigraphy in Northeast China

年龄 (Ma)	代	号	代表岩石地层单位 兴安地层区	代表岩石地层单位 内蒙古草原地层区	火山岩性质	古生物类型 兴安地层区	古生物类型 内蒙古草原区	建造类型	盆地类型	大地构造性质			
	T₁		老龙头组 林西组	卢家屯组	中酸性	北方型双壳类组合		次稳定	山前陆相				磨拉石
250	P	P_2		杨家沟组	中酸性	安格拉型植物群			陆相凹陷	陆壳固化成熟阶段			
		P_1	哲斯组 大石寨组	范家屯组 大河深组 寿山沟组		南北方冷暖水混合型腕足类,珊瑚,䗴及安格拉型植物群	华夏型植物		裂陷槽陆表海				
290	C	C_2	宝力高庙群	石嘴子组 磨盘山组 鹿圈屯组 余富屯组	双模式	安格拉型植物	南北混合型腕足类和珊瑚、华夏型和安格拉型植物				西伯利亚板块与华北板块碰撞时期	可能向北挤压	—碰撞结束— 华北陆台开始再次沉积
		C_1	莫尔根河组 红水泉组	通气沟组	钙碱性	北方型腕足类组合；北方型腕足类组合							海侵事件
355	D	D_2	大民山组 根里河组									向南挤压	抬升剥蚀事件
		D_1	泥鳅河组	王家街组 前坤头沟组；西别河组	碱性	北方型腕足类、三叶虫、珊瑚、古杯等。	南北混合型腕足类、珊瑚						
410	S	S_3	卧都河组	徐尼乌苏组	中酸性		珊瑚、腕足类	次稳定	山间浅海；补偿	洋—陆阶段		向南早期挤压	磨拉石；均衡抬升阶段
		S_2	八十里小河组										
		S_1	黄花沟组	桃山组			笔石						
438	O	O_3	爱辉组 裸河组	包尔汉图群；下二台群	钙碱性		笔石 华北陆台型腕足类、腹足类、头足类	非稳定	火山弧 弧后海沟				华北陆台开始缺失地层 —碰撞开始—
		O_2	多宝山组										
		O_1	铜山组										主动陆缘阶段
510	Є	$Є_3$		锦山组			华北台型腕足类		台缘				
		$Є_2$											
		$Є_1$	苏中组										被动陆缘阶段
570	Pt₃			白云鄂博群	中酸性 碱性		海绵骨针、微体、遗迹化石	次稳定	大洋，陆缘				— 松花江地块形成 —

（三）主动陆缘阶段

从早奥陶世或稍早，亚洲洋开始收缩，两侧大陆边缘进入主动陆缘阶段。在上述向洋的第一个带是主要时代为奥陶纪的第二个带——弧后沉积带。在近陆侧的台地上常有碳酸盐岩沉积，如华北板块北缘的阿牙登组和明安山组，以及一些碎屑岩，如晚寒武世锦山组。含有与陆台相同的底栖生物。在西伯利亚板块东南缘在东北地区没有见到大陆边缘台地的沉积，主要出露有盆地内的陆源碎屑沉积物，所含化石都为“槽型”的底栖和漂浮生物。在弧侧则常含火山岩和大量碳酸盐岩。在华北板块北缘有塔林宫群、下二台群和呼兰群。它们有一个共同的特点，就是在碰撞期都受到中温中压的变质，含有石榴石、蓝晶石和十字石等变质矿物。在西伯利亚板块东南缘，这些地层常与火山弧区的地层相混，不易区分，只是前者相对火山岩较少。

向洋第三个带是岛弧火山-沉积岩带，发育有火山复理石建造(图 7-5)及钙碱性火山岩，二者为断续出现，在它们之间的弧间沉积都归入弧后沉积系列中。

向洋第四个带，在东北地区只在华北板块北缘见到，是后期侵位的寒武—奥陶纪的洋壳

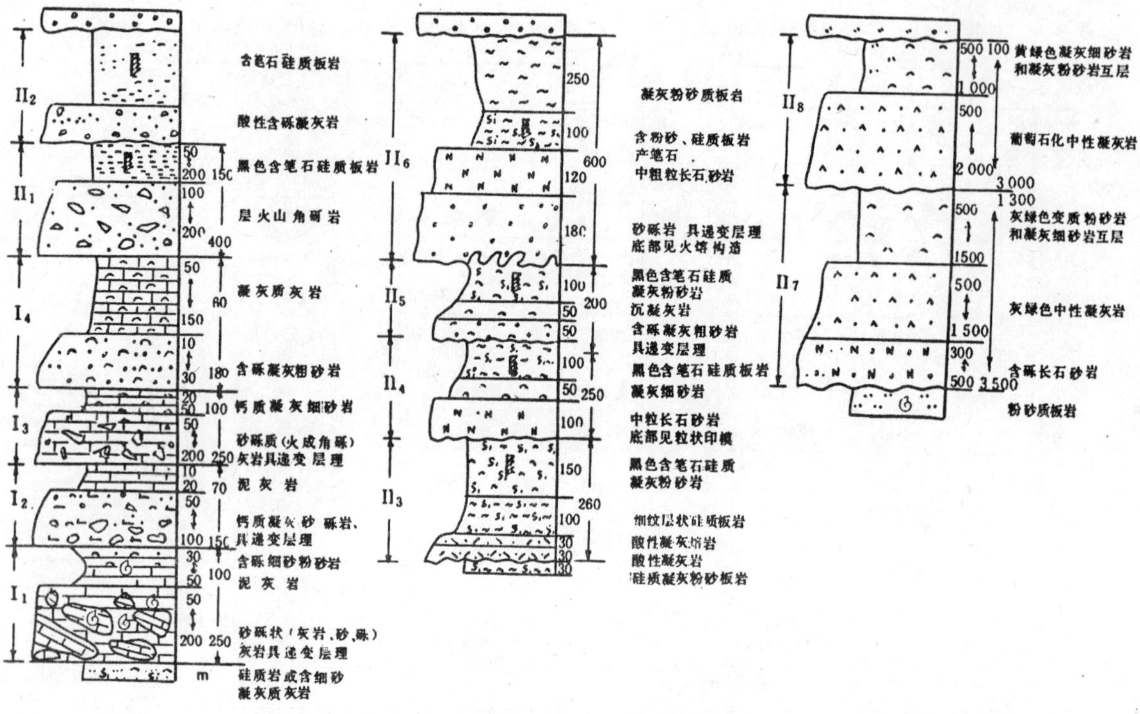

图 7-5　小兴安岭西北部多宝山组岛弧火山复理石建造

（崔革，1983）

Fig. 7-5　Volcanic flysch formation of the Duobaoshan island-arc in northwestern Xiao Hinggan Ling range

Ⅰ. 为石灰复理石；Ⅱ. 为火山复理石（图中数字为厚度，以 cm 为单位）

残片，以温都尔庙群蛇绿岩(唐克东等,1992)、五道石门蛇绿岩(何国琦等,1983)为代表。

向洋第五个带是加积楔混杂岩带，是岛弧外侧海沟的堆积物，由洋壳岩块混杂于海沟砂泥质沉积之中形成。只见于华北板块北缘。

主动陆缘四个地层分布带(除蛇绿岩带)，在华北板块北缘发育得比较全，保存比较完整(图 7-6)。

（四）碰撞早期的沉积特征

在岛弧火山活动停止，西伯利亚板块与华北板块在晚奥陶世—中晚志留世的碰撞阶段的早期，碰撞带两侧开始抬升，在西伯利亚板块东南缘和华北板块北缘在总体海退层序和中晚期残余岩浆活动的总特征下，表现有所不同。在华北板块北缘，由于抬升，造成火山岛与盆地之间的明显高差，在岛弧内侧边缘形成长期的复理石沉积，如徐尼乌苏组，或形成滞留海湾，有笔石页岩相沉积，如桃山组。并在原来弧后盆地之中，叠加了碎屑岩夹碳酸盐岩的沉积地层(晒乌苏组和石缝组)和晚期残余岩浆活动集中形成的以酸性火山岩为主的中酸性火山岩地层(八当山组和弯月组)。在西伯利亚板块边缘，碰撞使弧后盆地抬升，缺失这期地层，在弧区则形成类磨拉石建造，发育了地区性很强的图瓦贝动物群(图 7-7)，中晚期的残余岩浆活动分散，在八十里小河组和卧都河组下部形成火山岩夹层(苏养正等,1987)。最后为稳定类型的石英砂岩为主的沉积物最终填满了这个时期的沉积盆地。

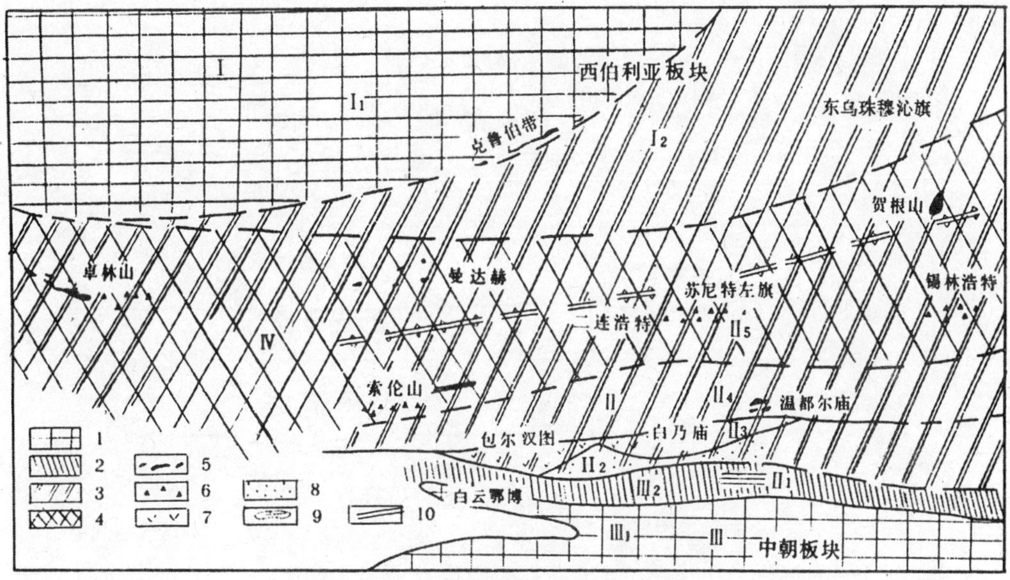

图 7-6　内蒙古中部地区板块构造图

（张允平，1992）

Fig. 7-6　Plate tectonic sketchy map of central Nei Mongolia

Ⅰ．西伯利亚板块：$Ⅰ_1$中蒙古古陆；$Ⅰ_2$伊尔斯-东乌旗早古生代陆缘带

Ⅱ．早古生带陆壳增生区：$Ⅱ_1$早古生代陆架沉积带；$Ⅱ_2$—塔林宫弧后盆地；$Ⅱ_3$包尔汉图-白乃庙火山弧；$Ⅱ_4$温都尔庙蛇绿混杂岩带；$Ⅱ_5$构造混杂岩

Ⅲ．中朝板块：$Ⅲ_1$集宁-乌拉古剥蚀区；$Ⅲ_3$　白云鄂博-商都陆缘沉积区

Ⅳ．华力西构造叠加区

1．古陆；2．陆缘沉积区；3．加里东构造区；4．华力西构造区；5．蛇绿混杂岩；6．构造混杂岩；7．钙碱性火山岩；8．弧后盆地沉积；9．陆架碳酸盐岩沉积；10．对接带

（五）晚志留世晚期到早泥盆世早期的磨拉石

这个阶段，是两大板块碰撞过程中第一次挤压造山的最后阶段。这个造山作用以抬升为主，有S型花岗岩的侵入。因此，在岛弧火山岩、侵位之蛇绿岩和侵入岩之上呈现为角度不整合，具有典型的底砾岩；而在沉积岩和混杂岩上则多为角度很小的不整合或平行不整合，在没有找到化石作为佐证时，常因岩性相似而不易辨认，如徐尼乌苏组与西别河组的不整合，苏尼特左旗西别河组沉积混杂岩与下伏海沟混杂岩之间的不整合。这期磨拉石主要存在于华北板块北缘（见图 7-7），在西伯利亚板块南缘没有发现，代之以缺失或个别地区有同时代的少量沉积（苏养正，1981）。此后是早泥盆世中期的的超覆，往往有巨厚的砾岩，如小兴安岭西北部嫩江县三矿沟地区泥鳅河组下部厚达百余米的砾岩不整合于奥陶—志留纪地层之上，在二连以北地区早泥盆世中期地层以砾岩平行不整合于中奥陶世地层之上。这期磨拉石是发育不完全的磨拉石，以红层和底部粗碎屑沉积为特征，在山前或山间盆地填满时亦出现稳定类型的石英砂岩（内蒙古中部的西别河组上段）或厚层灰岩（吉林中部原二道沟组和内蒙古中部的原阿鲁共组）。

二、地壳固化成熟阶段

碰撞以后形成的新陆壳，开始进入固化成熟阶段。这个阶段有两个作用，一是花岗岩基

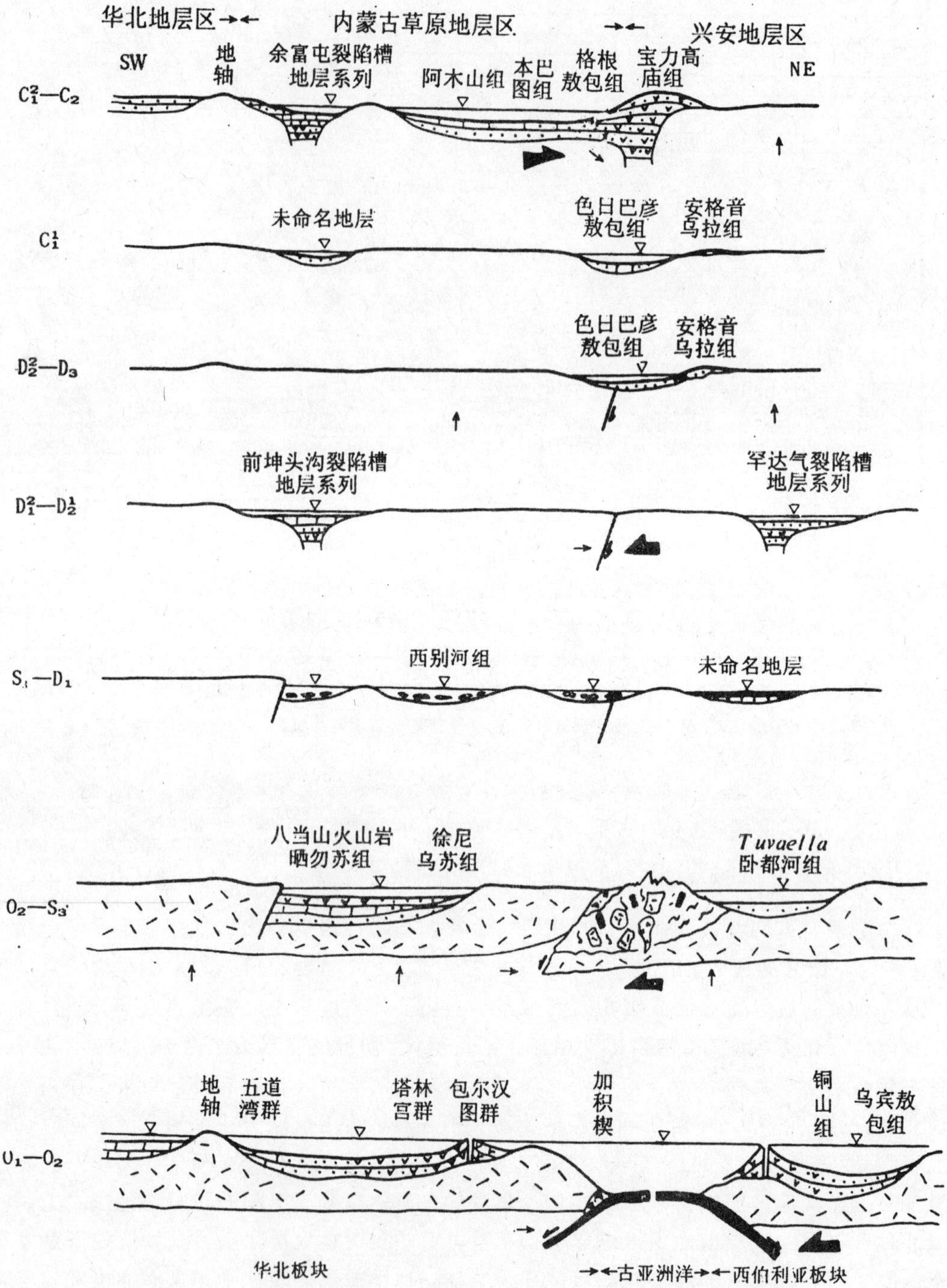

图 7-7 东北区前二叠纪地层演化与华北板块和西伯利亚板块对接挤压关系示意图

Fig. 7-7 Evolution of Pre-Permian strata in Northeast China and joining and compression betwean North China and Siberia plates

的侵入，一是引张体制下的裂陷槽盆地中的火山-沉积作用。在每个裂陷槽中有 4 000～5 000 m的火山岩-沉积岩系列的地层。在这里讨论后者的火山-沉积作用和其他事件的地层发育演化。

（一）松花江地块形成后的地层发育演化

松花江地块，如前所述是在602～544 Ma的时间内形成的，与蒙古洋封闭形成统一的古生代西伯利亚陆台的时间相同。从松花江地块上的古生代古生物地理看，与西伯利亚板块边缘的相同，从寒武纪开始即与西伯利亚的生物有着密切的联系。因此，松花江地块形成以后，很可能是西伯利亚板块的一部分。当然，这个问题需要进一步研究。

602～544 Ma的碰撞造山，在中央隆起的边缘形成凹陷。其西面形成一流水不畅的局限海盆地，沉积了早寒武世晚期的以白云质和含碳质沉积为主的滞留海湾类型的海相沉积，生物不发育，在最后盆地将填满时，才有一些西伯利亚的三叶虫得以生存。其东面由于古生代的长期隆起剥蚀，只在少数地方保留一些残余地层(图7-8)。

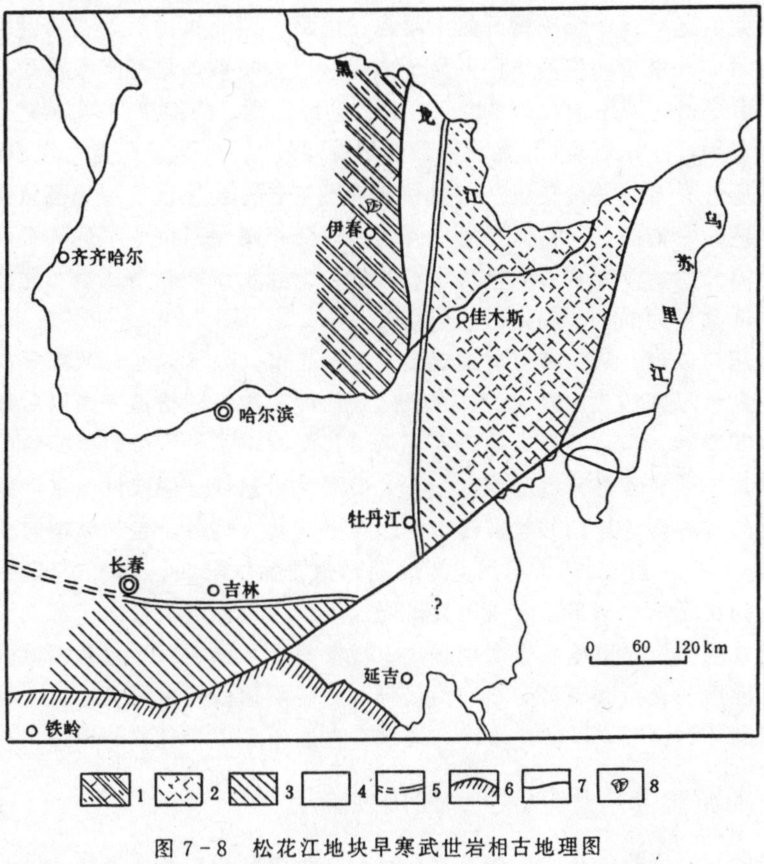

图7-8　松花江地块早寒武世岩相古地理图

Fig. 7-8　Early Cambrian lithofacies-geographic map in Songhuajiang massif

1. 地台型碎屑-镁质碳酸盐岩组合；2. 地台型钙质碳酸盐岩组合；3. 含铁片岩岩石组合；4. 陆地；5. 板块缝合线或推测缝合线；6. 华北板块边界；7. 地体（或地块）边界及海陆界线；8. 三叶虫化石

早寒武世以后，整个地块保留于海平面之上。到中奥陶世有一次短暂的裂陷活动，在地块西部形成近SN向延伸的火山岩带，由早期的酸性火山岩为主至晚期的中性为主的陆壳的钙碱性火山岩。其中的沉积岩特征为早期黑色碳质页岩，中期以混合砂岩为代表的复陆屑类型沉积岩和不纯的碳酸盐岩，晚期又出现近似稳定类型的石英砂岩，指示裂陷火山活动已趋向停止，地壳又开始稳定下来。在边缘有石英砂岩和石英砾岩不整合于早寒武世地层之上。在中奥陶世的裂陷填满以后，受西伯利亚板块与华北板块碰撞事件的影响，松花江地块亦重新升出海平面。以后开始了与东北地区统一的地壳固化成熟阶段的区域地层演化。

（二）早泥盆世开始的第一个裂陷槽活动时期

从早泥盆世中期开始，东北区开始了新大陆形成以后的第一次引张活动时期。这期引张活动，其方向继承了早古生代各地区的构造格局的方向。即在西伯利亚板块边缘褶皱带上出现基本垂直挤压带的张性裂陷，而在华北板块北缘则出现近 EW 向的张性裂陷。在碰撞挤压带以北，自西向东为兴安地区的罕达气裂陷槽、松花江地块东部，即佳木斯隆起以西伊春—尚志地区的黑龙宫裂陷槽和佳木斯隆起以东密山—宝清地区的老秃顶子裂陷槽。这些裂陷槽的开始时间自西向东向后推移，在罕达气裂陷槽为早泥盆世中期，黑龙宫裂陷槽为早泥盆世晚期，而最东面的老秃顶子裂陷槽开始于早泥盆世最晚期。火山活动在前两裂陷槽基本上同裂陷槽的开始时间，最后的裂陷槽则开始于中泥盆世中晚期，最盛于晚泥盆世的早期，而且是陆相的。其中罕达气裂陷槽规模最大，火山活动最剧烈，为细碧-角斑岩建造，裂陷槽延续时间为早泥盆世中期—早石炭世。黑龙宫裂陷槽时间最短，仅从早泥盆世晚期到中泥盆世，火山活动十分微弱，只有一些酸性凝灰熔岩和酸性凝灰岩。老秃顶子裂陷槽从早泥盆世最晚期到晚泥盆世末期。它们的共同特点是海相开始而以陆相地层结束。罕达气裂陷槽的陆相地层从中泥盆世晚期开始，黑龙宫裂陷槽为中泥盆世，老秃顶子裂陷槽从中泥盆世中晚期开始海陆交互相，晚泥盆世为陆相，晚期以红层结束。

在碰撞挤压带以南，从赤峰市敖汉旗到吉林伊通市，保留有近 EW 向零星分布的早泥盆世晚期—中泥盆世早期的火山岩-沉积岩地层，是前坤头沟裂陷槽遭剥蚀以后残留下来的零星地层，不能窥其全貌。但这些残缺的岩石纪录给我们提供了解这个裂陷槽的信息是：①其存在的位置正好是南北挤压最薄弱的地方；②火山活动为基性—中酸性喷溢，以后者为主；③上部厚层质纯的灰岩富含珊瑚并有点礁；④化石中有北方型分子包括珊瑚的北方型种和腕足动物 *Coelospirella*；⑤延续时间为早泥盆世晚期到中泥盆世早期。这些信息说明在碰撞挤压带以南总体受向南挤压的体制下，在挤压最薄弱地区出现反向的引张力，造成裂陷槽盆地，其中火山活动比较强烈，裂陷槽发育时期很短，规模不大与黑龙宫裂陷槽相似。晚期以近稳定性的具礁灰岩性质的台地碳酸盐岩建造为代表，是裂陷槽后期沉积盆地扩大时期的沉积。北方型动物分子的存在说明在某些地方南北海水有连通便于生物迁移的地方。

（三）中晚泥盆世抬升事件和大民山裂陷槽

东北地区中泥盆世晚期开始的抬升，表现在一些裂陷槽中出现中泥盆世的陆相地层和海陆交互相地层及前坤头沟裂陷槽的结束。至晚泥盆世，黑龙宫裂陷槽的结束和陆相地层的扩大，于晚泥盆世晚期达到顶峰，在老秃顶子裂陷槽出现红层。在挤压带以南地区抬升更甚，地层遭剥蚀，使西别河组和前坤头沟裂陷槽的地层大部分被剥蚀掉。相反，在西伯利亚板块的边缘，从中泥盆世晚期开始出现一 NE 向的大民山裂陷槽。火山岩以细碧-角斑岩建造为特点。沉积岩早期为石英砂岩和硅质岩互层，中期为硅质岩、铁硅质岩、长石砂岩和大理岩和晚期为浅海碎屑岩和灰岩。晚泥盆世晚期的火山岩和沉积岩也为红色并产有深水的珊瑚（郭胜哲，1990）和放射虫、菊石。这些特点反映这个裂陷槽的裂陷较深。

上述绝然矛盾的情况，即一升一陷的矛盾出现在同一地区中，是有其原因的。西伯利亚板块与华北板块从晚奥陶世以来的碰撞，其自北向南的挤压一直在进行，晚奥陶世—志留纪是一次高峰，在晚志留世晚期—早泥盆世早期，形成磨拉石。从早泥盆世中晚期开始第二次挤压，到中晚泥盆世到达第二个高峰。在锡林浩特带造成375 Ma的同造山期S型二长花岗岩侵入。这次高峰的特点是西伯利亚板块再一次强烈向南移动，受到华北板块的阻挡。西伯利亚板块向南发生A型俯冲，向华北板块下插，使西伯利亚南缘地层造成南端的截切，本来相连的图瓦贝动物群分为互不相连的东西两部分，也使东北地区出现中晚泥盆世的抬升事件及南部更甚的抬升和剥蚀。同时，在其后方出现与挤压带近于垂直的东西向引张体制下的大民山裂陷槽的发育。

（四）早石炭世早期的海侵事件

在本区许多地区零星出露有早石炭世早期的浅海相地层，有晚泥盆世晚期地层的地区呈整合关系，如密山宝清地区的北兴组与七里卡山组的整合。在其他地区则为不整合关系，如吉林地区的通气沟组与二道沟组呈平行不整合。除大民山裂陷槽本身发育的早石炭世早期地层以外，这次海侵还到达爱辉地区，以洪湖吐河组为代表和内蒙古的赤峰市敖汉旗地区（未命名地层）。它们的岩性因地而异，但共同特点都含北方型底栖腕足类化石 *Fusella*，*Syringothyris* 和 *Hemiplethorhynchus*，*Pseudosyrinx*，说明这次海侵来自北方。是西伯利亚板块向南挤压的结束以后的一次短暂“反弹”现象。因此，这次海侵事件时间十分短暂，时限仅及早石炭世早期杜内期。

（五）石炭纪海相地层与陆相地层的南北分野

早石炭世早期以后，东北地区出现石炭纪地层的海相和陆相的南北分野的景观，这个分野大致以西伯利亚板块和华北板块的碰撞带为界。南侧的海相地层受近EW向的碰撞带和近EW向的华北板块北缘所控制，亦呈EW向分布。北侧的陆相地层多为一些零星分布的火山盆地和坳陷盆地沉积。

中晚泥盆世抬升和早石炭世早期海侵事件以后，首先在泥盆纪前坤头沟裂陷槽之上叠加了从早石炭世晚期开始的余富屯裂陷槽。其火山活动由两个活动中心组成，一是西部的敖汉旗一带，一是东部的磐石一带。西部以钙碱系列的中酸性火山岩为特征，东部以细碧-角斑岩组合为特征，并在末期有酸性火山岩喷出。沉积岩除浅海的碎屑岩（家道沟组、鹿圈屯组、石嘴子组）以外，以巨厚的台地碳酸盐岩（白家店组、磨盘山组）为特征。西部裂陷槽的边缘发育较多的陆相地层（酒局子组）。碎屑岩早期为以长石石英砂岩为代表的复陆屑建造类型，晚期出现石英砂岩（石嘴子组）。晚石炭世在碰撞带的北侧开始了宝力格庙裂陷槽的发育，其火山活动以陆相的碱性、钙碱性、中酸性火山岩（宝力高庙组）为主，向南过渡为海相（查干诺尔火山岩）。沉积岩中的碎屑岩（本巴图组）在早期以长石石英砂岩为代表的复陆屑建造类型，晚期特别是向南超覆的部分主要为石英砂岩，代表了从活动向稳定过渡的趋势。厚层的台地型灰岩（阿木山组）是中后期的特征。

北部的陆相石炭纪在西部以零星的中酸性火山盆地堆积为特征。松花江地块的西部开始了一个新的裂陷槽，一直发展到早二叠世。石炭纪为陆相以酸性为主的火山岩（唐家屯组、青龙屯组）。松花江地块的东侧为湖沼沉积，含劣质煤层。在那里陆相地层一直延续到二叠纪。

（六）东部的海相石炭纪

东北区除石炭纪的海陆相南北分野的总体格局外，敦-密断裂以东的延边地区的石炭纪景象则完全不同。从现在保存于后期地层中的灰岩块，和保存于花岗岩分布区中的一些原地系统的地层（天宝山组）来分析，当时这个地区处于一种浅滨海的环境，保存下来的主要是浅海沉积由细碎屑岩夹灰岩和台地型碳酸盐沉积，没有火山活动，是一种较稳定的构造环境。

（七）二叠纪的大统一

二叠纪以后，东北区已成为一个陆壳成熟度基本一致的地区。二叠纪地层的分布已彻底打破了西伯利亚板块和华北板块的界线。早二叠世，全区新出现了三个裂陷槽，加上松花江地块上开始于晚石炭世的杨木岗裂陷槽，一共有四个裂陷槽（图 7-9）。三个新裂陷槽自西向东是大石寨裂陷槽、大河深裂陷槽和庙岭裂陷槽。

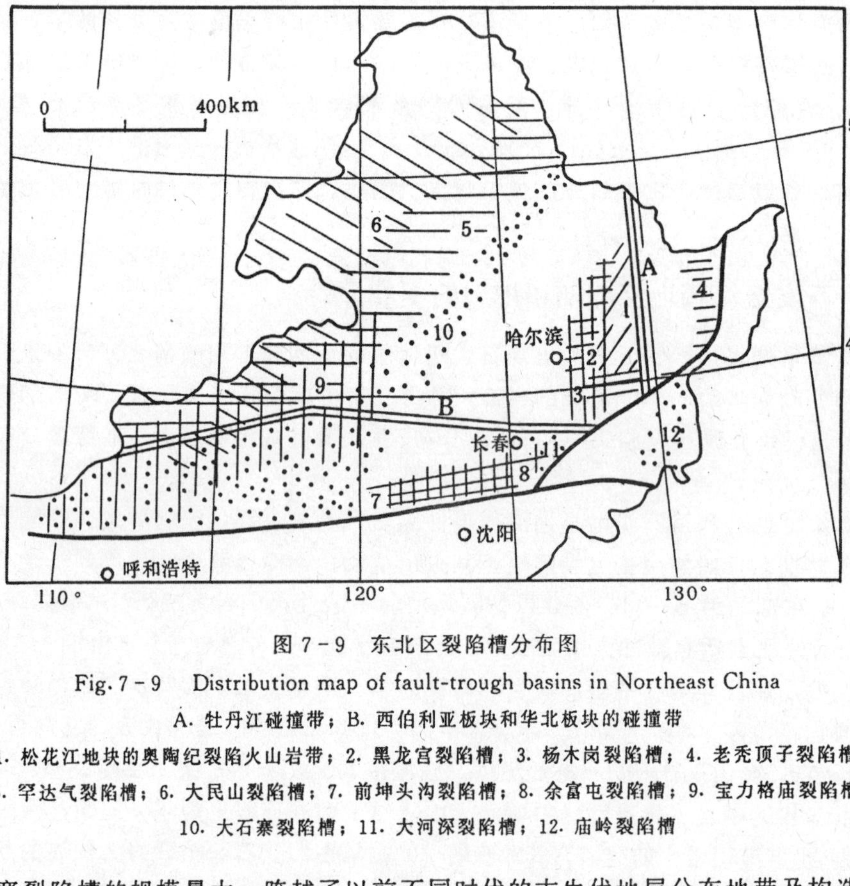

图 7-9　东北区裂陷槽分布图

Fig. 7-9　Distribution map of fault-trough basins in Northeast China

A. 牡丹江碰撞带；B. 西伯利亚板块和华北板块的碰撞带

1. 松花江地块的奥陶纪裂陷火山岩带；2. 黑龙宫裂陷槽；3. 杨木岗裂陷槽；4. 老秃顶子裂陷槽；5. 罕达气裂陷槽；6. 大民山裂陷槽；7. 前坤头沟裂陷槽；8. 余富屯裂陷槽；9. 宝力格庙裂陷槽；10. 大石寨裂陷槽；11. 大河深裂陷槽；12. 庙岭裂陷槽

大石寨裂陷槽的规模最大，跨越了以前不同时代的古生代地层分布地带及构造带。其火山岩近似于双模式，各地因裂陷深度或基底的不同，火山岩的岩性也有所差别。在裂陷槽中部西乌旗—林西地区为细碧-角斑岩系列，发育有枕状熔岩和石英角斑岩，北部科右前旗—爱辉一带为中酸性火山岩，南部巴林左旗—克什克腾旗—敖汉旗一带以中性火山岩为主，西部四子王旗北部的西里庙—巴彦敖包一带为酸性火山岩系列。沉积岩从一开始就在各地出现，岩性和岩相随地区不同的环境条件而有差别。南部为杂砂岩和灰岩不整合于片麻岩之上（三面井组）以及石英砂岩和砂砾岩（额里图组下部），西部之砂砾岩、杂砂岩、长石砂岩（包特格组和哲斯组）。向上在大石寨组有较多的灰岩凸镜体。在大石寨组以上的地层呈现复杂的岩性、岩相组合，大体上是南部的海陆交互相（于家北沟组），西部常有类复理石或复理石砂岩—页岩互层（狭义哲斯组），在科右前旗为泥砂质潮坪沉积（原吴家屯组），在扎赉特旗—布特哈旗为台地碳酸盐沉积（原四甲山组和柳条沟组）。其他地区为砂岩、粉砂岩等中细碎屑岩夹灰岩凸镜体。

大河深裂陷槽是规模最小的一个，由下部的沉积岩、中部的碱性—中酸性火山岩及上部碎屑岩夹灰岩组成。

庙岭裂陷槽的规模中等，北至黑龙江省鸡东，南到吉林省的延吉。火山岩为中酸性系列，各地中性及酸性的比例有差别。沉积岩早期分别发育于北部边缘和南部边缘，分别由千枚岩夹灰岩（平阳镇组）和石英砂岩组成。中期与火山岩同时之庙岭组为长石砂岩、杂砂岩夹灰岩凸镜体。晚期为二叠世的陆相地层，由西部的柯岛群杂色砾岩、粉砂岩的湖沼边缘沉积和东部解放村组的湖沼沉积组成。

杨木岗裂陷槽的早二叠世地层，包括火山岩台地上的碳酸盐沉积（原玉泉组）和碎屑岩夹灰岩（土门岭组）组成。

晚二叠世全区进一步统一成三大坳陷（沉降）带（见图4-18），一般为陆相碎屑沉积，个别地方有一些早二叠世海水撤退后残留海水与淡水混合而成的半咸水沉积，如科右前旗索伦地区有少量咸水双壳类。这些凹陷都重叠于早二叠世的裂陷槽之上又有扩大，实际上成为裂陷槽的最后沉积。

（八）关于早三叠世地层问题

现在文献中已提及的早三叠世地层为吉林省的卢家屯组，下部由紫色砾岩和砂岩、粉砂岩、页岩组成，有石膏夹层，是大河深裂陷槽抬升以后分布其北侧的磨拉石建造类型沉积。此外在索伦以北的呼伦贝尔盟与哲里木盟交界一带，近年发现含叶肢介的早三叠世地层（曾称哈达陶勒盖组）为中酸性火山-沉积岩系，现归老龙头组上部火山-沉积岩系，可能是大石寨裂陷槽火山活动最后的产物。

三、古生物地理性质的演化

东北区的古生代地层各种化石较丰富，为讨论古生物地理性质，提供了丰富的实际资料。近十几年来，不断有学者讨论东北地区各时代各门类化石的古生物地理区系的问题。作为讨论东北地区的区域地层的任务，古生物地理区系问题似乎过于专门化。但对古生物地理性质的演化进行讨论则是十分必要的，这种讨论对古生代海水的联系，认识古大地构造的演化都将起到一定的作用。

我们对古生物地理性质采用北方型和南方型的概念。所谓北方型指与西伯利亚、北欧、北美等现在处于北方的地域有联系的，或本区特有的生物群的古生物地理性质，包括常用的冷水型和安格拉型等。南方型指与中国华北陆台及其以南地区、西欧等地有联系的生物群的古生物地理性质，包括常用的暖水型和华夏型等。

寒武纪—奥陶纪的古生物地理性质国内多以生物相和生态类型为依据（卢衍豪等，1974；穆恩之，1983）。东北区寒武纪的化石只见于三个地点，一在兴安区东乌-呼玛地层分区伊尔施苏呼河的早寒武世苏中组的古杯类，有 *Robustocyathus*，*Ethmophyllum*，*Archaeocyathus*，*Protopharetra* 和 *Syringocyathus* 五属；二是松花江地层区伊春市五星镇的早寒武世五星镇组三叶虫 *Proerbia*，*Inouyina*，*Neocobbodia* 和 *Kootenia* 及无铰纲腕足类、单板类等；三是内蒙古草原地层区南缘喀拉沁旗的晚寒武世锦山组腕足类 *Billingseila* 等。古杯类属扬子型，可与三峡的天河板组对比，但它们与西伯利亚地台及边缘阿尔泰-萨彦岭一带勒拿阶的古杯可以对比（郭胜哲，1981）。三叶虫属中间动物群，但它们中的前三属是西伯利亚地台和边缘西萨彦岭勒拿阶的常见分子（郭胜哲，1990），因此，可以认为它们属北方型。腕足类是华北陆台上晚寒武世崮山—长山期的分子（苏养正，1980），按这里使用的概念属南方型。

奥陶纪的生物在内蒙古草原地层区见于商都县五道湾群阿牙登组的腕足类 *Eoorthis*，*Paurorthis*，腹足类 *Heliotoma*，头足类 *Allopilocercas* 等，相似于华北陆台早中奥陶纪的分子，属南方型。在兴安区生物十分丰富，有腕足类、三叶虫、笔石、牙形刺类、头足类等（南润善等，1992）。它们与穆恩之（1983）划分的华南型云海亚型岛弧生态类型及华中型陆架类型比较相似，有一些共同分子。如腕足类 *Finkelnbergia*，*Deparlelasma*，*Orthambonites*，*Glyptorthis*，*Howellites*，*Leptellina*，*Porambonites* 等，三叶虫 *Ceratopyge*，*Dikelokephelina*，*Asaphopsis* 等，牙形石 *Polygnatus serrus* 等，头足类 *Dideroceras*，*Michelinoceras* 等，珊瑚 *Sinkiangolasma*。但是，其中亦有不少北欧、北美的分子，特别是腕足类 *Nothorthis*，*Productorthis*，*Ingria*，*Fistulognites*，*Virgoria*，*Orthidium*，*Jaanussonites*，*Helmersenia*，*Hesperonomia*，*Viruella*，*Taphrorthis* 等，三叶虫 *Parasphaeroxochus*，*Psendosphaerexochus*，*Ottenbyaspis*，*Ischyrophyma*，*Asaphus*，*Eorokergia* 等。这个动物群的古生物地理性质尚无学者专门讨论，但在本区与华北板块北缘数量很少的动物群的性质不同，暂归北方型。

志留纪动物群，只见于兴安地层区和内蒙古草原地层区。兴安区为 *Tuvaella* 腕足动物群，属北方型（苏养正，1981）。内蒙古草原区以珊瑚为主，数量很少，如 *Thamnopora*，*Cladopora*，*Syringopora*，*Hylisites*，*Circophyllum*，*Tryplasma* 等。它们基本上是泛球性动物，古生物地理性质不明。

晚志留世—早泥盆世的动物群有珊瑚、三叶虫、层孔虫、头足类、牙形石等。主要产于内蒙古草原地层区的西别河组。腕足类表现出明显的南方型，如 *Retziella* 动物群。它的组成（李文国等，1983）与云南曲靖地区的 *Retziella* 动物群（方润森等，1986）基本一致，但其中有典型北方型的 *Coelospirella* 。另外珊瑚亦显出明显的北方型特征，如 *Koslowskiphyllnm*，*Parathamnopora*，*Romingerella* 等，但也有南方型分子 *Lylielasma*。三叶虫有北方型的 *Encrinurus*。因此这个时期内蒙古草原区的动物群是北方型和南方型混合或过渡的古生物地理性质。

泥盆纪化石以腕足类和珊瑚为主。见于兴安区和松花江区，内蒙古草原区也有一些早泥盆世—中泥盆世早期的化石。兴安区和松花江区的古生物地理性质是明确的北方型（Hou & Boucot，1990；池永一，1983）。内蒙古草原区的前坤头沟组的腕足类 *Probejochonetes* 产于西欧，属南方型，而 *Coelospirella* 则属北方型。珊瑚属北方型（郭胜哲，1982；池永一，1983）。王家街组有南方型的珊瑚 *Dendrophyllum* 和层孔虫 *Amphipora*（郭胜哲等，1992）和北方型的床板珊瑚（池永一，1983）。因此，内蒙古草原区的泥盆纪动物群有南北方过渡型的古地理性质。

早石炭世早期全区如前述都由北方来的海侵带来的北方型腕足动物群。早石炭世晚期在兴安区红水泉组中有 *Rotaiia*，*Tomiopsis* 等西伯利亚地台的分子，未见南方型分子，属北方型。在内蒙古草原区有南方型珊瑚 *Gangamophyllum* 共生，属南北方过渡型。安格拉型植物已达到吉林省的吉昌地区（张善桢等，1987）。晚石炭世动物在内蒙古草原区以南方型分子为主，但个别北方型腕足类 *Jakutoproductus* 见于阿木山组中（王成文，1994 ）。因此也是南北方过渡型。植物分北方型即安格拉型的大兴安岭植物群于西拉木伦河以北和南方型即华夏型翁牛特植物群于西拉木伦河以南（黄本宏，1993）。

早二叠世东北区是著名的具有南北方过渡型或冷暖水混合型的古生物地理性质的区域，这方面有众多的论述。但在南部南方型分子较多，而北部北方型分子较多，而不是以西拉木伦河为界，北面为冷水动物群，南面是暖水动物群，这是一种误解。在南部有 *Spireferella*，*Monodiexodina* 等冷水型分子，在北部有 *Pseudodoliolina*，*Waagenophyllum*，*Leptodus* 等暖水型分子。植物在南部有开山屯组、于家北沟组等中的华夏植物群，北部为安格拉植物群（郭胜哲等，1992；黄本宏，1993），看来海水使植物群的混生一直滞后到晚二叠世。这时，安格拉型植物遍布东北地区，其中有少量华夏植物混生，但缺少典型的华夏分子，如 *Gigantonoclea*。

由上述可知，在碰接带以北一直是北方型古生物地理性质，到了早二叠世开始才有南方型分子的混入。在碰撞带以南地区，从晚志留世晚期开始，一直是南北方过渡型古生物地理性质。植物的安格拉型和华夏型的界线在晚二叠世以前一直很分明。但安格拉型植物早在早石炭世晚期和早二叠世早期就已经扩展到了碰撞带以南的吉林地区。

四、小　结

东北区古生代区域地层的发育演化与晚元古代—早寒武世早期松花江地块的形成、亚洲洋的打开和闭合、西伯利亚板块与华北板块的碰撞对接及挤压的长期性有密切关系（见表 7 - 1,图 7 - 10）。这些大陆之间的分离聚合，使东北地区的古生代大地构造分为洋—陆发展阶段和新陆壳的固化成熟阶段，这两个阶段有相应的火山活动、盆地和隆起的布局及沉积作用。松花江地块一直处于陆壳固化成熟阶段。在亚洲洋的扩张、收缩和消亡的洋—陆发展过程中，大陆侧向增生作用形成了早古生代被动陆缘和主动陆缘的各种沉积系列。西伯利亚板块和华北板块碰撞是一个长期的过程，第一阶段是以东北地区古生代第一个区域不整合和其上的西别河组磨拉石为标志，也结束了洋—陆阶段的区域地层发展。从第一批裂陷槽在早泥盆世中期出现时，开始了全区的陆壳固化成熟阶段的区域地层发展历史，裂陷槽盆地的火山岩-沉积岩系列是这个阶段的主要地层组合形式。

裂陷槽的发展有两个阶段，早期以火山活动为主，晚期以沉积作用为主，这时盆地一般呈扩大趋势，在扩大部位常出现超覆不整合。这种独特的发育形式形成了自己独立的火山岩—沉积岩系列。有两种类型（表 7 - 2），一是在火山活动以前有短暂的凹陷阶段，沉积有陆屑

表 7 - 2　裂陷槽的分类表

Table7 - 2　Classification of fault-trough basins

类型	地层系列的结构	裂　陷　槽
Ⅰ	4. 陆相沉积岩 3. 海相沉积岩 2. 火山岩 1. 陆屑建造类型的碎屑岩和灰岩凸镜体	罕达气裂陷槽，黑龙宫裂陷槽，老秃顶子裂陷槽，大河深裂陷槽，庙岭裂陷槽
Ⅱ	3. 局部的火山岩（可以没有） 2. 海相沉积岩 1. 火山岩和陆屑建造类型沉积岩	大民山裂陷槽，余富屯裂陷槽， 宝力高庙裂陷槽，杨木岗裂陷槽， 大石寨裂陷槽，前坤头沟裂陷槽。

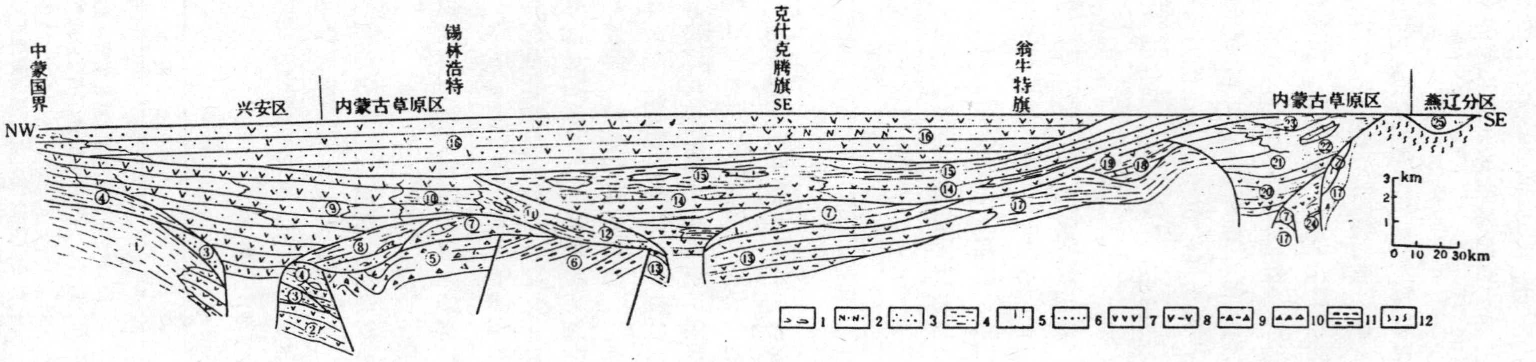

图 7-10 内蒙古中部—昭乌达—辽西古生代地层横剖面图

Fig. 7-10 Cross section of Paleozoic strata from central Nei Mongol to western Liaoning

1. 砾岩；2. 长石砂岩；3. 石英砂岩；4. 海相碎屑岩；5. 灰岩；6. 陆相碎屑岩；7. 火山岩；8. 岛弧火山岩；9. 海相磨拉石；10. 混杂岩；11. 蛇绿岩；12. 前古生代变质岩

①乌宾敖包组；②铜山组；③卧都河组；④泥鳅河组—塔尔巴格特组；⑤加积楔；⑥温都尔庙群；⑦西别河组；⑧色日巴彦敖包组；⑨宝力高庙组；⑩格根敖包组；⑪本巴图组；⑫阿木山组；⑬包尔汉图组；⑭大石寨组；⑮哲斯组；⑯林西组十老龙头组；⑰五道湾群；⑱晒勿苏组；⑲八当山组；⑳朝吐沟组；㉑白家店组；㉒家道沟组；㉓酒局子组；㉔前坤头沟组；㉕前寒武世—早奥陶世地层

建造类型的碎屑岩和灰岩凸镜体。火山活动以后的沉积作用，是以陆相沉积结束，如罕达气裂陷槽、黑龙宫裂陷槽、老秃顶子裂陷槽、大河深裂陷槽和庙岭裂陷槽。另一个是一开始即是火山活动，同时有陆屑建造的沉积作用，最后以海相沉积结束，有的在末期还有一次局部的火山活动。如大民山裂陷槽、余富屯裂陷槽、宝力格庙裂陷槽、杨木岗裂陷槽和大石寨裂陷槽。另外，前坤头沟裂陷槽也可能是这种类型。

西伯利亚板块和华北板块的碰撞挤压作用从晚奥陶世开始以来，一直在进行着。早泥盆世中期，与全区开始陆壳固化阶段的同时，西伯利亚板块又开始向南的挤压，至中泥盆世晚期至晚泥盆世达到高潮，西伯利亚板块向华北板块下插，造成西伯利亚前缘的边缘地层的被截切，引起中晚泥盆世的全区抬升事件。这次挤压的结束以早石炭世早期的向南海侵事件为标志。从早石炭世晚期开始，可能出现反向的挤压作用，造成海相地层与陆相地层的南北分野。

从早二叠世开始，西伯利亚板块和华北板块真正焊接成一个大陆，碰撞挤压作用停止，以大石寨裂陷槽的跨越它们之间的界线和早期的地层区带和构造带为标志。晚二叠世更出现了统一的三个陆相盆地。早三叠世在吉林地区的磨拉石和索伦地区的最后一次火山活动结束了这一自然断代的区域地层发展历史（图 7-11）。

在这个历史过程中，不同古生物地理性质的融合是随着构造的发展而发展的，稍有滞后现象。在西伯利亚板块与华北板块的碰撞伊始，北方型和南方型的生物仍隔山相望，各自发育自己的类型。从第一次磨拉石形成开始，即从晚志留世晚期开始，少量北方型生物分子就已南侵，混合于南部的南方型生物之中，出现南北混合型或南北过渡型古生物地理性质。一直到碰撞挤压作用结束，从早二叠世开始，东北区古生物地理性质的融合完成，进入全区一致的南北混合型的古生物地理性质阶段。早期南部以南方型为主混合北方型分子，北部以北方型为主混合南方型分子，到晚期全区都以北方型植物为主，混合少量南方型的分子，即在安格拉植物群的基础上混生有少量华夏植物群的分子。

华北陆台上的古生代沉积作用，显然与东北地区的地层演化有关系，因为作为华北板块的陆壳部分与边缘增生部分是一个整体，相互间必然是依存关系。在洋—陆阶段早期，华北陆台上有发育很好的早古生代地层，从晚奥陶世西伯利亚板块开始碰撞挤压华北板块时，华北陆台就开始上升，除边缘地区有晚奥陶世沉积以外，全区缺失了晚奥陶世到早石炭世的地层。到早石炭世晚期，华北板块向西伯利亚进行可能的“反击”时，华北陆台在一些地方出现沉积，晚石炭世开始全区恢复了沉积作用，并蓬勃发展了华夏植物群，形成了丰富的古生代煤田。

第三节　中、新生代地层发育与地壳演化

进入中生代以来，地球表面的古地理格局已重新配置。欧亚大陆和北美大陆开始分道扬镳，太平洋的边缘进入了活动陆缘的发展阶段，南方大陆的解体，特提斯洋的消亡和最后封闭，以及阿尔卑斯和喜马拉雅造山带的崛起等，致使陆地面积不断扩大，海域面积缩小。在大部分地区均以陆相沉积或海陆相沉积为主。在我国则是“南海北陆”，华北地台三叠纪的陆相层继承了晚二叠世的沉积，华北鄂尔多斯继承性盆地最为典型，那里延长群和石千峰组（月门沟群）基本上是连续的沉积；在华南川、鄂、黔等地，则是三叠纪继承了二叠纪的海相连续沉积，如大冶灰岩与长兴灰岩的连续。华力西—早印支期的造山运动在上述地区表现的

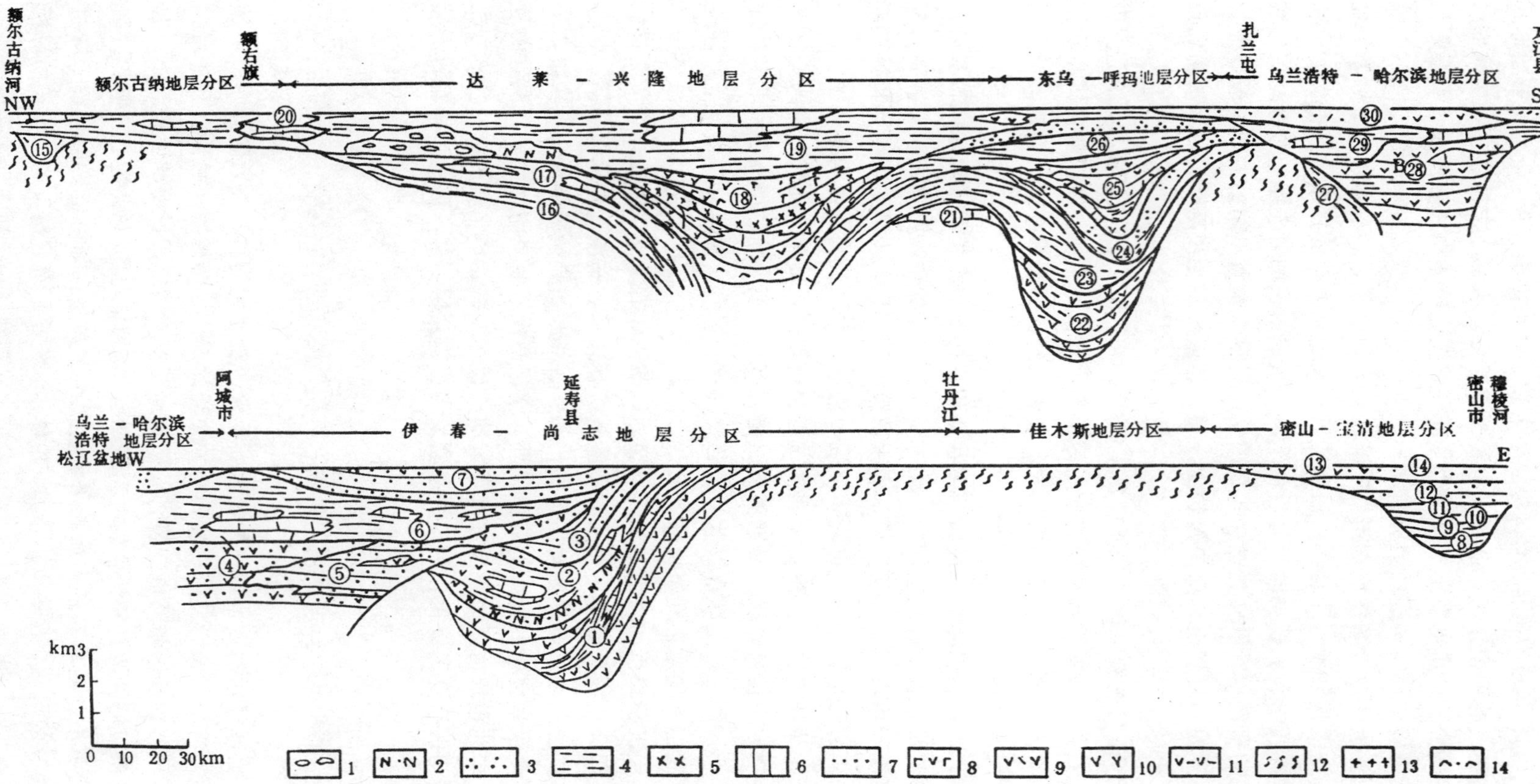

图 7-11 额尔古纳河—密山市古生代地层横剖面图

Fig. 7-11 Cross section of Paleozoic strata from Ergun river to Mishan city of Northeast China

1. 砾岩；2. 长石砂岩；3. 石英砂岩；4. 海相碎屑岩；5. 硅质岩；6. 灰岩；7. 陆相碎屑岩；8. 细碧岩；9. 角斑岩；10. 火山岩；11. 岛弧火山岩；12. 前古生代变质岩；13. 花岗岩；14. 凝灰质碎屑岩及凝灰岩

①尚志群；②黑龙宫组；③福兴屯组；④唐家屯且；⑤杨木岗组；⑥土门岭组；⑦红山组；⑧黑台组；⑨老秃顶子组；⑩七里卡山组；⑪北兴组；⑫珍子山组；⑬二龙山组；⑭城山组；⑮卧都河组；⑯伊勒呼里山组；⑰泥鳅河组；⑱大民山组；⑲红水泉组；⑳莫尔根河组；㉑苏中组；㉒铜山组＋多宝山组；㉓裸河组＋爱辉组；㉔黄花沟组＋八十里小河组；㉕泥鳅河组＋罕达气火山岩；㉖根里河组；㉗洪湖吐河组；㉘大石寨组；㉙哲斯组；㉚林西组＋老龙头组

十分微弱，而中国东北区与华北地台则迥然不同。

一、造山运动的阶段性

本区古生代是一个造山时期，中生代同样也是一个造山期，只不过两者的地球动力学机制不尽相同。近几年的区域地质调查表明，早三叠世的磨拉石建造越来越多的被发现，尽管中三叠世尚不明了，但晚三叠世的不整合面却表现十分明显。如果说本区中生代以前经历陆壳—拉张型过渡壳—洋壳—挤压型过渡壳—陆壳的演化过程，最后形成了成熟地壳，那么中生代则进入后地壳的发展阶段，实际上是环太平洋大陆边缘活动带的发展阶段，或者说是太平洋板块发展的不同阶段对中国东北陆内造山的影响。

中国东北部是欧亚大陆的一部分，其板内造山除受太平洋板块影响外，还必须注意特提斯洋的封闭，阿尔卑斯—喜马拉雅造山对本区的影响；特别是欧亚大陆对太平洋板块的反作用的影响。特别指出的是，本区盆地沉积只是中生代地壳垂向加厚的一个因素，而地幔物质通过地幔柱（热点）熔融下地壳物质，形成的基性—钙碱性—碱性的岩浆房通过阶段性的侵入和喷发使地壳也在垂向加厚。如果说古生代的历史是沉积-火山地层从海相—陆相，那么中生代也是沉积—火山交替堆积，但是以陆相为主。当然火山活动是短暂的突发的，火山间歇是长期的，但也反映阶段性造山特点。

因此，在讨论本区中生代地层发育与地壳演化，应当充分注意上述各种因素，以及这些因素在太平洋板块发展过程中的所表现出来的各种迹象。

二、中、晚三叠世的海陆沉积体系的统一性

这个时期沉积-火山地层是“东海西陆”，但未越过松辽盆地，反映太平洋早期拉张所涉及的范围是有限的。从饶河—密山—汪清—双阳的横剖面分析，可以看出，新太平洋打开，（诺利期）先生成的是半深海的以硅质岩为特征的浊流沉积（大佳河组与大岭桥组），随海盆的扩大和加深，形成退积的南双鸭山组为陆相及大陆坡沉积，南双鸭山组底部是以不整合上超在华力西花岗岩之上，这个面侧向深入到深海区消失。陆源物质和水下斜坡的碎屑流随浊流而进入大岭桥组中，形成原地沉积和外来岩块的混杂沉积体。大秃山组与永福桥组陆相与海相的磨拉石沉积，说明海水变浅，沉积物由细变粗的沉积，因此，它是同一沉积体系的不同环境的产物。

太平洋打开的同时，继古生代的裂陷槽的基础上，形成一系列平行太平洋西岸的NNE或近SN的断裂，沿断裂喷溢的中性—酸性熔岩及其碎屑岩沉积，这就是以大兴沟群为代表的陆内裂陷火山沉积，形成了吉、黑东部火山岩带。火山物质从中性向酸性演化，由强变弱。早期地幔热点上升，晚期下降，火山岩浆组成上陆壳物质，反映一般裂陷槽的火山活动规律。

火山间歇期的沉积是局限的，甚至可以说是局部火山洼地的产物，这是因为马鹿沟组和罗圈站组分布、厚度与大片火山岩相比所占比例很小。然而，它们确为植物的繁衍和含煤地层的形成创造了条件，为地层的时间演化提供了可靠的信息。

双阳盆地的大酱缸组，是太平洋板块早期发展所涉及的距离最远、规模最小的火山弧后盆地沉积。双阳盆地是在古生代裂陷槽基础上的叠加盆地，也反映了松辽盆地东缘早期活动的迹象，是晚三叠世第一个真正的含煤盆地。大酱缸植物群与天桥岭和老黑山植物群具有相

似的古地理区。

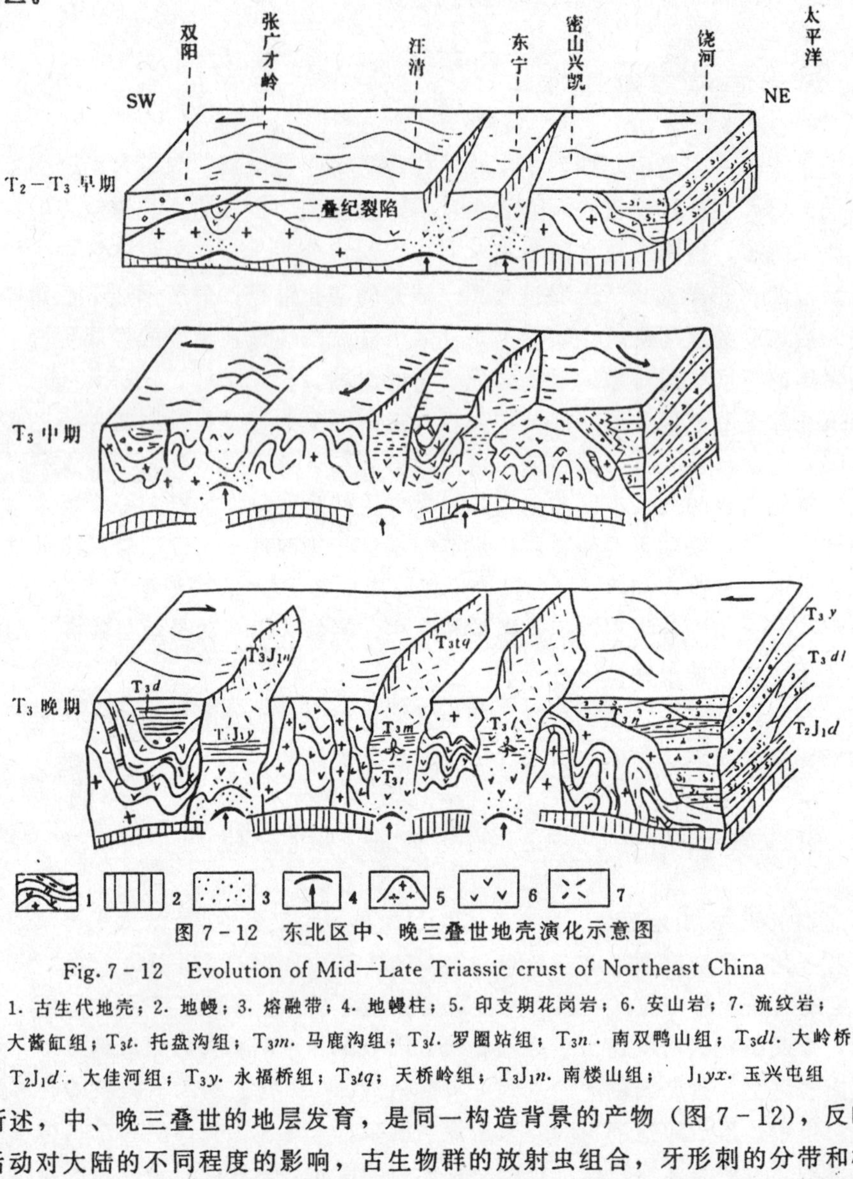

图 7－12　东北区中、晚三叠世地壳演化示意图

Fig. 7－12　Evolution of Mid—Late Triassic crust of Northeast China

1. 古生代地壳；2. 地幔；3. 熔融带；4. 地幔柱；5. 印支期花岗岩；6. 安山岩；7. 流纹岩；
T_3d. 大酱缸组；T_3t. 托盘沟组；T_3m. 马鹿沟组；T_3l. 罗圈站组；T_3n. 南双鸭山组；T_3dl. 大岭桥组；
T_2J_1d. 大佳河组；T_3y. 永福桥组；T_3tq；天桥岭组；T_3J_1n. 南楼山组；　J_1yx. 玉兴屯组

综上所述，中、晚三叠世的地层发育，是同一构造背景的产物（图 7－12），反映太平洋板块早期活动对大陆的不同程度的影响，古生物群的放射虫组合，牙形刺的分带和植物群落均反映北方型的特征。晚三叠世末的印支运动，在全球具有划时代的意义，太平洋板块的挤压，在东部形成三叠纪地层的褶皱，在西部（内蒙古）形成一系列 NE 向穹窿，在过渡带则东隆西陷，（鄂尔多斯盆地）在全区形成一次大规模二长花岗岩的侵入活动后而告终。

三、早、中侏罗世含煤盆地的形成

早、中侏罗世是太平洋板块活动相对减弱的时期，地幔对流也相对减弱，因此形成一些由基底断裂控制的大型断陷盆地，盆地的发展由西向东迁移，西部大兴安岭-燕山地层分区以万红盆地为代表，与冀北、辽西的下花园盆地和北票盆地相近。向东张广才岭-南楼山地层分区双阳盆地在继续发展，至最东部的饶河则为凯北群的陆海交互的含煤沉积。这一时期是全球又一个海侵期，气候变暖湿，是重要的成煤期。早、中侏罗世的界面一般为平行不整合或局部的不整合。盆地先期发展至后期萎缩然后又下降接受沉积。在西部万宝组与红旗组基本上连续，而海房沟组与北票组则有明显的间断。东部的双阳盆地和饶河的海陆沉积也基本上是同时沉积。这均说明燕山运动的早期（Ⅰ幕），只反映了差异性的升降运动，火山活动（新民组）也是相当微弱的。

早、中侏罗世与环境相适应是以网叶蕨-格子蕨、锥叶蕨-拟刺葵为代表的植物群的大量出现。其与植物呈互层产出海相沉积的凯北群和龙爪沟群下部的双壳类三个组合带及菊石组合带生物提供的时限基本是一致的，并以平均 170 ±80 Ma 年龄资料可资证。

四、中侏罗世晚期的红层沉积

中侏罗世晚期，含煤盆地的发展已进入全面的萎缩时期，在西部辽西、冀北以后城子组或土城子组为代表，在吉林南部称小东沟组（侯家屯组），在大兴安岭地区，虽然不发育，但根据《内蒙古自治区岩石地层》报导，在霍林格勒市的浑迪汉乌拉地区也有零星分布，夹于满头鄂博组和塔木兰沟组之间。向西至华北地台的西部更为发育。

这套红层主要以成熟度极差的粗碎屑沉积，实际上是一种磨拉石沉积。东部地区（内带）除龙爪沟群朝阳组之下为以陆相火山岩夹煤为主的，海陆交互相的沉积外，其它地区则无沉积。因此，可以认为燕山运动的第二幕只是全区的均衡抬升为主，是欧亚大陆与太平洋板块早期相互挤压作用的表现。

五、晚侏罗世—早白垩世大陆火山喷发与煤系地层的形成

晚侏罗世—早白垩世系地壳最为活跃的时期，太平洋板块和欧亚大陆之间距离拉大。地幔热对流相对活跃，引发了晚侏罗世—早白垩世早期的岩浆活动。晚侏罗世火山喷溢活动，尤以西部大兴安岭地区最为活跃。大兴安岭的火山弧，是拉张机制下，古生代已有的 NNE 向断裂重新复活，下地壳物质被地幔柱热流熔融，以中酸性岩浆喷出地表，则形成兴安岭群的酸性—中性—酸性（满克头鄂博组—白音高老组）火山岩的产出，与张家口组是同期异相的产物，东部地区仅在鸡西—饶河地区有滴道组、朝阳组的陆相火山喷发。其它地区如松辽盆地基底及盆地的东缘相当微弱。

早白垩世早期是一个重要时期，燕山运动第Ⅲ幕在全区均有反映。西部大兴安岭—燕山地区的义县组、热河群；中部张广才岭—南楼山地区的火石岭组，延边地区屯田营组均以不整合盖于下伏地层之上。早白垩世的火山活动虽然期次多，分布广，但各地差异比较大，总的规律是以中性火山岩开始，随地幔物质加入下地壳物质的减少，中性火山机构陷落，形成火山洼地群，火山间歇期在湖盆内则有大量深水湖泊相沉积，由于处于全球的缺氧事件，则造成大片煤田的形成，大兴安岭地区以龙江组、九峰山组、甘河组为例，东部张广才岭—南楼山地区以德仁组、久大组、安民组为例。最东部鸡西—饶河地区以龙爪沟群的曙光组、东安镇组为代表。

晚侏罗世—早白垩世，生物繁盛，植物以 *Ruffordia* - *Onychiopsis* 植物群的早、中、晚三个组合，遍及全区。

热河动物群出现在大兴安岭与燕山地区，其晚期组合在东部鸡西—延吉尚未发现，大拉子动物群是热河动物群的发展，松花江动物群是大拉子动物群的发展，其生物门类之多，进

化速度都较此前更为明显。

六、早白垩世晚期全球海侵事件

早白垩世晚期，从阿尔卑斯期—晚白垩世早期的土伦期，是全球最大的海侵时期，是太平洋板块又一次海底扩张，水域面积扩大。在本区松辽盆地及其北部结雅盆地的发展和东部龙爪沟海盆地扩大基本上是同步进行的。

松辽盆地的演化，根据王东波等（1992）和刘招君等（1992）的研究，从泉头组—青山口组、姚家组—嫩江组，为拉张断陷期，形成两堑夹一垒的大型坳陷盆地（图 7－13）。最大

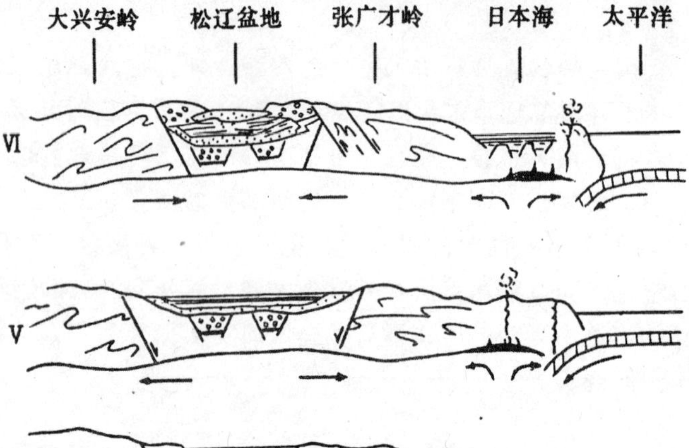

图 7－13　松辽盆地中生代构造演化示意图

（据刘招君，1992）

Fig. 7－13　Schematic diagram of structural evolution of Songliao Basin in Mesozoic

Ⅰ. 裂前成穹期 (Pre－J_3)；Ⅱ. 拉张破裂期 (J_3)；Ⅲ. 拉张断陷期 (K_1sh—K_1y)；Ⅳ. 断坳转化期 (K_1d)；Ⅴ. 沉降坳陷期 (K_1q—K_2n)；Ⅵ. 挤压萎缩期 (K_2m)

湖泛在嫩江组与姚家组之间，即黑色页岩与油页岩的生成期。到晚白垩世晚期则盆地萎缩，形

成湖滨盐坪及山前冲积扇的沉积；与此同时，东部的鸡西盆地，海相层已进入城子河组和穆棱组，海域扩大到勃利盆地（李尉荣，1991）。海泛与湖泛期基本是一致（图 7－14）。因此，松辽盆地的海相标志的存在是完全可能的，特别联系松辽盆地北部的结雅盆地和鄂霍茨克海，似乎合乎情理。

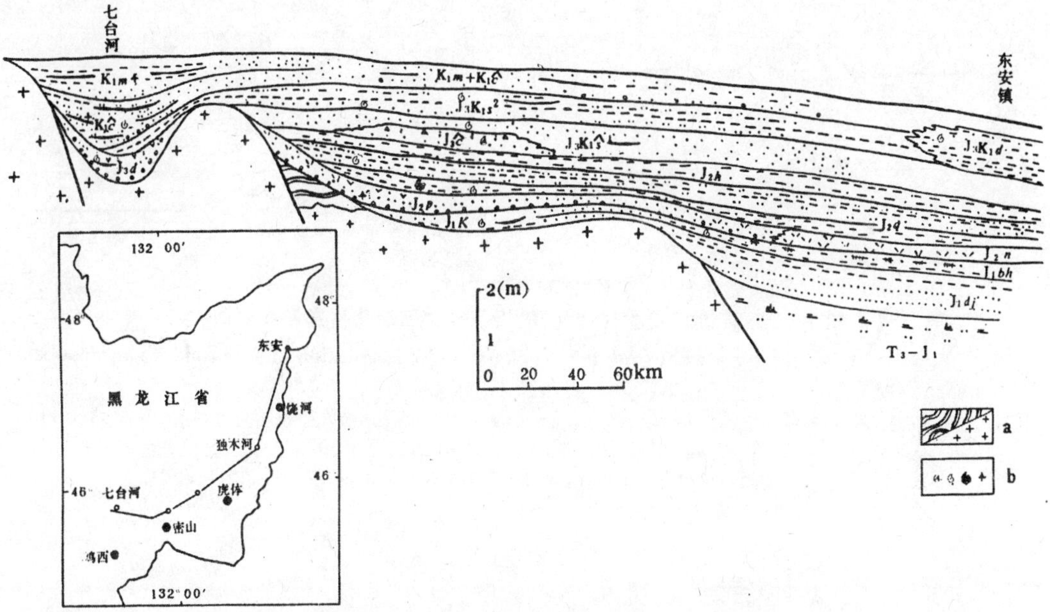

图 7－14　黑龙江东北部侏罗纪—白垩纪岩石地层演化示意图

（黑龙江省地矿局，1997 修改）

Fig. 7－14　Schematic diagram showing evolution of Jurassic－Cretaceous lithostratigraphy in northeastern Heilongjiang province

鸡西群穆棱组近海湖相含煤沉积；$K_1\ddot{c}$ 鸡西群城子河组陆相滨海河湖相沉积；$K_1m+K_1\ddot{c}$ 未分，城子河组＋穆棱组以陆相为主，含海相层的滨海平原含煤沉积；$J_3K_1\dot{s}^2$ 龙爪沟群曙光组上段，海陆交互相含煤沉积，中上部含火山碎屑；$J_3K_1\dot{s}^1$ 龙爪沟群曙光组下段，海陆交互相含煤沉积；J_1h 龙爪沟群红星城组，滨海至浅海相煤沉积；J_3K_1d 东安镇组，海相陆源碎屑沉积；J_2q 七虎林河组，以海相为主的海陆交互相沉积；J_3d 鸡西群滴道组，陆相火山沉积建造，下部砾岩段，上部火山岩段；$J_3\dot{c}$ 龙爪沟群朝阳组，火山-沉积建造，火山岩夹沉积岩；J_2p 龙爪沟群裴德组，陆相火山-沉积建造，下部砂砾岩段，上部火山岩段；J_2n 南大塔山组中酸性—酸性火山岩；J_1K 白鹤山组＋大架山组未分海陆交互相含煤沉积；J_1bh 白鹤山组海陆交互相沉积，砂岩板岩互层；J_1dj 大架山组海陆交互相沉积，下部砾岩为主，上部砂岩、板岩；T_3—J_1 饶河蛇绿杂岩，深海硅质岩＋沉积岩＋超基性-基性杂岩；a. 前中生界基底；b. 腹足类、双壳类、菊石、植物化石

除上述外,,早白垩世晚期，还有大小不等的含煤或油页岩盆地，成因大体与前述相似。

七、晚白垩世的红色建造

本期以前，曾有两次地壳上升（生成穹期），其中泉头期的红色沉积只反映局部环境，而晚白垩世红层则具有全区意义。从大兴安岭西坡的二连组、辽西的孙家湾组、东部的龙井组等均是代表，它们以不整合或平行不整合在煤系或油页岩地层之上，反映燕山运动的第Ⅳ、Ⅴ幕。此期太平洋板块加强了对欧亚大陆东部的俯冲、挤压，使中国东北部全区成穹，盆地萎缩，海水退出，气候干旱，结束了中生代地壳的演化史（图 7－15）。

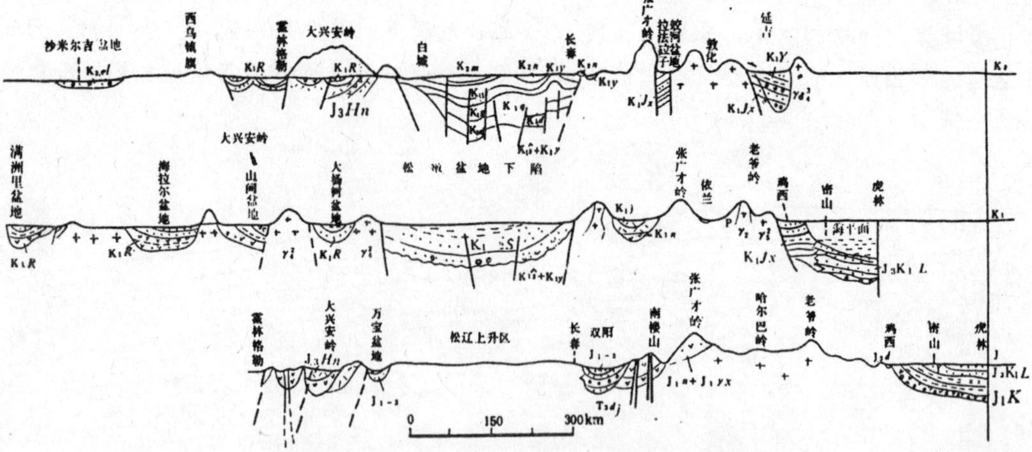

图 7－15　东北区中生代海相-陆相盆地发展演化示意横剖面图

Fig. 7－15　Cross section showing the development and evolution of Mesozoic marine－subaerial basins in Northeast China

K_2el. 二连组；K_1R. 热河群；$K_{1-2}S$. 松花江群（K_1d－K_2m）；K_1s＋K_1y. 沙河子组＋营城子组；K_1Y. 延吉群；K_1Jx. 鸡西群；K_1j. 建兴组；K_1n. 宁远村组；J_3K_1L. 龙爪沟群；J_3Hn. 兴安岭群；J_{1-3}. 侏罗系未分；J_1n＋J_1yx. 南楼山组＋玉兴屯组；J_3d. 滴道组；J_1K. 凯北群；T_3dj. 大酱缸组

八、第三纪的地层发育特征

新生代的沉积，与太平洋板块活动的关系更为密切，太平洋此时先是拉张期，后是挤压。

（一）继承盆地

盆地沉积以继承性为主，以松辽盆地、二连盆地最为典型。在晚白垩世萎缩盆地基础上，再次拗陷接受沉积，如松辽盆地的依安组、二连盆地的阿山头组、伊尔丁曼哈组，均以河流水道与浅湖相沉积建造为特征。

（二）拉分盆地

以NE向的伊通-依兰地堑和敦化-密山地堑为特征。在岩石圈断裂被拉张的基础上，形成的拉分盆地。伊通-依兰断陷南段以舒兰群、水曲柳组为代表，为碎屑岩含煤及粘土矿。敦-密断陷中段以桦甸组的含油页岩为特征，北段为虎林组与黄花组；南段为梅河群和辽宁的抚顺群，均为含煤及油页岩建造。晚期（上新世）为地幔岩浆呈玄武岩浆溢出，以船底山组玄武岩、宁安玄武岩为代表。玄武岩的喷发后期，由于太平洋挤压俯冲造成地堑两侧对冲，形成一系列推覆构造（见图 7－15）。

中、新生代的历史，实际上就是大陆裂谷发育阶段与不均匀抬升的历史，这个过程远远没有结束，太平洋板块的消失，方能结束这一历史。所以，反映的上述地层特征基本是拉张型过渡壳的特征。

第八章

结 束 语

总结前述各章，回顾四年多的工作，可将结束语概括如下：

根据吉林省、黑龙江省、内蒙古自治区等三省（区）地层多重划分对比研究成果，并参阅了区内已有的科研成果，以现代地层学、沉积学和大地构造学的新理论、新方法，首次对中国东北区从太古宙到第三纪的区域地层发育特征及其与地壳演化关系进行了全面地、系统地、深入地总结和探讨，开拓和扩大了东北区地层学研究的新领域，为本区区域地层学的研究和发展打下了良好的基础。本书是一项具有现实意义和历史意义的创造性成果，它的问世，必将为我国地质科学的发展起到推动作用。

一、主要成绩和新认识

（一）通过对前寒武纪变质地层的系统研究，建立了本区前寒武纪地层序列，并讨论了其演化史。总结出：

（1）提出了佳木斯地块、大兴安岭地块和锡林浩特中间地块具有相近的演化历史，都是作为原始地壳，并以其为生长点，在板下堆积和横向增生的过程中，形成了既不是来自华北板块，也不是来自西伯利亚板块，具有各自演化史的中间地块的新认识。

（2）提出了 580～610 Ma，额尔古纳（蒙古）地块与大兴安岭地块、松嫩地块与佳木斯地块均以横冲的方式形成了新林高压韧性变形带和萝北-依兰高压韧性变形带，完成了前寒武纪大陆一体化的进程的新思路。

（3）运用地幔柱（热点）理论和拆离构造分析，建立了前寒武纪裂谷绿岩的板下和板上堆积特征及其共同作用结果的演化模式。

（二）寒武纪—早三叠世地层及其相关问题的新认识。

（1）西伯利亚板块与华北板块的碰撞不是某一瞬间完成的，从开始碰撞对接到碰撞的完成，使两个板块真正成为一个大陆，经历了从晚奥陶世—石炭纪的漫长时间；在这个漫长时间内，碰撞挤压主要是西伯利亚板块起主动作用，有两次高潮，一是晚奥陶世到志留纪，一是中泥盆世晚期至晚泥盆世，在石炭纪可能有一次反向挤压作用。

（2）东北区的古生代区域地层发育演化，大致可分为两个阶段。早期的洋—陆阶段是以大陆侧向增生的大陆边缘火山作用和沉积作用为特征。陆壳固化成熟阶段主要是裂陷槽火山-沉积作用，与花岗岩基的侵入作用一起促进陆壳的固化成熟。

（3）对地层组合之间的有机联系有了进一步的认识，提出在陆壳固化阶段的裂陷槽盆地的初步概念，将这个阶段的一系列火山岩-沉积岩系列地层组合归纳成11个裂陷槽盆地地层系列，并将裂陷槽分为两类。这对今后的地层工作和区调工作将起到指导作用，并对大地构造研究具有重要意义，对今后的找矿工作亦将起到一定的推动作用。

(4) 认识并总结了在东北区的中晚泥盆世抬升事件和早石炭世早期海侵事件。

(5) 对古生物地理性质与大地构造发展的关系有了进一步的认识，提出古生物地理性质变化对大地构造发展的滞后现象。提出并总结了南北方混合型古生物地理性质始于洋—陆阶段的结束，完成于大陆碰撞的结束。对今后如何利用古生物地理性质于大地构造研究提供了一个可以参考的经验。

(6) 认识到华北板块的地层发展演化是一个整体，陆台上的地层发育与大陆边缘区的地层发育历史密切相关，它们是同步的。提出华北陆台晚奥陶世—早石炭世的地层缺失是由西伯利亚板块对华北板块的碰撞挤压所引起的。陆台上早石炭世晚期开始的沉积作用与这种挤压作用的停止或华北板块对西伯利亚板块的反向挤压有关。

(7) 东北区的古生代地层中，没有真正具有大地构造意义的区域角度不整合，所见到的角度不整合都属于局部的超覆不整合，即使是磨拉石下面的不整合也然。广泛分布且具有大地构造意义的不整合，一般均表现为平行不整合，反映全区的抬升运动。西伯利亚板块与华北板块的碰撞引起的也是抬升运动，真正意义的造山，只出现于碰撞前缘的局限范围之内。

(三) 中、新生代区域地层及其相关方面的新认识。

(1) 首次提出了本区中生代的盆、岭体系，并阐述了其形成机制和演化关系。

(2) 对区内中、晚三叠世海相—海陆交互相—陆相火山沉积—继承性湖相盆地沉积均系太平洋板块早期拉张型过渡壳的产物，提出不存在洋壳的新认识。

(3) 对大兴安岭晚中生代火山岩，建立了兴安岭群和热河群，较正确地处理了大兴安岭地区火山地层划分与对比问题。

(4) 较详细地论述了早白垩世煤和油气生成与全球缺氧事件和海平面上升的相互关系，提高了晚中生代地层的研究程度。

(5) 对新生代盆地类型划分与基性熔岩的喷溢规律进行了总结，并对太平洋板块的活动与新生代地层发育演化关系作了论述。

二、存在的问题

(1) 本区前寒武纪地层出露零星，研究程度低，今后尚须加强这方面的研究工作。

(2) 对华北地台北缘的白云鄂博群、白乃庙组、温都尔庙群时代及归属等问题，在本书中反映了不同的认识。

(3) 关于贺根山蛇绿岩，我们将它作为罕达气裂陷槽的一部分，是裂陷最强烈时出现的地幔物质，与目前文献中的认识不同。贺根山蛇绿岩以其保存完好、几乎没有变质、有中酸性火山岩和夹有含珊瑚化石的灰岩凸镜体与东北地区的其他蛇绿岩不同。原因何在？有待研究。

(4) 延边地层区与其他地层区不同，以敦-密断裂与其西面的地层区分开。只是在二叠纪时与东北地区进入同步发展。晚石炭世是正常的滨浅海沉积。这个块体与兴凯地块的关系以及什么时候与东北地区其他部分连成一体，都不甚了解。

(5) 松花江地块为什么没有边缘沉积？是被掩盖或者碰撞丢失，还是原来就没有，还不清楚，其与西伯利亚板块是什么关系也不清楚。

(6) 文献中，在松花江地层区有五道岭组，为陆相酸性火山岩系，含有植物 *Paracalamites*，与周围地层没正常接触关系，且分布较广。在《黑龙江省岩石地层》一书中，没有提到，本次总结中也没有提到。但根据东北区区域地层发展规律看，可能亦是早三叠世的火山活动产物。

(7) 在进行区域地层总结时，发现我们在协调、指导东北大区岩石地层清理工作时，不适当的将一些不同地层区某些地层单位的名称加以合并统一。因此，建议恢复使用一些名称，如内蒙古赤峰分区的家道沟组、松花江地层区的土门岭组和城山组。

(8) 塔木兰沟组的层位与时代，内蒙古自治区和黑龙江省认识不一，其与满克头鄂博组是相变，还是上、下关系有待今后解决。

(9) 大兴安岭地区土城子组的时、空分布还有待深入查证。

(10) 南楼山组、屯田营组的时代归属也须进一步搜集资料加以解决。

三、今后工作建议

(一) 今后应加强沉积学的研究工作。对海相层应建立区域地层格架和时间格架；对陆相盆地应从典型盆地分析入手，研究沉积相与环境关系。这在东北区更应加强。

(二) 加强不整合界定单位的研究，建立全国各地区的“序”。在此框架内开展各断代的多学科的研究，借以提高地层研究程度。

在结束本书的时候。我们感到编写“区域地层”是一项难度很大的工作，虽然做出了最大的努力，还是不尽人意。希望读者能疑义相与析，使本书更有实用价值。

参 考 文 献

白景文、王文兴、张海驷，1989，依兰牡丹江地区的蓝闪石片岩及其地质意义。沈阳地质矿产研究所所刊，第18号，61—70。

陈琦等，1992，内蒙古白乃庙区域古板块构造专辑。长春地质学院学报，22。

陈孟莪，1993，对“清河镇动物群”和“昌图动物群”的质疑。地质科学，28（2）：199—200。

池永一，1983，东北及内蒙古泥盆纪床板珊瑚和日射珊瑚的地质地理分布。沈阳地质矿产研究所所刊，第7号，9—24。

崔 革，1983，小兴安岭西北部奥陶纪大陆边缘火山岛弧的确定及其演化。中国北方板块构造文集，沈阳：293—344。

方润森、江能人、范健才、曹仁关、李代芸，1985，云南曲靖地区中志留世—早泥盆世地层及古生物。昆明：云南人民出版社，1—171。

郭胜哲，1981，大兴安岭中部下寒武统古杯类。古生物学报，20（1）：60—64。

郭胜哲，1982，东北北部及内蒙古地槽区四射珊瑚组合。沈阳地质矿产研究所所刊，4号：84—92。

郭胜哲，1990，弗拉斯期法门期生物事件与大兴安岭晚泥盆世珊瑚化石。古生物学报，29（4）：427—446。

郭胜哲，苏养正、池永一、黄本宏，1992，吉林、黑龙江东部地槽区古生代生物地层及岩相古地理。见：南润善、郭胜哲等，内蒙古东北地槽区古生代生物地层及古地理。北京：地质出版社。70—146。

韩建修，1982，那丹哈达岭中、晚石炭世䗴类。古生物学报，21（3）：315—321。

何国琦、邵济安，1983，内蒙古东南部（昭盟）西拉木伦河一带早古生代蛇绿岩建造的确认及其大地构造意义。中国北方板块构造文集，沈阳：243—251。

河北省地矿局，1994，河北省北京市天津市区域地质志，北京：地质出版社。

黑龙江省地质矿产局，1993，黑龙江省区域地质志。北京：地质出版社。

黑龙江省地质矿产局，1997，全国地层多重层划分对比研究（23）黑龙江省岩石地层。武汉：中国地质大学出版社。

胡 骁，1983，内蒙地槽区蓝闪片岩及其地质特征。中国北方板块构造文集，沈阳：333—339。

胡 骁，1990，华北地台北缘早古生代大陆边缘演化。北京：北京大学出版社。

黄本宏，1977，小兴安岭东南部二叠纪植物群。北京：地质出版社，1—79。

黄本宏，1993，大兴安岭地区石炭、二叠系及植物群。北京：地质出版社，1—141。

黄本宏，牛树银、张英涛，1987，内蒙古白乃庙地区中晚志留世复理石。中国区域地质，（4）：333—339。

黄本宏，许传诗、牛树银，1990，华北地台北缘早古生代大陆边缘演化。北京：北京大学出版社，1—125。

黄汲清，1962，中国地层区划的初步建议，全国地层会议学术报告汇编。北京：科学出版社。

吉林省地质矿产局，1988，吉林省区域地质志。北京：地质出版社。

吉林省地质矿产局，1997，全国地层多重划分对比研究报告（22）吉林省岩石地层。武汉：中国地质大学出版社。

姜春潮，1963，黑龙江流域及其毗邻地区地质。北京：地质出版社。

兰玉琦、施性明，1985，吉林省红旗岭呼兰群变质岩系的研究。长春地质学院科学研究报告年鉴，89—108。

李文亢、韩建修、张树新、孟凡义，1979，那丹哈达岭北段上古生界基本地质特征。中国地质科学院院报，1（1）。

李莉、谷峰、李文国，1982，内蒙古西乌珠穆沁旗地区下二叠统腕足化石新资料。沈阳地质矿产研究所所刊，第4号，113—129。

李春昱、王荃，1983，我国北部边陲及邻区的古板块构造及欧亚大陆的形成。中国北方板块构造文集，沈阳：3—16。

李文国、戌嘉余、董得源主编，1983，内蒙古达尔罕茂明安联合旗巴特敖包地区志留—泥盆纪地层与动物群。呼和浩特：内蒙古人民出版社，1—184。

李蔚荣，1991，黑龙江东部龙爪沟群研究的新发现。黑龙江地质，第2号（1）。

李蔚荣等，1986，黑龙江东部侏罗系龙爪沟群。地质专报，地层古生物第5号。北京：地质出版社。

李瑞山，1991，新林蛇绿岩。黑龙江地质，2（1）。

刘家义，1987，内蒙古贺根山地区蛇绿岩套研究及构造意义。中国北方板块构造文集，沈阳：117—137。

刘招君等，1992，松辽盆地白垩纪沉积特征。地质学报，66（4）。

刘静兰，1988，佳木斯中间地那个前寒武纪地质研究。长春地质学院学报，18（2）。

刘静兰，1991，佳木斯地块的绿岩绿岩带特征及其大地环境浅析。黑龙江地质，2（1）。

刘效良，1981，黑龙江省西麻山群后生动物化石。中国地质科学院院报，3（1）：71—83。

刘效良，1994，关于清河镇动物群和昌图动物群化石的一些问题答陈孟莪的质疑。地质科学，29（2）：186—194.
刘效良、王东方，1990，华北地台北缘一个新的动物群。地质学报，64（2）：170—183。
刘效良、陈从云、杨学曾、杨森、张炯飞、高玉华，1992，辽吉下二台群、呼兰群中昌图动物群的发现及其意义。地质学报，66（2）：182—192。
卢衍豪等，1974，生物—环境控制论及其在寒武纪生物地层学上和古动物地理上的应用。南京地质古生物研究所集刊，第5号。
辽宁省地质矿产局，1994，辽宁省区域地质志。北京：地质出版社。
孟祥化、葛铭等，1993，沉积盆地和建造层序。北京：地质出版社，1—243。
穆恩之，1983，中国奥陶纪生态地层的类型与生物地理区，中国古生物地理区系。北京：科学出版社，16—31。
南润善、朱慈英、郑月娟、李文国、贺希格，1992，内蒙古兴安区奥陶纪生物组合和古地理某些特征。见：南润善、郭胜哲等，内蒙古东北地槽区古生代生物地层及古地理。北京：地质出版社，1—70。
内蒙古地质矿产局，1991，内蒙古区域地质志。北京：地质出版社。
内蒙古地质矿产局，1996，全国地层多重划分对比研究（）内蒙古自治区岩石地层。武汉：中国地质大学出版社。
彭玉鲸、王友勤、刘国良、孙革等，1982，吉林省及东北邻区的三叠系。吉林地质，82（3）。
仇甘林，1992，对白乃庙群的再认识。长春地质学院学报，22。
鲁德石，1991，对东风山金矿床地质构造的认识。黑龙江地质，2（1）。
苏养正，1981，论图瓦贝 *Tuvaella* 的时空分布和生态特征。古生物学报，20（6）：567—576。
苏养正、谷峰，1987，黑龙江省东部密山地区早石炭世早期北兴组腕足动物。沈阳地质矿产研究所所刊，15号：145—155。
苏养正、张海驲、浦全生，1987，小兴安岭西北部的志留系。中国北方板块构造文集，第1集。北京：地质出版社，第2集：151—164。
苏养正、唐克东、池永一、梁仲发、张允平、徐冬葵，1983，内蒙古白云鄂博东北上志留统西别河组新资料。中国北方板块构造文集，沈阳：221—229。
邵济安，1991，中朝板块北缘中段地壳演化。北京：北京大学出版社，1—136。
唐克东，1989，中朝陆台北侧褶皱带构造发展的几个问题。现代地质，3（2）：195—204。
唐克东、苏养正，1966，小兴安岭西北部古代地层的新资料及其意义。地质学报，49（1）：14—28。
唐克东、颜竹筠、张允平、齐春民，1989，辽北地区“辽河群”问题讨论。沈阳地质矿产研究所所刊，第19号：1—24。
唐克东、颜竹筠、张允平、徐冬葵、池永一、苏养正、梁仲发，1983，关于温都尔庙群及其构造意义。中国北方板块构造文集，沈阳：186—208。
唐克东等，1992，中朝板块北侧褶皱带构造演化及成矿规律。北京：北京大学出版社，1—277。
唐克东、王莹、何国琦、邵济安，1995，中国东北及邻区大陆边缘构造。地质学报，69（1）：16—30。
王楫、李双庆，1987，狼山白云鄂博裂谷系及其成矿特征。中国北方板块构造文集，第2集，59—72。北京：地质出版社。
王友勤、李之彤、赵春荆、殷长健，1983，黑龙江省东南部晚三叠世闹枝沟岩体的发现及其意义。沈阳地质矿产研究所所刊。（3）1。
王东方、陈从云、杨森、杨学增、张炯飞，1988，辽北早古生代清河镇群的建立及其重大地质意义。沈阳地质矿产研究所所刊。17号：1—22。
王东方、陈从云、杨森，1990，早寒武世巨型化石带的发现及内蒙地轴之解体。科学通报，（5）：370—373。
王东波、刘招君等，1992，松辽盆地的演化与海平面升降。北京：地质出版社。
王成文，1994，晚石炭世腕足动物古地理区。吉林地质，13（1）：14—23。
王成源，1988，那丹哈达岭三叠纪牙形刺的发现及其地质意义。沈阳：中国北方板块构造文集。
王鸿祯，1978，论中国地层分区。地层学杂志，2（2）。
吴水波，1980，吉林东部托盘沟地区上三叠统。地层学杂志（4）3。
肖序常、汤耀庆、冯益民、朱宝清、李锦轶、赵民，1992，新疆北部及其邻区大地构造。北京：地质出版社，1—169。
徐冬葵，1987，古火山岛弧岩系包尔汗图群地层、岩石化学特征及其成因探讨。中国北方板块构造文集，第2集，101—112，北京：地质出版社。

薛春汀、苏养正、张海驲、崔革，1980，小兴安岭西北部晚志留世及泥盆世地层。地层学杂志，4（1）：1—12。

张善桢、孙革、赵衍华，1987，吉林磐石吉昌地区早石炭世植物研究初报。古生物学报，26（4）。

张守信，1989，理论地层学。北京：科学出版社，1—165。

张允平，1992，内蒙古中部地区加里东期陆壳增生旋回。沈阳地质矿产研究所所刊，第1号：130—141。

张允平，1994，清河镇动物群化石之否定。地质科学，29（2）：175—185..

张允平、张炯飞，1994，延边地区石炭二叠系研究新认识。沈阳地质矿产研究所所刊，第3号：80。

张允平、唐克东、苏养正，1986，由陆壳增长旋回的观点试论内蒙古中部地区的加里东运动。中国北方板块构造论文集，第1集，102--110。北京：地质出版社。

张鹏远、李双庆、王长尧、牛绍武、孙淑芳、管爱莲、梁伟，1993，白云鄂博地区地质构造特征。天津地质矿产研究所所刊，28号：1—93。

张兴洲，1991．黑龙江群夹层状大理岩中的霓辉石和镁钠闪石。黑龙江地质1（2）。

张炯飞，1993．清河镇动物群各类化石的地史分布。地质论评，39（1）：44—51。

张勤运，1993，那丹哈达岭地体放射虫动物群的生态特征。沈阳地质矿产研究所所刊，第1号：18—22。

赵宗溥，1995，试论陆内型造山作用——以秦岭-大别山造山带为例。地质科学，30（1）。

朱　群、赵春荆、党延松、邰成彬、党增欣，1995，佳木斯地块西缘蓝片岩带的成因机制及其与中晚元古代早寒武世造山作用的关系。沈阳地质矿产研究所所刊，第4号。

Cao Congshou . 1989. The ophiolite belts of northeastern China. Journal of Southeast Asian Earth Sciences. 3（1—4），233—236.

Frasier. W Jyand D R Schwimmer . 1985. Regional stratigraphy of North America. Plenum Press.

Hou H F & A J Boucot . 1990. The Balkhash—Mongolia—Okhotsk Region of the Old World Realm (Devonian). in Mckerrow & Scottes (eds.), Palaeozoic palaeogeography and Biogeography. Geological Society Memoir, No. 12, 297—303.

Kroner, A . 1981. Precambrian plate tectonics., Elsevier scientfic publishing company. 由袁廷佐、张治平（1987）译，地质出版社出版。

Su Yangzheng . 1990. Devonian Paleogeography of Northeastern China. in McMillan, Embry, Glass (eds.), Devonian of the world. Vol. I, 607--618. CSPG Mem 14.

Wang . Ch & Ziegler, W . 1981, Middle Devonian conodonts from Xiquitu Qi, Inner Mongolia Autonomous Region, China. Senckenbergian Lethaca, 62, 2/6. 125—139.

Zhang Yuping and Tang Kedong . 1989. Pre—Jurassic tectonic evolution of intercontinental region and the suture zone betweem the North China and Siberian platforms. Journal of Southeast Asian Earth Sciences, 3 (1—4): 47—55.

附录：

东北区采用的岩石地层单位

序号	岩石地层单位名称		卡片编号	代号	地质时代	创名人	创建时间	所在省(区)	同物异名
	英文	汉文							
1	Aihui Fm	爱辉组	23-0102	O_3a	O_3	张海驲、浦全生	1977	黑龙江	
2	Airginsum Dm	爱力格庙组	15-0008	Pt_3a	Pt_3	内蒙古区调一队	1980	内蒙古	
3	Amushan Fm	阿木山组	15-0110	C_2a	C_2	地质部241地质队	1955	内蒙古	
4	Angeeryinwula Fm	安格尔音乌拉组	15-0091	D_3a	D_3	内蒙古一区测队	1973	内蒙古	
5	Anmin Fm	安民组	22-0092	K_1a	K_1	东北煤田104队	1954	吉林	安民夹煤层
6	Anniangniangqiao Fm	安娘娘桥组	23-0090	$O_{2-3}a$	O_{2-3}	黑龙江地层表工作队	1975	黑龙江	
7	Ashantou Fm	阿山头组	15-0359	E_2a	E_2	贝尔基(Berkey)	1923	内蒙古	
8	Badangshan Vol.	八当山火山岩	15-0052	Sbv	S	内蒙古二区队二分队	1970	内蒙古	
9	Baiheshan Fm	白鹤山组	23-0307	J_1bh	J_1	李忠文等	1987	黑龙江	
10	Baijiadian Fm	白家店组	15-0102	$C_{1-2}b$	C_{1-2}	河北区测队	1959	内蒙古	
11	Bainaimiao Fm	白乃庙组	15-0013	Pt_2b	Pt_2	内蒙古208队	1960	内蒙古	白乃庙群
12	Baiyingolao Fm	白音高老组	15-0257	J_3b	J_3	内蒙古区测二队	1974	内蒙古	宝石组、木瑞组、布拉根哈达组、桂林组、何家沟组、壮志组
13	Bangchuigou Fm	棒棰沟组	22-0136	E_2b	E_2	吉林区调队	1980	吉林	
14	Banshidingzi Fm	板石顶子组	22-0224	J_1b	J_1	李文敏	1973	吉林	二道梁组
15	Banzifang Fm	板子房组	23-0385	K_1b	K_1	黑龙江区调一队	1989	黑龙江	
16	Baogedawula Fm	宝格达乌拉组	15-0365	N_2b	N_2	内蒙古地层表编写组	1978	内蒙古	
17	Baoligaomiao Fm	宝力高庙组	15-0101	C_2b	C_2	呼兰浩特幅地质队	1960	内蒙古	
18	Baoqian Fm	宝泉组	23-0103	O_2b	O_2	孙枢	1963	黑龙江	
19	Baoqianling Fm	宝泉岭组	23-0441	Eb	E	黑龙江省燃料厅地质局	1959	黑龙江	
20	Baorhant Gr	包尔汉图群	15-0701	$O_{1-2}b$	O_{1-2}	杨庭阶等	1971 1965	内蒙古	
21	Baotege Fm	包特格组	15-0157	P_1b	P_1	江浩贤等	1980	内蒙古	
22	Baoyintu Gr	宝音图群		Pt_1b	Pt_1	内蒙古地矿局	1991	内蒙古	
23	Bashilixiaohe Fm	八十里小河组	23-0132	S_2b	S_2	黑龙江区测大队和苏养正	1975	黑龙江	
24	Beikuanhe Fm	北宽河组	23-0050	Pt_3b	Pt_3	佟志芳、隋连成	1986	黑龙江	
25	Beishihe Fm	北师河组	23-0053	Pt_2b	Pt_2	隋连成	1977	黑龙江	

序号	地层单位名称		卡片编号	代号	地质时代	创名人	创建时间	所在省	同物异名
	汉语拼音	汉文							
26	Beixing Fm	北兴组	23-0220	C_1b	C_1	张海驲等	1982	黑龙江	
27	Benbatu Fm	本巴图组	15-0111	C_2bb	C_2	丁蕴杰（内蒙古地层表编写组）	1960 (1978)	内蒙古	
28	Bogenligou Fm	播根里沟组	23-0054	Pt_3bg	Pt_3	隋连成	1977	黑龙江	
29	Chaergelahe Fm	查尔格拉河组	23-0204	$C_1\check{c}$	C_1	张海驲	1977	黑龙江	
30	Chang'an Fm	长安组	22-0093	$K_1\check{c}a$	K_1	东北煤田104队	1954	吉林	天合兴组、长安夹煤层
31	Chaotugou Fm	朝吐沟组	15-0109	$C_1\check{c}$	C_1	内蒙古二区队	1965	内蒙古	
32	Chaoyang Fm	朝阳组	23-0311	$J_3\check{c}$	J_3	李蔚荥等	1982	黑龙江	上云山组
33	Chengshan Fm	城山组	23-0274	$P_2\check{c}$	P_2	曲关生	1984	黑龙江	洞子沟组
34	Chengzihe Fm	城子河组	23-0404	$K_1\check{c}$	K_1	陈广雅	1963	黑龙江	西山坪组、奶子山组
35	Chenming Fm	晨明组	23-0080	$\in_1\check{c}$	$\in_1$	姜春潮、孙枢	1963	黑龙江	
36	Chuandishan Fm	船底山组	22-0145	$N_2\check{c}$	N_2	刘初等	1953	吉林	
37	Da'an Fm	大安组	22-0147	N_1d	N_1	松辽石油勘探局	1960	吉林	
38	Daheshen Fm	大河深组	22-0061	P_1d	P_1	吉林地质局二所七分队	1975	吉林	
39	Dajahe Fm	大佳河组	23-0291	T_2J_1d	T_2-J_1	康宝祥	1987	黑龙江	
40	Dajianggang Fm	大酱缸组	22-0085	T_3d	T_3	吉林区调队	1978	吉林	
41	Dajiashan Fm	大架山组	23-0306	J_1dj	J_1	李忠文等	1987	黑龙江	十八垧地组、大坝北山组
42	Dalazi Fm	大拉子组	22-0109	K_1dl	K_1	上床国夫	1933	吉林	磨石拉子组、保家屯组、铜佛寺组
43	Dalianhe Fm	达连河组	23-0433	Ed	E	张胜元等	1972	黑龙江	
44	Dalingqiao Fm	大岭桥组	23-0292	T_3J_1dl	T_3-J_1	康宝祥等	1987	黑龙江	
45	Daminshan Fm	大民山组	15-0089	$D_{2-3}d$	D_{2-3}	宁奇生等	1958	内蒙古	霍博山组、下大民山组、上大民山组
46	Damoguaihe Fm	大磨拐河组	15-0318	K_1dm	K_1	刘国昌	1951	内蒙古	西岗子组上部
47	Daqing Fm	大青组	23-0105	O_2d	O_2	张海驲、浦全生	1989	黑龙江	

序号	岩石地层单位名称		卡片编号	代号	地质时代	创名人	创建时间	所在省	同物异名
	英文	汉文							
48	Dashizhai Fm	大石寨组	15-0156	P_1ds	P_1	内蒙古二区队	1965	内蒙古	新生组、高家窝棚组、核桃山组
49	Datashanlinchang Fm	大塔山林场组	23-0422	K_2d	K_2	李忠文等	1993	黑龙江	
50	Datushan Fm	大秃山组	23-0288	J_1dt	J_1	曲关生等	1984	黑龙江	
51	Dawangzi Fm	大网子组	23-0046	Pt_3d	Pt_3	仲伟成等	1962	黑龙江	
52	Daxinggou Gr	大兴沟群	22-0079	T_3D	T_3	彭玉鲸、王友勤	1982	吉林	
53	Dayixikanghe Fm	大伊希康河组	23-0094	$O_{1-2}d$	O_{1-2}	谢贵生等	1983	黑龙江	
54	Denglouku Fm	登娄库组	22-0116	K_1d	K_1	松辽石油局普查队	1959	吉林	
55	Deren Fm	德仁组	22-0090	K_1dr	K_1	东北煤田107队	1958	吉林	
56	Didao Fm	滴道组	23-0315	J_3d	J_3	森田义人	1943	黑龙江	
57	Dong'anzhen Fm	东安镇组	23-0411	J_3K_1dn	J_3-K_1	马万昌等	1982	黑龙江	明小屯组
58	Dongshan Fm	东山组	23-0397	K_1ds	K_1	谭锡畴	1924	黑龙江	
59	Duobaoshan Fm	多宝山组	23-0100	O_2d	O_2	王莹等	1958	黑龙江	
60	Elitu Fm	额里图组	15-0161	P_1e	P_1	内蒙地质局、东北地质科学研究所	1976	内蒙古	
61	Emuerhe Gr	额木尔河群	23-0703	$J_{2-3}E$	J_{2-3}	俞建章、李廷栋	1958	黑龙江	
62	Ergun Fm	额尔古纳河组	15-0002	Pt_3E	Pt_3	宁奇生等	1959	内蒙古	额尔古纳河群
63	Erlanghe Fm	二浪河组	23-0327	J_1e	J_1	张立铸等	1990	黑龙江	高岭子组
64	Erlian Fm	二连组	15-0316	K_2el	K_2	Granger 等	1922	内蒙古	
65	Erlongshan Fm	二龙山组	23-0272	P_1e	P_1	梁庆初	1964	黑龙江	
66	Ershierzhan Fm	二十二站	23-0336	J_2e	J_2	齐和日格等	1985	黑龙江	
67	Fangniugou Vol.	放牛沟火山岩	22-0040	Of	O	吉林区调所	1992	吉林	
68	Fanjiatun Fm	范家屯组	22-0062	P_1f	P_1	长春地院吉林区测队	1960	吉林	
69	Fufengshan Fm	富峰山组	22-0134	E_1f	E_1	吉林区调队	1978	吉林	
70	Fujin Fm	富锦组	23-0447	Nf	N	黑龙江省编表办	1979	黑龙江	
71	Furao Fm	富铙组	23-0375	K_2f	K_2	隋连成	1981	黑龙江	
72	Fuxingtun Fm	福兴屯组	23-0167	D_2f	D_2	黑龙江地层表工作队	1979	黑龙江	
73	Galashan Fm	嘎拉山组	23-0049	Pt_3g	Pt_3	黑龙江一区调队隋连成、王兴云	1985	黑龙江	
74	Gangyao Fm	缸窑组	22-0135	E_1g	E_1	吉林区调队	1979	吉林	

序号	岩石地层单位名称		卡片编号	代号	地质时代	创名人	创建时间	所在省	同物异名
	英文	汉文							
75	Ganhe Fm	甘河组	15-0329	K_1gh	K_1	谭锡畴、王恒升	1929	内蒙古	平山组、中基性火山岩组、伊里克得组上部
76	Gaoligou Fm	高力沟组	23-0071	ϵ_1g	ϵ_1	谢贵生	1983	黑龙江	
77	Gegen'aobao Fm	格根敖包组	15-0105	C_2g	C_2	谢同伦	1963	内蒙古	
78	Genlihe Fm	根里河组	23-0156	D_2g	D_2	赵贵三	1957	黑龙江	
79	Guanniaohe Lm	关鸟河石灰岩	23-0089	O_1gl	O_1	张海驲等	1976	黑龙江	
80	Handaqi Vol.	罕达气火山岩	23-0152	D_1hv	D_1	赵贵三	1958	黑龙江	
81	Hanuo'aobao Fm	哈诺敖包组	15-0094	$D_{1-2}hn$	D_{1-2}	李文国	1991	内蒙古	
82	Heilonggong Fm	黑龙宫组	23-0165	D_1h	D_1	朱松年等	1961	黑龙江	
83	Heilongjiang Gr	黑龙江群		Pt_2Hl	Pt_2	姜春潮	1956	黑龙江	
84	Heitai Fm	黑台组	23-0172	$D_{1-2}h$	D_{1-2}	矢部长克	1940	黑龙江	
85	Hingganling Gr	兴安岭群	15-0419	J_3Hn	J_3	宁寄生、唐克东	1959	内蒙古	
86	Hongcuan Fm	宏川组	23-0166	D_2h	D_2	刘殿生	1980	黑龙江	
87	Hongguang Fm	红光组	23-0063	Pt_3h	Pt_3	赵文绪	1976	黑龙江	
88	Honghutuhe Fm	洪湖吐河组	23-0208	C_1h	C_1	佟志芬、谢贵生	1977	黑龙江	
89	Hongqi Fm	红旗组	22-0128	J_1h	J_1	吉林煤田217队	1960	吉林	查伊河组、柴河组、丁家店组、阿拉坦合力群拉坦下部、塔他营子组
90	Hongshan Fm	红山组	23-0251	P_2h	P_2	张海驲	1970	黑龙江	三角山组
91	Hongshenggou Fm	洪胜沟组	23-0072	ϵ_1h	ϵ_1	谢贵生	1983	黑龙江	
92	Hongshuiquan Fm	红水泉组	15-0106	C_1h	C_1	俞建章	1956	内蒙古	安清泰河组、谢尔塔拉组、角高山组
93	Hongxingcheng Fm	红星城组	23-0310	J_2h	J_2	李蔚荣等	1986	黑龙江	
94	Hongyieqiao Fm	红叶桥组	23-0262	P_1h	P_1	张海驲等	1993	黑龙江	双桥子组、满河火山岩
95	Houshigou Fm	猴石沟组	23-0393	K_1h	K_1	王恒升	1929	黑龙江	头道沟组、安民沟组、下城子组

序号	岩石地层单位名称		卡片编号	代号	地质时代	创名人	创建时间	所在省	同物异名
	英文	汉文							
96	Huadaqi Fm	花达气组	23-0203	C_1h	C_1	张海驷	1977	黑龙江	
97	Huadian Fm	桦甸组	22-0140	Ehd	E	东北煤田112队	1957	吉林	
98	Huangbanjishan Fm	黄斑脊山组	23-0092	O_1k	O_1	朱慈英等	1982	黑龙江	
99	Huangdingzi Fm	黄顶子组	22-0038	Oh	O	辽宁区测队	1971	辽宁	
100	Huanghua Fm	黄花组	23-0436	$E_{1-2}h$	E_{1-2}	杨跃宇	1976	黑龙江	
101	Huanghuagou Fm	黄花沟组	23-0131	S_1h	S_1	唐克东、苏养正	1966	黑龙江	
102	Huangsong Gr	黄松群	23-0258	Pt_3Hn	Pt_3	杨跃宇、曲关生	1978	黑龙江	
103	Huangyingtun Fm	黄莺屯组	22-0026	Ohy	O	郭鸿俊等	1962	吉林	
104	Huchashan Fm	呼查山组	15-0368	N_1hc	N_1	黑龙江地矿所	1978	内蒙古	
105	Huerjing Fm	呼尔井组	15-0363	E_3h	E_3	Granger, Berkey	1922	内蒙古	
106	Hulan Gr	呼兰群	22-0063	OH	O	东北有色局调查队	1951	吉林	
107	Hulin Fm	虎林组	23-0437	$E_{2-3}hl$	E_{2-3}	黑龙江煤田108队	1960	黑龙江	
108	Hunchun Fm	珲春组	22-0143	$E_{2-3}h$	E_{2-3}	吉林煤田203队	1959	吉林	
109	Huolongmen Mem	霍龙门段	23-0154	D_1^{hl}	D_1	矢部长克	1942	黑龙江	
110	Huoshiling Fm	火石岭组	22-0113	J_3K_1hs	J_3	森田义人	1941	吉林	
111	Jiadaogou Fm	家道沟组	15-0113	$C_{1-2}j$	C_{1-2}	内蒙古二区队	1967	内蒙古	后房身沟组
112	Jixianggou Fm	吉祥沟组	23-0045	Pt_3j	Pt_3	仲伟成等	1962	黑龙江	
113	Jianxing Fm	建兴组	23-0382	K_1j	K_1	黑龙江省编表办	1975	黑龙江	红锈沟组
114	Jiaobuleshihe Fm	焦布勒石河组	23-0072	ϵ_1j	ϵ_1	谢贵生	1983	黑龙江	
115	Jiayin Gr	嘉荫群	23-0427	K_2J	K_2	罗玉兴、李蔚荣	1983	黑龙江	
116	Jinjiatun Fm	金家屯组	22-0094	K_1jj	K_1	吉林煤田203队	1974	吉林	玉新组、火石嘴子组、长岭组
117	Jinshan Fm	锦山组	15-0004	ϵ_3j	ϵ_3	辽宁区域地层表编写组	1978	内蒙古	
118	Jishu Fm	吉舒组	22-0137	E_2j	E_2	吉林地层清理组	1993	吉林	
119	Jiuda Fm	久大组	22-0091	K_1jd	K_1	东北煤田104队	1954	吉林	久大夹煤层
120	Jiufengshan Fm	九峰山组	23-0360	K_1jf	K_1	李朝深	1974	内蒙古	下甘河组
121	Jiujuzi Fm	酒局子组	15-0104	C_2j	C_2	内蒙古二区队	1967	内蒙古	黄家沟组
122	Jixi Gr	鸡西群	23-0421	J_3K_1J	J_3-K_1	任绩	1950	黑龙江	
123	Jiageda Fm	佳疙瘩组	15-0001	Pt_3j	Pt_3	宁奇生、唐克东	1959	内蒙古	

序号	岩石地层单位名称		卡片编号	代号	地质时代	创名人	创建时间	所在省	同物异名
	英文	汉文							
124	Kaibei Gr	凯北群	23-0320	J_1K	J_1	李蔚荣	1983	黑龙江	
125	Kaikukang Fm	开库康组	23-0338	J_3k	J_3	中科院考察队	1963	黑龙江	下鱼亮子组
126	Kaishantun Fm	开山屯组	22-0071	P_2k	P_2	吉林区调二分队	1960	吉林	开山屯组
127	Kunasenhe Fm	库纳森河组	23-0091	O_1k	O_1	朱慈英等	1982	黑龙江	
128	Laodaomiaogou Fm	老道庙沟组	23-0075	$\in_1l$	$\in_1$	赵同吉	1965	黑龙江	
129	Laoliangdi Fm	老梁底组	15-0366	N_1l	N_1	辽宁省区调二队	1967	内蒙古	
130	Laolongtou Fm	老龙头组	23-0239	P_2T_1l	P_2—T_1	刘步昌	1976	黑龙江	八站组、哈达陶勒盖组
131	Laotudingzi Fm	老秃顶子组	23-0173	D_3l	D_3	张家元	1960	黑龙江	
132	Liangzichuan Fm	亮子川组	23-0263	P_1l	P_1	王友勤	1981	黑龙江	
133	Linxi Fm	林西组	15-0159	P_2l	P_2	德日进	1924	内蒙古	兰家屯组、孙家坟组
134	Longjiang Fm	龙江组	23-0366	K_1l	K_1	王五力	1974	黑龙江	梅勒吐组、上库力组、光华组、结烈河组、坤特奇组
135	Longjing Fm	龙井组	22-0110	K_2l	K_2	西田彰一	1940	吉林	海浪组、土星河组、雁富组
136	Longzhuagou Gr	龙爪沟群	23-0321	J_2K_1Lz	J_2—K_1	陈广雅等	1963	黑龙江	
137	Lujiatun Fm	卢家屯组	22-0078	T_1lj	T_1	吉林区调队	1980	吉林	
138	Luohe Fm	裸河组	23-0101	O_3l	O_3	张国华等	1959	黑龙江	
139	Luomahu Gr	落马湖群	23-0047	Pt_3Lm	Pt_3	姜春湖	1963	黑龙江	
140	Luoquanzhan Fm	罗圈站组	23-0285	T_3l	T_3	王友勤等	1981	黑龙江	
141	Luqiantun Fm	鹿圈屯组	22-0050	C_1l	C_1	长春地院吉林区测队	1960	吉林	
142	Majiajie Gr	马家街群	23-0070	Pt_3M	Pt_3	徐衍强	1960	黑龙江	
143	Malugou Fm	马鹿沟组	22-0081	T_3m	T_3	吴水波等	1977	吉林	
144	Manitu Fm	玛尼吐组	15-0256	J_3mn	J_3	李继海等	1974	内蒙古	付家洼子组、兴仁组

序号	岩石地层单位名称		卡片编号	代号	地质时代	创名人	创建时间	所在省	同物异名
	英文	汉文							
145	Manketouebo Fm	满克头鄂博组	15-0255	J_3mk	J_3	辽宁区测二队	1974	内蒙古	南台组、查干诺尔组、呼日格组、吉祥峰组
146	Maoershan Fm	帽儿山组	23-0330	J_3mr	J_3	朱松年	1962	黑龙江	
147	Mashan Gr	麻山群		Ar_3M	Ar_3	浅野五郎	1941	黑龙江省	
148	Meihe Fm	梅河组	22-0139	$E_{2-3}m$	E_{2-3}	吉林煤田102队	1965	吉林	
149	Miaoling Fm	庙岭组	22-0066	P_1m	P_1	克里活鲁斯基	1958	吉林	子沟组冈
150	Ming'anshan Lm.	明安山灰岩	15-0080	O_1mls	O_1	内蒙古二区队	1975	内蒙古	
151	Mingshui Fm	明水组	23-0341	K_2m	K_2	石油局综合研究队	1960	黑龙江	
152	Moergenhe Fm	莫尔根河组	15-0107	C_1m	C_1	杜琦等	1956	内蒙古	
153	Mohe Fm	漠河组	23-0322	J_2m	J_2	地科院	1963	黑龙江	额木尔河组、古站砂老组
154	Mopanshan Fm	磨盘山组	22-0053	$C_{1-2}m$	C_{1-2}	长春地院区调队	1961	吉林	
155	Muling Fm	穆棱组	23-0401	K_1m	K_1	王恒升	1929	黑龙江	长财组、乌林组
156	Nancun Fm	南村组	23-0284	T_3n	T_3	王友勤等	1980	黑龙江	
157	Nandatashan Fm	南大塔山组	23-0305	J_2n	J_2	李忠文	1987	黑龙江	
158	Nanloushan Fm	南楼山组	22-0089	J_1n	J_1	吉林地矿局二所	1978	吉林	
159	Nanshuangyashan Fm	南双鸭山组	23-0287	T_3ns	T_3	周庆仁	1962	黑龙江	
160	Naomugen Fm	脑木根组	15-0358	E_1n	E_1	内蒙古区调一队	1975	内蒙古	
161	Nenjiang Fm	嫩江组	23-0343	K_2n	K_2	谭锡畴、王恒升	1929	黑龙江	伏龙泉组
162	Ning'an Bas.	宁安玄武岩	23-0455	$N_{1-2}nb$	N_{1-2}	张海驲、胡召生	1989	黑龙江	
163	Ningyuancun Fm	宁远村组	23-0383	K_1n	K_1	仲佛成	1964	黑龙江	
164	Niqiuhe Fm	泥鳅河组	23-0151	S_3D_2n	S_3-D_2	矢部长克	1942	黑龙江	古兰河组、西古兰河组、金水组、德安组、巴润特花组、敖包亭浑迪组、温都尔敖包特组、查干敖包庙组

序号	岩石地层单位名称		卡片编号	代号	地质时代	创名人	创建时间	所在省	同物异名
	英文	汉文							
165	Ondorsum Gr	温都尔庙群	15-0007	Pt_2W	Pt_2	呼和浩特幅地质队	1960	内蒙古	
166	Panling Fm	盘岭组	22-0037	Op	O	辽宁区测队赵同吉	1971	辽宁	
167	Peide Fm	裴德组	23-0308	J_2p	J_2	煤田108队	1973	黑龙江	东胜村组、东保组
168	Pikeshan Fm	皮克山组	23-0408	K_1p	K_1	陈宝祥	1987	黑龙江	
169	Pingyangzhen Fm	平阳镇组	23-0268	P_1y	P_1	中苏乌苏里江地质队	1958	黑龙江	
170	Qiankuntougou Fm	前坤头沟组	15-0093	D_1q	D_1	内蒙古二区队	1967	内蒙古	
171	Qianshan Fm	铅山组	23-0076	$\in_1q$	$\in_1$	辽宁区测队赵同吉	1965	黑龙江	
172	Qihulinhe Fm	七虎林河组	23-0309	J_2q	J_2	含煤地层研究队	1979	黑龙江	七虎林组
173	Qilikashan Fm	七里卡山组	23-0174	D_3q	D_3	方仁甲	1960	黑龙江	
174	Qingshankou Fm	青山口组	22-0118	K_1q	K_1	松宁石油普查大队	1958	吉林	
175	Quanshuicun Fm	泉水村组	22-0108	K_1qs	K_1	吴水波	1973	吉林	福洞组
176	Quantou Fm	泉头组	21-4016	K_2q	K_2	羽田重吉	1927	辽宁	金沟岭组
177	Ranfangdi Fm	染房地组	15-1098	P_2r	P_2	内蒙古二区队	1972	内蒙古	
178	Rehe Gr	热河群	21-4041	K_1R	K_1	顾知微	1962	辽宁	
179	Saiwusu Fm	晒勿苏组	15-0051	S_2s	S_2	辽宁省二区队二分队	1970	内蒙古	
180	Sanmianjing Fm	三面井组	15-0160	P_1sm	P_1	鞠紫云	1959	河北省	
181	Sanyigou Fm	三义沟组	23-0073	$\in_1s$	$\in_1$	谢贯生	1983	黑龙江	
182	Seribayan'aobao Fm	色日巴彦敖包组	15-0112	D_3C_1s	D_3-C_1	内蒙古一区测队	1973	内蒙古	敖木根呼都格组
183	Shahezi Fm	沙河子组	21-4012	J_3K_1sh	J_3-K_1	坂口重雄	1943	辽宁	九台组、刘房子组
184	Shalamulun Fm	沙拉木伦组	15-0361	E_2s	E_2	Granger	1923	内蒙古	
185	Shanguqi Fm	山谷旗组	22-0069	P_1sg	P_1	吉林区调所李东津等	1992	吉林	柯岛下亚组
186	Shaoguotun Fm	烧锅屯组	22-0039	Os	O	辽宁区测一队	1971	辽宁	
187	Shifeng Fm	石缝组	22-0028	Ss	S	郭鸿俊等	1962	吉林	

序号	岩石地层单位名称		卡片编号	代号	地质时代	创名人	创建时间	所在省	同物异名
	英文	汉文							
188	Shizuizi Fm	石嘴子组	22-0054	$C_2\hat{s}$	C_2	长春地院吉林区测队	1961	吉林	
189	Shoushangou Fm	寿山沟组	22-0060	$P_1\hat{s}$	P_1	陶南生等	1974	吉林	
190	Shuguang Fm	曙光组	23-0313	$J_3K_1\hat{s}$	J_3-K_1	李蔚荣	1983	黑龙江	石河北组、东荣组、绥滨组上部
191	Shuiquliu Fm	水曲柳组	22-138	$E_3N_1\hat{s}$	E_3-N_1	松辽石勘探局李永孝	1962	吉林	
192	Shulan Gr	舒兰群	22-0142	$E\hat{S}$	E	吉林区调所			
193	Sidao Co.	四道砾岩	22-0052	C_2sd	C_2	吉林第二地调所七分队	1989	吉林	
194	Sifangtai Fm	四方台组	23-0342	K_2sf	K_2	郝铃琦	1937	黑龙江	
195	Songhuajiang Gr	松花江群	22-0161	$K_{1-2}S$	K_{1-2}	内野敏夫	1934	吉林	
196	Songmuhe Fm	松木河组	23-0409	K_2s	K_2	徐衍强等	1960	黑龙江	伊林河组、康吉组、西格木组
197	Sunjiawan Fm	孙家湾组	21-4015	K_2sj	K_2	森田义人	1939	辽宁	
198	Sunwu Fm	孙吴组	22-0443	E_3N_1s	E_3-N_1	赵贵三等	1966	黑龙江	
199	Suzhong Fm	苏中组	15-0003	$Є_1s\hat{z}$	$Є_1$	唐守贤	1984	内蒙古	
200	Taerbagete Fm	塔尔巴格特组	15-0090	$D_{2-3}t$	D_{2-3}	内蒙古一区测队	1973	内蒙古	才伦郭少组
201	Tai'antun Fm	太安屯组	23-0317	J_2ta	J_2	黑龙江区测一队	1967	黑龙江	长安屯组
202	Taikang Fm	泰康组	22-0148	N_2t	N_2	刘毓初	1960	黑龙江	
203	Taipinglinchang Fm	太平林场组	23-0378	K_2t	K_2	马万昌	1979	黑龙江	
204	Taiyangling Fm	太阳岭组	23-0087	J_2ty	J_2	吉林煤田普查大队	1971	吉林	
205	Talin'gong Gr	塔林宫群		OT	O	唐克东等	1992	内蒙古	
206	Tamulanggou Fm	塔木兰沟组	15-0259	J_2tm	J_2	王荣富等	1981	内蒙古	七一牧场组、互拉干组、根河组
207	Tangjiatun Fm	唐家屯组	23-0213	C_2t	C_2	郑广渊	1963	黑龙江	
208	Tanqian Fm	滩前组	22-0070	P_1t	P_1	吉林区调所李东津等	1993	吉林	柯岛上亚组
209	Taoqihe Fm	淘淇河组	23-0381	K_1t	K_1	仲伟成	1964	黑龙江	
210	Taoshan Fm	桃山组	22-0041	S_1t	S_1	吉林区调队六分队	1978	吉林	
211	Tianbaoshan Fm	天宝山组	22-0056	Ct	C	吉林省地层表编写组	1975	吉林	

序号	岩石地层单位名称		卡片编号	代号	地质时代	创名人	创建时间	所在省	同物异名
	英文	汉文							
212	Tianqiaoling Fm	天桥岭组	22-0082	T_3tq	T_3	吉林区测队	1960	吉林	三仙岭组
213	Tiemaoshan Fm	铁帽山组	23-0048	Pt_3t	Pt_3	随连成等	1986	黑龙江	
214	Tongguer Fm	通古尔组	15-0364	N_1t	N_1	斯波克(Spock)	1929	内蒙古	
215	Tongqigou Fm	通气沟组	22-0048	C_1t	C_1	苏养正等	1974	吉林	北通气沟组
216	Tongshan Fm	铜山组	23-0099	$O_{1-2}t$	O_{1-2}	张海驲、陈德森等	1981	黑龙江	大治组、西鳅河组、汗乌拉组、汗贝布敦昭组
217	Tuchengzi Fm	土城子组	21-4007	$J_{2-3}tc$	J_{2-3}	林朝棨	1942	辽宁	
218	Tumenling Fm	土门岭组	23-0248	P_1t	P_1	郑广渊	1964	黑龙江	玉泉组
219	Tumenzi Fm	土门子组	22-0144	N_1tm	N_1	冈田重光、西田彰一	1940	吉林	
220	Tuntianying Fm	屯田营组	22-0106	K_1t	K_1	杨学林	1959	吉林	
221	Tuopanggou Fm	托盘沟组	22-0080	T_3t	T_3	吉林区测队	1960	吉林	
222	Wanbao Fm	万宝组	22-0129	J_2w	J_2	长春地院白城队	1961	吉林	南平组、太平川组、上坦力合力组
223	Wandashan Gr	完达山群	23-0298	T_2J_1W	T_2-J_1	黑龙江地层清理组	1994	黑龙江	
224	Wangjiajie Fm	王家街组	22-0046	D_2w	D_2	汪明洲等	1973	吉林	
225	Wanyue Fm	弯月组	22-0029	Sw	S	郭鸿俊等	1962	吉林	
226	Wilegen Gr	倭勒根群	23-0044	Pt_3Wl	Pt_3	仲伟成等	1962	黑龙江	
227	Woduhe Fm	卧都河组	23-0133	S_3w	S_3	马家骏等	1963	黑龙江	巴润德勒组、五卡组
228	Woguadi Fm	窝瓜地组	22-0055	C_2w	C_2	吉林区调所一分队	1986	吉林	
229	Wubin'aobao Fm	乌宾敖包组	15-0075	$O_{1-2}w$	O_{1-2}	内蒙古区测一队三分队	1979	内蒙古	
230	Wuchagou Fm	五叉沟组	15-0369	N_2wc	N_2	宁奇生、唐克东等	1959	内蒙古	
231	Wudaowan Gr	五道湾群		OW	O	唐克东等	1992	内蒙古	
232	Wulanggechu Fm	乌兰戈楚组	15-0362	E_3wl	E_3	Granger,Berkey	1922	内蒙古	
233	Wunuer Lm.	乌奴尔石灰岩	15-0088	D_1wl	D_1	刘国昌	1951	内蒙古	骆驼山组、北矿组

序号	岩石地层单位名称		卡片编号	代号	地质时代	创名人	创建时间	所在省	同物异名
	英文	汉文							
234	Wuxingzhen Fm	五星镇组	23-0077	ϵ_1w	ϵ_1	黑龙江冶金局和郭鸿俊、段吉业	1978	黑龙江	
235	Wuyun Fm	乌云组	23-0432	E_1w	E_1	王大为	1959	黑龙江	
236	Xiaertai Gr	下二台群	22-0036	OX	O	辽宁区测一队	1971	辽宁	
237	Xialiangzi Fm	下亮子组	23-0446	E_3N_1x	E_3-N_1	曲关生等	1984	黑龙江	
238	Xiaohelihe Fm	小河里河组	23-0158	D_3C_1x	D_3-C_1	唐克东	1960	黑龙江	
239	Xiaojingou Fm	小金沟组	23-0104	O_2x	O_2	张海驲、褚全生	1993	黑龙江	
240	Xiaosangedingzi Fm	小三个顶子组	22-0027	OSx	O-S	郭鸿俊等	1962	吉林	
241	Xibiehe Fm	西别河组	15-0074	S_3D_1x	S_3-D_1	内蒙古地质研究所	1964	内蒙古	巴特敖包组、查干哈达组、阿鲁共组、那清组、查干诺尔组、下石碑组、张家屯组、小绥河组、二道沟组
242	Xilin Gr	西林群	23-0084	ϵ_1X	ϵ_1	邱凤岐	1960	黑龙江	
243	Xingdong Gr	兴东群		Pt_1Xd	Pt_1	东北地质局146队	1956	黑龙江	
244	Xinghuadukuo Gr	兴华渡口群		$Pt_{1-2}Xh$	Pt_1	黑龙江区调一队	1960	黑龙江	
245	Xinglong Gr	兴隆群	23-0083	ϵ_1Xl	ϵ_1	张海驲等	1993	黑龙江	
246	Xingshuwa Fm	杏树洼组	15-1085	Sxs	S	辽宁地层表编写组	1976	内蒙古	
247	Xinkailing Gr	新开岭群	23-0051	Pt_2Xk	Pt_2	赵贵山	1956	黑龙江	
248	Xinmin Fm	新民组	15-0251	J_2x	J_2	辽宁区测二队(辽宁地质局)	1972(1976)	内蒙古	
249	Xinxing Fm	新兴组	23-0064	Pt_3x	Pt_3	赵文绪	1976	黑龙江	
250	Xishan Bas.	西山玄武岩	23-0449	$N_{1-2}xb$	N_{1-2}	张海驲	1993	黑龙江	
251	Xiufeng Fm	绣峰组	23-0335	J_2xf	J_2	张文才	1985	黑龙江	西林集组、抗提河组
252	Xuniwusu Fm	徐尼乌苏组	15-0078	S_2xn	S_2	胡骁等(仇甘霖)	1985(1992)	内蒙古	
253	Yangjiagou Fm	杨家沟组	22-0640	P_2y	P_2	长春地院	1975	吉林	

序号	岩石地层单位名称		卡片编号	代号	地质时代	创名人	创建时间	所在省	同物异名
	英文	汉文							
254	Yangmu Fm	杨木组	23-0259	Pt_3y	Pt_3	黑龙江区调一队	1976	黑龙江	
255	Yangmugang Fm	杨木岗组	23-0246	C_2y	C_2	王丹群.罗玉星	1967	黑龙江	
256	Yanji Gr	延吉群	22-0112	K_1Y	K_1	杨学林	1959	吉林	
257	Yanwangdian Fm	阎王殿组	23-0260	Pt_3yn	Pt_3	杨跃宇、曲关生等	1976	黑龙江	
258	Yaojia Fm	姚家组	22-0119	K_2y	K_2	松辽石油普查大队	1958	吉林	
259	Yaosangnan Fm	腰桑南组	23-0149	D_2y	D_2	张海驲	1977	黑龙江	
260	Yi'an Fm	依安组	23-0434	$E_{2-3}y$	E_{2-3}	松辽石油普查队	1959	黑龙江	
261	Yierldingmanha Fm	伊尔丁曼哈组	15-0360	E_2y	E_2	Granger, Berkey	1922	内蒙古	
262	Yimin Fm	伊敏组	15-0317	K_1ym	K_1	黑龙江伊敏煤田指挥部	1973	内蒙古	霍林河组上部、巴彦花组上部、西岗子组上部
263	Yingcheng Fm	营城组	22-0115	$K_1y\dot{c}$	K_1	森田义人	1941	吉林	上河湾组、营城火山岩系、大甸子火山岩
264	Yixian Fm	义县组	21-4009	JKy	J—K	室井渡	1940	辽宁	
265	Yong'ancun Fm	永安村组	23-0380	K_2y	K_2	马万昌	1979	黑龙江	
266	Yongfuqiao Fm	永福桥组	23-0304	J_1y	J_1	康宝祥等	1987	黑龙江	
267	Yufutun Fm	余富屯组	22-0051	C_1y	C_1	武世忠 (林英锡、武世忠)	1977 (1984)	吉林	
268	Yujiabeigou Fm	于家北沟组	15-0162	$P_{1-2}y$	P_{1-2}	谷峰等	1983	内蒙古	铁营子组
269	Yuliangzi Fm	鱼亮子组	23-0377	K_2yl	K_2	马万昌	1979	黑龙江	
270	Yuxingtun Fm	玉兴屯组	22-0088	J_1yx	J_1	吉林地矿局二所	1978	吉林	小岭组
271	Zhangguangcailing Gr	张广才岭群	23-0061	$Pt_3\dot{Z}$	Pt_3	张海驲等	1993	黑龙江	
272	Zhenggou Fm	正沟组	23-0062	$Pt_3\dot{z}g$	Pt_3	张海驲	1993	黑龙江	
273	Zhenzishan Fm	珍子山组	23-0223	$C_2\dot{z}$	C_2	梁庆初	1964	黑龙江	
274	Zhesi Fm	哲斯组	15-0158	$P_1\dot{z}s$	P_1	Berkey, Moris	1927	内蒙古	柳条沟组、黄岗梁组、塔溪组、四甲山组、吴家屯组

REGIONAL STRATIGRAPHY OF NORTHEAST CHINA

Wang Youqin[1] Su Yangzheng[2] Liu Eryi[1]

1. Jilin Bureau of Geology and Mineral Resources

2. Shenyang Institute of Geology and Mineral Resources

Summary

1. Introduction

This is a contribution to the project"Study of Multiple Classification and Correlation of Stratigraphy of China",a major basic geological project of Ministry of Geology and Mineral Resources of China in "8th Five-year Plan" period. The concerning region is limited by the north margin fault of North China platform in the south, the northward extending of the west margin fault of Erduos massif in the west and the national boundaries of Mongolia,Russia and Korea in the north and east respectively,including Heilongjiang Province, the most part of Nei Mongol Autonomous Region and Jilin Province and a part of North Liaoning Province. Based on the contributions of Nei Mongol Autonomous Region and Heilongjiang and Jilin provinces to the project, from regional stratigraphy angle,this monography sums up the sedimentation and its temporal-spetial evolutional relation in various geologic historial times from Late Archean into Tertiary with Ⅱ and Ⅲ order stratigraphic regionalization as key and stratotypes of lithostratigraphic units of regional significance as major object. Among them,the major attention is put on Paleozoic and Mesozoic stratigraphy.

In geology,this region is a Paleozoic folded belt between Siberian and North China platform,and a part of circum-Pacific belt in Mesozoic and Cenozoic times.

2. Stratigraphic Regionalization

According to the characteristics of volcanic and sedimentary rocks in various areas and geotectonic feature,the stratigraphic regionalization is made in this region as follows.

2. 1 Paleozoic stratigraphic regionalization

Paleozoic strata,in Northeast China may be divided into four stratigraphical super-regions,including four stratigraphical regions with twelve stratigraphical areas. They are North Xinjiang-Hinggan Stratigraphic Super-Region(Ⅰ)

Hinggan Stratigraphic Region(I_2)

Ergun Stratigraphic Area(I_2^1)

Dalai-Xinglong Stratigraphic Area(I_2^2)

Dong Ujimqin-Huma Stratigraphic Area(I_2^3)

Ulanhot-Harbin Stratigraphic Area(I_2^4)

Zhangguangcailing-Wandashan Stratigraphic Super-region(Ⅱ)

Songhuajiang Stratigraphic Region(II_1)

Yichun-Shangzhi Stratigraphic Area(II_1^1)

Jiamusi Stratigraphic Area(II_1^2)

Mishan-Baoqing Stratigraphic Area(II_1^3)

Khanka Stratigraphic Super-region(III)

Yanbian Stratigraphic Region(III_1)

Dongning-Wangqing Stratigraphic Area(III_1^1)

Raohe Stratigraphic Area(III_1^2)

North China Stratigraphic Super-region(V)

Nei Mongol grasslands Stratigraphic Area(V_3)

Xilinhot-Panshi Stratigraphic Area(V_3^1)

Chifeng Stratigraphic Area(V_3^2)

2.2 Mesozoic and Cenozoic Stratigraphic Regionalization

The Mesozoic and Cenozoic stratigraphy of Northeast China is different from the Paleozoic one in stratgraphical framework. In Mesozoic and Cenozoic period, Northeast China has become a part of peripheral Pacific belt. Thus, the Mesozoic and Cenozoic stratigraphic regionalization is as follows:

Peri-Pacific Stratigraphic Region(5)

Da Hinggan Ling-Yanshan Stratigraphic Area(5_1)

Song liao Stratigraphic Area(5_2)

Zhangguangcailing-Nanloushan Stratigraphic Area(5_3)

Yanji-Jixi-Raohe stratigraphic Area(5_4)

3. Pre Cambrian strata

In this region, the Pre-Cambrian strata are scattered in various areas except in Jiamusi massif where they are developed as the basement rocks. The authors divide the region into Jiamusi area, Da Hinggan Ling and its adjacent areas and Nei Mongol grasslands area as key to discuss the Pre-Cambrian strata of Northeast China.

3.1 Jiamusi area

The oldest rocks in the Jiamusi massif are represented by Late Archean Ximashan formation (2 539 Ma). This formation may be separated into metamorphozed plutonicly intrusive bodies (TTG) and supracrustal rocks, similar to those of North China craton.

The Early—Middle Proterozoic rocks are composed of the sediments in intracontinental rift formed during the time when the ancient land mass separated. These sediments are represented by Xingdong, Heilongjiang and Zhangguangcailing groups in ascending order. Among them, the Heilongjiang group is of represent significance. The Xingdong group is Al-rich and graphite-bearing granulite and magnesian carbonates of khondalite, with isotopic age of 2 275 Ma. They are deposited in the early phase of the rifting. The Heilongjiang group is composed of ultramafic rocks in the lower, mafic volcanic rocks in the middle and sedimentary rocks in the upper. Generally, they are subject to ductile deformation as various mylonite. Isotopic datings of 1 146～2 200Ma indicate their age of Early-early Late Proterozoic. The Zhangguangcailing group represents the sediments of passive continental margin and is composed of intermediate—acidic volcanic rocks in the lower and muddy siltstone in the upper containing *Laiosphaeridia* and so on. It is intruded by the granite dated as 670Ma and should be Late Proterozoic in age.

3.2 Da Hinggan Ling area

In this area, Xinhuadukou, Xinkailing, Lomahu and Weilegen groups and the relation between Jiagda and Ergun groups are discussed. The lower part of Xinhuadukou group may be separated into Late Archean granitic rocks and metamorphozed supracrustal rocks. The Xinkailing group and the upper part of Xinhuadukou group are composed of Early-Middle Proterozoic sediments of rift with isotopic datings of more then 1 225Ma. The lower part of Lomahu group and Jiagda and Ergun groups are composed of the sediments of passive continental margin. The Latemost Proterozoic sediments of active continental margin are represented by Dawangzi formation of the upper part of Weilegen group, including Xinlin ophiolite.

3.3 Nei Mongol grasslands area

The Pre-Cambrian rocks are scattered in Paleozoic geosyncline and constitute Baoguot uplift and Xilinhot medium massif as important constituent parts of medium massives of various size in between North China and Siberian plates. So far as the present knowledge goes, the lithostratigraphic units are mainly Bayant. Beinaimiao Ailigsum, Bayantuxi, Bayanobo, Beinaimiao and Ondorsum groups.

The Bayant group may be correlated to the Xinhuadukou group of Da Hinggan Ling area and Xingdong group of Jiamusi area and is Early Proterozoic in age. The Ondorsum group is product of Middle Proterozoic rifting and holizontal accretion. The Ailigsum group represents the sediments of Late Proterozoic passive continental margin. It is fairly objective to think the Beinaimiao group being Middle Proterozoic in age and it is equivalent to Ondorsum group with similar forming environment. The Bayanobo group represents the sediments of Mid-Late Proterozoic passive continental margin of North China platform.

The sum of Pre-Cambriam rocks in northeastern China shows that in the times of Late Archean-Early Proterozoic it is essentially similar to the basement rock series of North China craton and Aldan shield in southern Siberia, that in Late Proterozoic it is obviously different and predominated by active-type sediments. Therefore, the Pre-Cambrian medium massives come from neither North China nor Siberia and possess some characteristics of both the two platforms and its specific ones.

4. Paleozoic strata

Geologically, Northeast China is a Paleozoic folded belt between Siberian and North China platforms. The Paleozoic strata are characterised mainly by volcanic and terrigenous sedmentary rocks. Their evolution and development is related with the actions of the plates.

4.1 Formation of Songhuajiang massif and interelated strata

The Songhuajiang massif is formed in 610—544 Ma age by collision of Jiamusi massif and Songnen massif or Zhangguangcailing micromass. Its west part is covered by Song-Liao basin. After the collision, in sides of the uplift by the collison, late Early Cambrian (Lenian) Xilin group characterised mainly by dolomitic carbonates and carbonic shale is deposited. The

Jiamusi massif is uplifed over Paleozoic as Jiamusi uplift. To its west, Caradoc faulted volcanic rocks series (Shangzhi group) are developed and extending roughly in longitudinal direction. From Devonian, the evolution of the Songhuajiang massif is united with that of northeastern China.

4.2 Strata of ocean-continental stage and Late Silurian-Early Devonian molasse

In Sinian-early Early Cambrian period, ancient Asian ocean starts its development and evolution. The spreading stage is represented by Cambrian ophilites (Onder Sum Group) and passive continental margin deposits in the north margin of North Chian plate (Bayanobo group) and southeast margin of Siberian plate (Suzhong Formation). In contraction stage of Asian ocean, the Ordovician deposits of trench-arc-basin system of active continental margin are widespread in north margin of North China plate represented by Erdoujing melange, island-arc volcanics of Baorhant group and arc-rear volcanics, pyroclastics, terrigenous clastics and carbonates of Talingong, Xiaertai, Hulan and Wudouwan groups, and in southeast margin of Siberian plate by Duobaoshan island-arc and arc-rear terrigenous clastics and some carbonates of Yilehulishan group and other stratigraphic formations. The closing of the Asian ocean is resulted from Late Ordovician collision of Siberian plate and North China plate. The collision lasted a long time from late Ordovician through to Late Devonian, with synorogenic S-type granites of 410—455 Ma age and two-mica granite of 375 Ma age in collision belt. The granites of two stages suggest two compressions from Siberian plate. It is possible that, the collision continued in Carboniferous with a possible compress to Siberian plate revesely.

In the first compression, the margins of two plates are uplifted, resulting in a Late Ordovician-Silurian uplift episode. This episode is characterised by lack of Silurian rocks in Ordovician arcrear basin and regressional sequence of Silurian rocks with relic magma activity in Ordovician island arc area of southeast margin of Siberian plate and by Silurian flysch (Xuniusu Formation), graptolite shale facies sediments (Taoshan Formation) and Silurian terrigenous clastics and carbonates and acidic volcanics of relic magma activity in Ordovician arc-rear basin in north margin of North China plate. Late Silurian (Pridolian)-early Early Devonian Molasse (Xibiehe Formation) in the north margin of North China plate and lack of Pridolian and Gedinian rocks in the southeast margin of Siberian plate indicates the end on the first compression.

4.3 Characteristics of Devonian strata

After the ocean-continental stage, Northeast China gets into a stage of consolidation of new continental crust. The emplacement of great granite batholith and the volcanic activity and sedimentation in fault-trough basin is two processes of the consolidation. Fault-trough basin is a volcanic and depressed basin, formed in tensional mechanism and on older folded belt. In this basin, the earlier volcanic activity is characterised be volcanics of various characters, which may be of bimodal suite and/or cale-alkali series, intermdeiate and acidic, and the later sedimentation is often in an enlarged basin with terrigenous clastics and carbonates, which may be unconformably or disconformably overlapping on the older rocks in the enlarged part of the basin.

Fault-trough basin may be classified into two kinds. One is the basin having terrigenous sediments under the volcanics in the early volcanic activity stage and having the last terrestrial sediments in late sedimental stage, including Handaqi, Heilonggong, Laotudingzi, Dahesh-en, and Miaoling fault-trough basins. The other is the basin having contemporaneous terrigenous sediments and volcanics in early stage and only marine deposits, sometimes having acidic volcanics in the last time, including Daminshan, Yufutun, Baoligaomiao, Yangmugang, Dashizhai, and Qiankuntougou fault-trough basins.

There are four Devonian fault-trough basins in Northeast China. Among them, from west to east, Handaqi, Heilonggong and Laotudingxi fault - trough basins are in north of the suture zone and Qiankuntougou fault-trough basin is in south of the suture zone. The Handaqi fault - trough basin is located in Hinggan range and extending from Dong Ujimqin Qi of Nei Mongol in the southwest to Heihe city of Heilongjiang Province in the northeast. A bimodal suite of volcanic rocks of Siegenian time is extruded as pillowed spilite and rhyolite with some andesite. Terrigenous clastics and silicalites of widespread flooding by the Emsian sea are characteristic of late sedimentation stage. Ophiolites are recorded at Hegenshan of Dong Ujimqin Qi. Terrestrial deposits of Late Devonian and Early Carboniferous time are the last sedimentary rocks. The Heilonggong fault-trough basin is located in Yichun-Shangzhi subprovince and longitudinally extending. Intermediate-acidic volcanic rocks are represented by tuff and tufflava as intercalated beds in the terrigenous clastics of Emsian time, which is composed mainly of graywacke, silt shale and limestone below and siltstone, shale, quarts sandstone and conglomerate above. At last, terrestrial clastics of Middle Devonian time indicate the end of this fault-trough basin. The Laotudingzi fault-trough basin is located in Mishan-Baoqin and also longitudinally extending. Subaerial acidic volcanic rocks are represented by tuff and lava of Frasnian age. The lower sedimentary rocks of latest Emsian-Middle Devonian time are nonconformably overlying Caledonian granite with granitic sandstone at the base. The upper sedimetary rocks are characterised by red terrestrial sandstone of Famennian time. The Qiankuntuogou fault-trough basin is E-W extending from Aohan Qi of Nei Mongol to Yitong district of Jilin. Calc-alkali volcanic rocks of Emsian time consist of andesite and rhyolite with some basalt. The late sedimentation is represented by limestone intercalated with siltstone of latest Emsian—early Middle Devonian time.

4.4 Middle—Late Devonian uplift event and Daminshan fault-trough basin

The second compression of Siberian plate to North China plate in Devonian time resulting in a Middle—Late Devonian uplift of Northeast China and Daminshan fault-trough basin in Da Hinggan Ling range. This uplift event caused lack of late Middle—Late Devonian rocks and denudation in south area of the collision belt and changing of marine sediments into continental deposits in north area of the collision belt. An E-W extension is the reason of development of Daminshan fault-trough basin to be roughly vertical to the collision belt. The Daminshan fault-trough basin characterised by volcanic rocks of spilite-keratophyre series and abyssal sediments of Late Devonian time.

4.5 Early Early Carboniferous transgrassion

After the Devonian uplift event, early Early Carboniferous marine deposits are scattered in northeastern China. They represent a transgrassion event. Those deposits are overlying Late Devonian beds conformably, such as Early Carboniferous Beixing Formation lying on Late Devonian Qilikashan Formation in Mishan-Baoqing Area and Hongshuiquan Formation lying on Late Devonian Daminshan Formation in Da Hinggan Ling range, and overlying older beds disconformably, such as Early Carboniferous Tongqigou Formation on Late Silurian—Lower Devonian Xibiehe Formation in Yongji county of Jilin.

4.6 Separating of marine deposits in the south from condinental deposits in the north in Carboniferous time

A possible reverse compression of North China plate to Siberian plate results in the separating in Carboniferous time. The separating line is running roughly from Erenhot through Dong Ujimqin to Changchun and Jilin cities eastwards. In north, it is characterised mainly by scattered subaerial volcanic basin and in south, by fault—trough basins.

Yufutun fault-trough basin superimposes on Devonian Qiankuntougou fault-trough basin and is characterised by two volcanic centers. One is at Aohan Qi of Nei Mongol and other at Panshi district of Jilin. The former has a calc-alkali series of volcanic rocks characterized by andesite, rhyolite and tuff with some basic lava, and the later indicated by spilite-keratophyre series of volcanic rocks with spilite, quarze keratophyre and tuff, which are Early Carboniferous in age, and acidic volcanic rocks of Late Carboniferous present at the top. Baoligaomiao fault-trough basin is extending along the sides of the collision belt. The volcanic rocks of Late Carboniferous time are mainly subaerial in the north with submarine ones in the south and consist of graywacke below and quartz sandstone and limestone above.

4.7 A united Northeast China of Permian time

The end of the collision is suggested by unifying Northeast China in Early Permian. There are three new fault-trough basins and a continued Yangmugang fault-trough basin. Dashizhai fault-trough basin covers different older stratigraphical areas and tectonic zones and crosses the collision belt. The volcanic of early Early Permian time are represented by spilite-keratophyre series in the central part (Xilinhot-Linxi area), dominating intermediate series in the south part (Hexigten Qi-Ongniud Qi area), intermedite-acidic series in the north part (Jalaid Qi-Heihe area) and rhyolite in the west (Xilimiao area of the north of Siziwang Qi). The later sedimentary rocks are composed mainly of terrigenous clastics intercalated with limestone lens of late Early Permian time. However, they are represented by siltstone in the west of Horqin Youqi, limestone in Jalaid Qi-Budha Qi area, flysch in Miaotaili area of Haxigten Qi and paralic deposits in Yujiabeigou area of Haxigten Qi. Daheshen fault-trough basin is located in central Jilin province as two parallel arc-like belts with westward convex and characterised by cale-alkali volcanic rocks of andesite, rhyolite and tuff with some trachyte of early Early Permian time. The Miaoling fault-trough basin is extending from Jidong of Heilongjiang Province southward to Yanji-Hunchun area of Jilin Province. The volcanic rocks of late Early Permian time consist of andesite, dacite, rhyolite, tuff and tufflava. The late sedimentation is represented by late Permian continental deposits.

Late Permian sediments of Northeast China are deposited in three subaerial depressions. They are Hinggan Ling depression in the west, Zhangguangcailing depression in the middle and Wandashan depression in the east. Each depression is superimposing on Early Permian fault-trough basin, i. e. Hinggan Ling depression on Dashizhai fault-trough basin, Zhangguangcailing depression on Yangmugang fault-trough basin and Wandashan depression being enlarged of late stage of Miaoling fault-trough basin.

4.8 Early Triassic molasse and volcanic rocks

In the north edge of Daheshen fault-trough basin, Early Triassic molasse of red conglome rate, sandstone, siltstone is present, suggesting an orogeny in Late Permian—Early Triassic. In the northwest of Horqin Yougi, there are volcanic rocks of Early Triassic characterised mainly by andesite and tuff.

4.9 Character of palaeobiogeography

In the time from Cambrian to Carboniferous, bethonic fauna and flora of boreal type occupied in the north area of Northeast China, i. e. the area to north of the collision belt of Siberian plate and North China plate, such as Brachiopoda *Tuvaella*, *Coelospirella*, *Pacificocoelia*, *Gladiostrophia*, *Rhytistrophia*, *Wilsoniella*, *Borealispirifer*, *Mucrospirifer*, *Fusella*, *Rotaia* and plants fossil *Angaridium*, *Noeggerathiopsis*, *Supaia*, *Callipteris and Comia* of Angara flora. After the first stage(Late Ordovician—Silurian)of the collision, from Pridolian to Carboniferous, more and more boreal elements are present in the south area of Northeast China to mix with the Tethys type of fauna, such as brachiopods *Coelospirella* in *Retziella* fauna and in *Plebejochonetes* assemblage, *Jakutoproductus* in *Brachythyrina* assemblage, Coral *Gangamophyllum* associated with *Kueichouphyllum*. *Angaridium* of Angara flora has been found in Early Carboniferous rocks of Jichang district of Jilin Province. In Permian, the mixed fauna and flora are widespread in Northeast China.

4.10 Relation of the stratigraphy in North China platform to evolution of Northeast China folded belt

The lack of Late Ordovician—Early Carboniferous rocks in North China platform is resulted from the collision of Siberian plate and North China plate. From Late Ordovician, Siberian plate compresses North China plate causing uplift of North China plate until late Early Carboniferous. The possible reverse compression of North China to Siberian plate resulted in starting sedimentation in North China platform from late Early Carboniferous again.

5. Mesozoic—Cenozoic strata

Since Middle—Late Triassic, Northeast China has become a part of Peri-Pacific belt. The characteristics of lithostratigraphic units with stratigraphic regionalization as key are summed up as follows.

5.1 Da Hinggan Ling-Yanshan Stratigraphic Region

In this region, Mesozoic—Cenozoic strata are quite completely developed. Early—Middle Jurassic strata are coal-bearing and distributed mainly in northeast-extending faulted basins represented by Hongqi and Wanbao Formations and in Shangheilongjiang depression represented by Emurhe Group. Middle Jurassic Tuchengzi Formation is developed in limited area of the south and Tamulangou Formation is characterized by volcanic rocks overlying unconformably Wanbao Formation or Emurhe Group. Late Jurassic is a time of volcanic activity to form Hingganling Group widespread in this region, including Manketouobo, Manit and Bayangol formations and showing a eruption regularity of acidic — intermediate — acidic characters.

Early Cretaceous Rehe Group is composed of intermediate-basic-acidic volcano-sedimentary rocks with coal and includes Longjian, Jiufengshan and Ganhe Formations in the lower and coal-bearing strata of Damoguaihe and Yiming Formations in the upper. Late Cretaceous red sediments are represented by Eren Formation developed in Eren basin.

Tertiary strata are most complete in Eren Basin, including Paleocene Naomugen Formation, Eocene Ashantou, Yirdingmanha and shalamulan Formations, Oligocene Ulangaqu and Huerjing Formations, Miocene Tonggur Formation and Pliocene Baogedaul Formation and Wuchagou basalt. The Paleocene-Oligocene sediments are predominated by varicolor deposits of dry inland basins yielding abundent mammal fossils and the Miocene-Pliocene sediments are of fluvial facie.

5. 2 Song Liao Stratigraphic Region

Cretaceous strata are represented by Songhuajiang and Jiayin Groups. The Songhuajiang Group includes, in ascending order, Denglouku, Quantou, Qingshankou, Yaojia, Nenjiang, Sifangtai and Mingshui Formations. The Jiayin Group includes Yongancun, Taipinglinchang, Yuliangzi and Fuyao Formations. Tertiary sediments are represented by Yian, Daan and Taikang Formations.

The Song-Nen basin is developed from Early Cretaceous by fault-depression, characterized by lake deposits in its middle stage and shrivels in Late Cretaceous. Tertiary sediments are mainly of fluviolacustrine facies.

5. 3 Zhangguangcailing-Nanloushan Stratigraphic Region

The Mesozoic strata may be classified into two types. One is inherited faulted basin type and represented by Shuangyang basin. The lithostratigraphic units are Late Triassic Dajianggang Formation, Early Jurassic Banshidingzi Formation, Middle Jurassic Taiyangling Formation and Late Jurassic—Early Cretaceous volcanic rocks intercalated with coal-bearing strata of Deren, Jiuda, Anmin and Shahezi and Yingchen Formations. Other is volcanic belt with Nanloushan area as principal part. The representative stratigraphic units are Early Jurassic Yuxingtun and Nanloushan Formations and Late Jurassic—Early Cretaceous volcanic—coal bearing sedimentary rocks of Maoershan volcanic rocks, Banzifang and Taoqihe Formations.

Tertiary strata are developed mainly in Yilan-Yitong faulted depression of the west and characterized by coal-bearing beds of representative Shulan Group and Shuiquliu Formation and in Mishan-Dunhua faulted belt of the east characterized by the beds bearing coal and kerogenite of representative Huadian and Meihe Formations. They are all of Eocene-Oligocene in age. Pliocene is represented by Daluomi basalt.

5. 4 Yanji-Jixi-Raohe Stratigraphic Region

The Mesozoic strata are mostly developed in this region. Middle—Late Triassic marine beds are represented by Dajiahe and Dalingqiao Formations, paralic ones by Nanshuangyashan Formation and overlied by marine molasse of Yongfuqiao and Datushan Formations. Late Triassic volcanic rocks are represented by Daxinggou Group.

Early Jurassic paralic deposits are represented by Kaibei Group. Longzaogou Group is late Middle Jurassic — Early Cretaceous paralic coal-bearing beds, including Peide, Nandatashan, Qihulinhe, Hongxingchenzi, Caoyang, Shuguang and Donganzhen Formations in ascending order. Among them, the Qihulin Formation is the product of first progression, the Nandatashan Formation is composed of Middle Jurassic volcanic rocks and the Caoyang Formation is composed of Late Jurassic-Early Cretaceous volcanic rock. The Late Jurassic-Early Cretaceous land coal-bearing Jixi Group includes two suits of coal-bearing beds of Didao Formation and Chengzihe and Muling Formations. In Early Cretaceous time when Shuguang Formation is sedimented, the Longzuagou Group and Jixi Group is transgrated to each other, i. e. continental Chengzihe Formation is pass to marine Shuguang Formation. At last, the two Groups are united with Muling Formation. The Muling Formation is overlied by acidic volcanic rocks represented by Dongshan and Quanshuichun Formations. The middle Early-Late Cretaceous beds are represented by Yanji Group including kerogenite-bearing Dalazi Formation below and red beds of Longjing Formation above.

Cenozoic deposits of faulted basins are represented by Eocene-Oligocene coal-bearing beds of Hunchun Formation, Middle Pleistocene Tumenzi Formation and Pliocene Cuangdishan basalt.